JN440678

【세종연구소 세종정책총서 2008-3호】

국제 안보환경 변화와

한미동맹 재조정

이대우 지음

한울
아카데미

* 이 도서의 국립중앙도서관 출판시도서목록(CIP)은 e-CIP홈페이지(http://www.nl.go.kr/ecip)

에서 이용하실 수 있습니다. (CIP제어번호 : CIP2008002312)

서문

한미동맹의 한 축인 주한미군은 지난 50년 동안 대북 억제력 확보와 함께 북한의 도발 시 미국의 자동개입을 보장하는 인계철선(trip-wire)의 역할을 수행해왔으며, 한국의 안보비용 절감과 함께 오늘날 경제번영과 민주주의를 확산시키는 데 중요한 역할을 했다. 물론 동맹의 또 다른 축인 우리 국군도 한국전쟁 이후 50년 동안 한반도에서 평화를 유지하고 전쟁을 억제하는 임무를 성공적으로 수행해왔다. 한편 주한미군은 주일미군과 함께 동북아시아 지역의 평화와 안보를 유지하는 데 결정적인 역할을 하고 있으며, 동맹국들과 협조하여 미국의 이익을 지키겠다는 의지와 능력을 과시하고 있다.

주한미군의 역사는 제2차 세계대전을 조기에 종식하기 위해 소련을 아시아 전쟁에 끌어들인 데서 시작된다. 당시 미국은 한반도의 분할을 결정하고, 북위 38도를 중심으로 북쪽에서의 일본군 항복은 소련이 받도록 하고, 남쪽은 미군에 의해 일본군을 무장해제시키기로 결정했다. 소련은 참전 5일 만에 한반도 북단에 도착했고, 1945년 8월 24일, 38선 이북을 모두 점령했다. 이에 한반도 전체를 소련이 점령할지도 모른다는 불안감으로 미국은 서둘러 한국에 군대를 파견했고 이로써 주한미군의 역사는 시작되었다.

냉전의 종식과 함께 국제안보질서는 급격하게 변하고 있다. 특히 구소련의 붕괴 이후 세계 유일 초강대국으로 등장한 미국의 안보정책 변화가 국제안보질서에 큰 영향을 미치고 있다. 9·11 테러 이후 미국의 안보정책은 매우 공세적인 방향으로 전개되었고 이 여파는 예외 없이 한미동맹에도 영향을 미쳤다.

또한 한국에 진보정권이 들어서면서 한미동맹 재조정이 급격하게 이루어졌다. 물론 지난 50년 동안 세계에서 가장 성공한 군사동맹으로 여겨지던 한미동맹에 문제가 없었던 것은 아니다. 제2부에서 설명하겠지만, 지난 50년 동안 한미동맹에는 많은 변화가 있었다. 특히 최근 양국의 핵심 현안인 주한미군 재배치 및 감축, 특히 감축은 수차례 진행되는 과정에서 미국은 한국의 의사를 확인하지 않고 통보해온 것도 사실이다. 그 결과 진보적 성향이 아닌 학자들도 이 부분에 대한 비판을 가해왔다. 지난 50여 년 동안의 한국의 국력신장이 한미동맹에 제대로 반영되지 않은 것에 대한 비판이 주를 이루었다.

해방 이후 세계 최빈국에서 세계 11위의 경제대국으로 성장한 한국의 국제적 위상이 한미동맹에는 전혀 반영되지 않은 채 줄곧 주니어 파트너 대접을 받아온 것을 부인할 수는 없다. 또한 이러한 비판은 북한의 위협이 완전히 제거되지 않은 상황에서 미국의 지원이 필요한 한국으로서는 쉽게 표출할 수 없는 사안이었다. 하지만 김대중 대통령 집권 이후 한국의 대북정책이 대결보다는 협력을 강조하는 방향으로 선회했고, 남북정상회담을 성사시켜 민족공조를 강조하였다.

이어 집권한 노무현 대통령의 참여정부는 김대중 정부에 비해 상대적으로 민족공조를 강조하지는 않았지만, 출범 이전부터 미국과의 대립각을 세워나갔다. 즉, 참여정부는 '자주'를 강조하면서 미국과의 평등한 관계를 주장함으로써 국민적인 지지를 얻어 집권했고, 집권 이후 노무현 대통령은 많은 부분에서 미국과 충돌했다.

물론 한국의 증진된 위상을 한미동맹에 반영해야 한다는 논리에 이의를 제기하는 국민은 없을 것이다. 그러나 노무현 대통령의 의지가 국제질서변화에 적응한 것으로 볼 수는 없다. 지난 5년 동안 한미동맹 재조정은 국제안보환경의 변화에 따른 미국의 안보정책 변화, 그리고 미국의 안보정책 변화가 한미동맹은 물론 한국의 안보정책에도 영향을 미치고 있음을 간과했다고 볼 수 있다.

불필요한 마찰이 발생함으로써, 한미동맹 재조정 과정에서 한국이 많은 것을 얻을 수 있었는데도 결과적으로 얻은 것은 '자존심'밖에 없다고 판단된다. 즉, 주한미군 재배치 및 감축, 주한미군의 전략적 유연성 요구, 전시작전 통제권 전환 등은 미국의 필요에 의해 추진된 것이었기 때문에 한미 간의 협상 과정에서 우리가 미국의 요구를 수용하는 대신 미국에게 얻을 것이 많았음에도 불구하고 이 기회를 활용하지 못했던 것이다.

이 책은 필자가 2000년경부터 집필한 논문을 수정·보완하여 편집한 것이다. 국제안보환경의 변화에 따른 세계 초강대국인 미국의 안보정책 변화와 이에 따른 미국의 대아시아 정책 변화, 그리고 한미동맹에 미치는 영향을 살펴보고, 이에 대응하기 위한 한국의 안보정책을 연구했다.

이 책은 총 3부 9장으로 구성되어 있다. 제1부에서는 국제안보환경이 변화함에 따라 국제안보질서가 변하고, 이 과정에서 미국이 패권국의 지위를 확고히 하는 차원에서 안보정책에 변화를 주고 있음을 분석하였다. 제1장에서는 21세기, 정확히 말하면 1990년대 초 소련이 붕괴한 후 미국의 안보정책이 어떠한 방향으로 변해가는지를 살펴보았다. 여기에서는 미국이 패권국 지위를 유지·강화하기 위해 공세적인 외교·안보정책을 추진하고 있음을 확인할 수 있다.[1)] 제2장에서는 이러한 미국 주도의 국제질서는 적어도 2020년까지는 유지될 것이라는 결론에 도달한다. 세력전이이론(Power Transition Theory)에 입각하여 미국을 비롯한 강대국들의 국력변화를 예측한 결과, 21세기 부상하는 국가인 중국도 2020년 미국에 도전할 만한 국력을 보유하지 못할 것으로 보인다. 따라서 국제질서는 미국 주도하에 안정적으로 유지될 것이라는 결론을 내리고 있다.[2)] 제3장에서는 탈냉전 이후 미국의 안보정책이 어떻게 변화하는가를 살펴보았다. 이 장에서는 주로 미국 정부, 백악관 및 국방부 등에서 발표된 정책자료를 분석했다. 결국 미국은 자국의 패권을 유지·강화하기 위해 반테러정책과 대량살상무기 반확산 정책을 강력하게 추진하고 있으며, 이러한 정책의 성공을 위해 해외주둔군 재배치를 실행에 옮기고 있다.[3)]

제2부에서는 탈냉전 이후 한미관계가 어떠한 방향으로 변화해갔는가를 검토했다. 제4장에서 필자는 2000년 6월 남북 정상회담 이후 한미관계에 균열이 발생하기 시작했다고 주장했다. 물론 미국의 안보정책 변화로 인해 한미관계에도 변화가 불가피했으나, 남북 정상회담에서 한반도 안보에 관한 합의가 이루어지 않아 미국의 한국에 대한 신뢰가 약화되었고 이러한 신뢰 약화는 곧바로 한미 간의 갈등으로 발전되었다.[4)] 제5장

---

1) 제1장은 저자의 논문, “신 세계질서 : 미국의 패권,” 이상현 편, 『신 세계질서와 동북아 안보』(세종연구소, 2004)를 수정·보완하여 작성되었다.

2) 제2장은 저자의 논문, “2020년 안보환경 전망 : 세력전이이론에서 본 패권경쟁,” 이상현 편, 『한국의 국가전략 2020: 외교·안보』(세종연구소, 2005)를 수정·보완하여 작성하였다.

3) 제3장은 저자의 논문, “9·11 이후 미국의 안보정책 변화와 한반도,” 『세종정책연구』, 제1권 제1호(세종연구소, 2005)와 『미국의 안보정책 변화에 따른 노무현 정부의 안보정책 과제』, 세종정책연구 2003-7(세종연구소, 2003)을 수정·보완하여 작성하였다.

4) 제4장은 저자의 논문, 『남북 정상회담 이후 한미관계 변화』, 세종정책연구

에서는 한미동맹 재조정의 핵심 중 하나인 주한미군 재배치에 대해 살펴보았다. 물론 주한미군의 재배치 및 감축은 국제안보환경 및 미국의 안보정책이 변화할 때마다 실행에 옮겨졌다. 하지만 작금에 단행된 주한미군 재배치 및 감축은 '한국 방위의 한국화' 차원에서 이루어진 것이기에 과거와는 차이가 있다.[5] 제6장에서는 전시작전통제권 전환에 대해 살펴보았다. 어찌 보면 한미동맹 재조정의 핵심이라 할 수 있는 전시작전통제권 전환 또는 한국군 단독행사는 한국 안보에 가장 큰 영향을 미친 합의라 할 수 있다. 2012년 전시작전통제권이 완전하게 한국군에 이양되면 진정한 의미에서 한국 방위의 한국화가 시작되는 것이다. 과연 세계 4강에 둘러싸인 한국이 자국의 안보를 확실하게 확보할 수 있을 것인가에 대한 의문이 제기된다.[6]

제3부에서는 현실로 다가오는 한국 방위의 한국화의 달성을 위해 한국 정부는 어떠한 노력을 해야 하는가에 대해 집중적으로 연구했다. 한국 정부가 주장하는 '협력적 자주국방'과 관련하여, 제7장은 '자주국방' 달성을 위한 정부의 정책을 제시했으며, 제8장과 9장에서는 한국의 안보확보를 위한 국제 '안보협력'을 강조하였다.[7] 특히 제7장에서는 한국의 '국방개혁 2020'을 통한 군사력 증강을 강조하였고, 제8장에서는 한미동맹 강화를 통한 한국의 안보확보, 그리고 제9장에서는 동북아 다자안보

2002-11(세종연구소, 2002)을 수정·보완하여 작성했다.

5) 제5장은 저자의 논문, 『부시 행정부 출범과 주한미군』, 세종정책연구 2003-5(세종연구소, 2003)를 대폭 보완하여 작성했다.

6) 제6장은 출판이 된 논문은 아니고, 새롭게 집필한 글이다.

7) 제7장은 저자의 논문, "국제 안보환경 변화", 이대우 편, 『미래 NCW에 대비한 지상전력 혁신방향』(세종연구소, 2007)을, 제8장은 저자의 논문, "한미관계," 송대성 편, 『차기정부의 국정 현안과제』(세종연구소, 2007)을 수정·보완하여 작성하였다.

협력체 구축을 통해 한반도는 물론 동북아의 안보를 확보하는 노력이 필요함을 강조하였다.

이 중에서 제8장은 논문이라기보다는 발제문에 가깝다. 이 글은 2007년 6월 12일 제16차 세종국가전략포럼에서 발표한 것으로, "차기 정부의 국정현안과제" 중 '한미관계'에서의 현황과 향후 전망을 분석하였기 때문에 제5장 및 제6장과의 중복이 불가피했다. 독자 여러분의 양해를 바란다.

또한 지난 몇 년 동안 발표한 논문들을 분해·수정·보완한 것이기에 자칫 전체적인 통일성이 없을 것에 대한 우려를 지울 수 없다. 특히 한국 안보와 직결된 북한의 핵 문제에 대한 심층적인 논의가 빠져 있다. 하지만 이 책에서는 한미관계, 즉 한미동맹 재조정에 초점을 맞추고 있기 때문에 북한 핵 문제와 관련된 6자회담의 진행에 대한 논의는 제외되었다. 그러나 새로운 정부가 출범하는 시기에 지난 5년 동안 진행된 한미동맹 재조정이 한국의 안보에 부정적인 영향을 미치지 않기 위해서는 어떠한 노력이 필요한 것인가를 제시하는 차원에서 출판하게 된 것임을 밝히고 싶다. 독자 여러분들의 애정 어린 비판이 있기를 기대한다.

끝으로 지난 연구들을 모아 책으로 출판할 수 있게 배려해주신 세종연구소, 특히 인내심을 갖고 격려해주신 박기덕 소장님과 출판이 되기까지 수고해주신 연구소 연구지원팀에게 감사하며, 출판을 담당해주신 도서출판 한울 관계자들께도 감사드린다. 그리고 유학 시절부터 도움을 주고 연구를 격려해준 아내 김지연과 두 아이 상훈과 상윤에게 고마움을 표시하면서 서문을 마무리하고자 한다.

2008년 7월

이대우

차례

서문 3

제1부 국제 안보환경 및 미국 안보정책 변화 —— 13

제1장 21세기 초 국제질서와 미국 …… 15

1. 서론 • 15
2. 국제질서의 의미 • 18
3. 21세기 초 국제안보정세 • 24
4. 동북아 안보정세 • 36
5. 결론 • 46

제2장 2020년 안보환경 전망 …… 47

1. 서론 • 47
2. 연구방법 • 52
3. 2020년 안보환경 전망 • 59
4. 결론 • 66

제3장 탈냉전 이후 미국 안보정책 변화 …… 79

1. 서론 • 79
2. 미국 안보정책 변화 • 83
3. 미국의 안보정책: 완전한 패권 추구 • 107

제2부 한미동맹 재조정 — 127

제4장 남북 정상회담과 한미관계 …… 129

1. 서론 • 129
2. 남북 정상회담 이후의 한미관계 • 134
3. 부시 행정부의 한반도정책 • 145
4. 부시 행정부하의 한미관계 • 158
5. 결론: 한미 갈등 요인 • 164

제5장 주한미군 재배치 및 감축 …… 171

1. 서론 • 171
2. 주한미군의 역사적 전개 • 174
3. 부시 행정부의 해외주둔군정책 • 189
4. 주한미군 재배치 및 감축 논의 • 192
5. 주한미군 재배치 및 감축 • 198
6. 결론: 한국의 대응 • 203

제6장 전시작전통제권 전환 …… 205

1. 서론 • 205
2. 한국군 작전통제권 전환 역사 • 208
3. 전시작전통제권 전환의 안보적 영향 • 217
4. 결론 • 232

제3부 한반도 안보확보 — 237

제7장 한국 군사력 증강 ······ 239

1. 서론 • 239
2. 주변 4강 안보정책 변화 • 243
3. 한반도 안보환경 • 266
4. 결론: 한국 군사력 증강 필요성 • 282

제8장 한미동맹 강화 ······ 287

1. 서론 • 287
2. 한미관계 현황 및 전망 • 292
3. 한미 현안 과제 • 297
4. 요약 및 결론 • 315

제9장 동북아 다자안보협력 추진 ······ 319

1. 다자안보협력 개념 • 319
2. 동북아 다자안보협력 필요성 • 323
3. 다자안보협력 현황 • 326
4. 한국 정부의 노력 • 342
5. 전망 및 한국의 대응 • 346

참고문헌 • 355
찾아보기 • 367

제1부

국제 안보환경 및 미국 안보정책 변화

제1장

21세기 초 국제질서와 미국

1. 서론

1970년대 이후 많은 학자들은 미국 패권의 쇠퇴를 예견하였다. 그러나 이들이 주장한 미국 패권의 쇠퇴는 절대적인 쇠퇴라기보다는 상대적인 쇠퇴로서 유럽과 일본의 약진 및 미국의 과도한 국방비 지출에서 이유를 찾고 있다. 따라서 냉전이 종식된 이후, 러시아, 프랑스, 독일, 중국과 같은 강대국들은 세계질서는 다극체제(multipolar world)에 의해 유지되어야 한다고 끊임없이 주장하고 있으며, 국제체제에서 일어나고 있는 초국가적 문제들을 미국 혼자의 힘으로는 해결하기 어렵기 때문에 강대국들의 협력이 필수적이라는 견해가 우세했다. 따라서 탈냉전 이후 새로운 세계질서는 미국 주도의 단극체제(unipolar)에 의해서가 아닌 다른 강대국들과의 협력을 바탕으로 하는 단일다극체제(uni-multipolar)로 변화되어 약 20년 정도는 유지될 것으로 예측했다.[1)]

---

1) Samuel P. Huntington, "The Lonely Superpower," *Foreign Affairs*, Vol. 78, No. 2 (March/April 1999), p. 37.

그러나 1990년대 소련과 동유럽의 붕괴와 미국 경제의 괄목할 만한 성장을 목격하면서 미국 패권의 상대적 쇠퇴를 논하는 학자들이 급격히 줄어들었고, 미국은 자신들이 세계적인 지도력을 발휘할 수 있는 유일한 국가임을 강조하며 단극체제를 구축하는 데 박차를 가하고 있다. 한마디로 탈냉전 이후 유일 초강대국으로 등장한 미국은 막강한 군사력을 바탕으로 세계 안정과 번영을 위해 지도력을 발휘해야 한다는 것이다.

탈냉전 이후 미국의 패권을 유지·강화하는 전략은 클린턴 행정부 시절부터 은밀하게 추진되었으나, 부시 행정부의 출범과 함께 외교정책 추진에 있어 패권강화 의지가 노골적으로 표출되기 시작했다. 클린턴 행정부부터 가시화되기 시작한 미국의 미사일 방어체제(Missile Defense)가 대표적인 예이다. 미국은 미사일 방어체제의 추진을 통해 다른 나라들이 보유한 핵무기와 장거리 미사일을 무력화시킴으로써 미국의 군사적 패권을 강화하겠다는 전략을 갖고 있었다. 이러한 상황에서 2001년 9월 11일 대규모 테러사건이 뉴욕과 워싱턴에서 동시에 발생했고, 미국은 많은 인명 피해를 보았다. 9·11 테러는 미국의 안보환경 인식에 큰 변화를 주었다. 우선 9·11 테러는, 과거 냉전시대 미국은 거대한 섬으로 다른 국가들로부터의 공격에 비교적 노출되어 있지 않다는 미국인의 인식을 바꾸었다. 즉, 미국 본토도 더 이상 안전지대는 아니라는 인식이 확산됨에 따라 본토 방위가 미국 외교정책의 최우선순위로 부상하면서 군비증강의 명분이 되었다. 또한 미국 정부는 미국 본토, 미국 국민, 그리고 사회간접자본에 대한 파괴적인 공격을 가할 수 있는 동기와 능력을 가지고 있는 비국가집단들(non-state actors)이 대량살상무기로 미국을 공격할 가능성에 대한 경계를 강화했고 대테러전과 대량살상무기 반확산 정책을 강력하게 시행했다.

미국의 대테러전은 아프간 전쟁에서 시작되었다. 미국은 효과적인 대테러전을 수행하기 위해서는 군사력 증강은 물론 해외주둔군을 재배치해야 한다는 논리를 근거로 중동과 중앙아시아에 미군을 전진배치시킴으로써 이 지역에서의 영향력 확대를 도모했다. 특히 미국은 주요 전쟁을 수행할 수 있는 능력을 갖추기 위해 군사력을 증강해야 하며, 두 개의 전쟁을 동시에 치르기 위해 효율적인 원정을 수행할 수 있도록 미군의 신속대응군화를 강조했다. 그리고 강력한 반확산 정책을 통해 대량살상무기가 미국에 적대적인 국가나 그룹으로 유입되는 것을 철저히 차단하고자 노력하고 있다.

이러한 대테러전과 반확산 정책의 성공을 위해 미국의 안보정책은 적들이 어떠한 공격을 할 것인가를 전제로 수립되기 시작했다. 즉, 미국은 적들이 어느 정도의 공격력을 보유하고 있는가를 확인하고 대응책을 수립하는 데 안보정책의 초점을 맞추었다. 그리고 부시 행정부는 적들의 공격을 기다리기보다는 적들이 미국과 우방국들을 공격할 능력과 의지가 확인되면 먼저 공격하여 분쇄하겠다는 선제공격 독트린을 선언했다. 물론 냉전시대에도 미국은 선제공격을 외교정책에서 완전히 제외시키지는 않았지만, 9·11 테러 이후 선제공격의 필요성을 더욱 강조하기 시작했고 이때부터 일방주의에 가까운 외교정책을 추구하고 있다.

결국 미국은 9·11 테러 이후 본토 방어라는 명분을 가지고 군사력 증강과 함께 패권강화에 보다 적극적으로 나서고 있으며, 탈냉전과 함께 시작한 미국 주도의 단극체제는 9·11 테러를 계기로 더욱 공고화되는 모습을 보이고 있다. 이러한 현상은 미국의 안보정책이 시간이 지날수록 강경해지는 것에서 찾아볼 수 있다. 앞서 지적했듯이 반테러전 수행을 명분으로 미국은 국제문제에 적극적으로 개입하여 영향력을 극대화함으로써 자국의 패권을 강화하고 있다. 특히 중앙아시아에 미군을 주둔시킴으로써 미국의 패권에 도전할 가능성이 높은 중국을 견제하고 동시에 에너지 자원을 확보함으로써 패권 강화를 도모하고 있다.

이 장 제2절에서 국제질서의 개념을 간단하게 정리해보고, 제3절에서는 미국의 강경한 또는 일방주의적인 외교정책을 분석해보고자 한다. 특히 9·11 테러를 전후하여 미국은 패권강화를 위해 안보정책에 어떠한 변화를 가하고 있는지를 살펴본다. 제4절에서는 새로운 국제질서를 구축하기 위해 미국이 추구하는 세계 전략을 검토해본다. 특히 반테러전과 반확산을 강조하면서 세계 평화를 증진시킨다는 이유로 미국의 개입을 확대함으로써 미국이 원하는 패권 강화를 위한 중국 견제, 자원 확보, 그리고 민주주의 확산을 도모하고 있다. 제5절은 결론 부분으로 향후 미국 주도의 국제질서를 예측해보고, 새로운 국제질서하에서의 국제안보환경을 분석하고자 한다.

2. 국제질서의 의미

일반적으로 '질서'는 혼돈, 불안정, 또는 예측 불허와 대비되는 말로서, 안정, 평화, 예측 가능이라는 의미를 가지고 있는 말이다. 헤들리 불(Hedley Bull)은 "질서(order)는 인간관계나 집단관계에서 나타나는 현상으로 특별한 결과, 즉 어떠한 목표와 가치를 증진시키는 것"이라고 정의했다. 또한 질서는 상황의 의미를 내포하고 있기 때문에 국제정치에서 질서는 언제든지 존재하고, 국제사회가 존재하는 한 질서도 존재한다고 주장했다.[2] 국제사회는 국가들의 집단으로서 어떠한 공동의 이익과 공

2) Hedley Bull, *The Anarchical Society: A Study of Order in World Politics*(Colombia University Press, 1995), p. 8; Andrew Hurrell(2003), p. 25.

동의 가치를 인지하고 일종의 사회를 구성하고 있기 때문에 질서는 국제사회의 기본적인 목표를 달성하기 위해 필수적이라 할 수 있다.

여기서 국제사회의 기본 목표에는 국가사회 유지, 개별 국가의 독립성 유지(주권 존중), 국가 및 사회관계에서 전쟁과 폭력의 규제(평화) 등이 포함된다. 무정부적인 특징을 가지고 있는 국제사회에서 이러한 목표를 달성하기 위해 다른 국가들과의 관계에 있어 규칙을 준수하고 공동의 기구를 작동시키기 위해 협력한다. 국가 협력과 국제제도는 안정적인 평화를 제공할 뿐만 아니라 피할 수 없는 전쟁을 완화시킬 수도 있다. 국제 행동양식은 규칙과 기구를 의미하는 것으로, 규칙은 국가 간의 상호작용을 통제하고(govern) 기구는 규칙에 영향을 미친다. 그러나 공동의 이익이 기본적인 목표를 결정하지만, 어떠한 행위가 목표 달성에 적절한지에 대한 지침이 되는 것은 아니다.

국제사회는 국가 간의 질서를 유지하는 구조(arrangement)를 가지고 있다. 질서를 유지하는 방법, 공식 또는 비공식적인 게임의 법칙, 제재 방법, 운영의 책임이 있는 국가나 기구 등이 구조에 해당한다.[3] 따라서 국제질서는 공식적인 또는 비공식적인 구조로 개인이나 집단의 목표를 추구하는 데 있어 주권국가들 간의 규칙에 의해 관리되는 상호작용(rule-governed interaction)을 유지하는 것이다.[4] 레이몽드 아론(Raymond Aron)과 같은 학자들은 인간은 어떠한 상황에서 파괴를 피할 수 있으며 동시에 함께 잘 살아갈 수 있느냐라는 문제를 해결하기 위해 노력하였다.[5] 결국

---

3) Muthiah Alagappa, "The Study of International Order, An Analytical Framework," in Muthiah Alagappap(ed.), *Asian Security Order, Instrumental and Normative Features*(Stanford University Press, 2003), p. 39.

4) Ibid., p. 52.

5) Andrew Hurrell, "Order and Justice in International Relations: What is at Stakes?"

국제사회를 안정적으로 관리해나가는 구조를 누가 어떻게 구축하는가가 매우 중요하다.

국제질서를 유지해나가는 여러 가지 방법 중, 국제질서를 이해하고 국제체제의 변화 가능성을 설명하고 있는 대표적인 이론인 세력균형이론(theory of balance of power)과 패권안정이론(theory of hegemonic stability)에서 주장하고 있는 세력균형(balance of power)에 의한 또는 패권국(hegemony)에 의한 국제질서 유지를 생각해보자.[6] 특히 이 이론들은 경쟁과 힘에 의한 국제체제 구축과 질서유지를 강조하고 있으므로 미국의 패권과 국제질서에 대한 논의를 이해하는 데 도움이 될 것으로 판단된다.

세력균형 이론은 가장 오래되고 널리 알려진 국제정치 이론으로 국제사회에서 국가 간의 힘이 비슷할 때, 즉 세력균형이 유지될 때 국제질서의 안정이 유지된다고 주장한다. 힘이 비슷한 상황에서는 어느 누구도 전쟁을 일으켰을 때 승리를 장담하지 못하기 때문이다. 따라서 국가들은 힘의 균형을 유지하기 위해 다른 국가와의 동맹을 통해 자국의 힘의 약화를 보충하려 한다. 반면 어느 한 세력의 힘이 상대적으로 약화되면, 즉 세력균형이 깨지면, 강한 세력이 약한 세력을 침공하게 된다고 설명하고 있다. 그러나 세력균형 이론은 냉전종식 이후 국제체제 변화에 대한

Rosemary Foot, John Gaddis, and Andrew Hurrell(eds.), *Order and Justice in International Relations*(Oxford University Press, 2003), p. 25.

6) 이 외에 강대국 협조(concert of powers) 질서유지를 생각해볼 수 있으며, 협력에 의한 질서유지로 집단안보(collective security), 국제레짐(international regime), 경제적 상호의존과 협력(economic interdependence and cooperation) 등을 생각해볼 수 있다. 또한 변혁(transformation)에 의한 질서유지 방법으로 민주주의 공동체 확산을 통한 국제질서 유지와 국제통합(international integration), 즉 경제공동체와 같은 형태로 국가들을 통합함으로써 질서를 유지할 수 있다. Muthiah Alagappa(ed.)(2003), pp. 52~64.

설명을 하기에는 부족한 점이 있다. 예를 들면, 소련의 붕괴로 냉전시대를 유지하고 있던 균형이 깨어졌음에도 불구하고 상대적으로 힘의 우위에 있던 미국은 러시아를 공격하지 않았다. 힘의 균형 이론에 의하면 미국은 러시아를 공격했어야 했다. 대신 미국은 러시아와의 관계 재정립을 통해 미국 주도의 국제질서를 구축하려고 노력하고 있다.

따라서 현재 미국의 패권을 중심으로 세계질서가 재편되고 있는 과정을 비교적 잘 설명할 수 있는 패권안정 이론이 관심을 받고 있다. 패권안정 이론의 대표주자라 할 수 있는 로버트 길핀(Robert Gilpin)은 국제체제의 변화를 설명함에 있어 국제체제가 균형상태(state of equilibrium)에 있는 시점부터 시작한다.[7] 여기서 패권국(hegemon)이 세계질서를 확립하는 데 필요한 공공재와 체제 내의 게임의 법칙을 제공하면서 체제질서를 유지한다고 주장한다. 패권국은 국익을 고려해 체제 내에서 지켜야 할 기본 규율 및 국제 정치적·군사적·경제적 질서를 제공한다. 그러나 체제 내에서 국력의 재분배가 현상이 발생하고, 이 과정에서 쇠퇴하는 패권국과 급성장하는 강대국들과의 국력 증대 속도의 차이는 체제를 불균형 상태로 몰아가게 된다. 이 상황에서 급성장한 강대국들은 패권국에 도전하여 현 국제체제를 변화시키는 것이 이익인가 불이익인가를 결정한 후 이익이 된다고 판단될 때 패권국과의 전쟁을 일으키게 된다. 이것이 패권전쟁이고, 이는 마지막 단계인 체제의 위기해소 단계에 도달하면서 도전세력이 승리할 경우 새로운 국제질서가 수립되게 된다는 것이다.

조지 모델스키(George Modelski)의 장주기론(long cycle theory)도 이와 유사한 주장을 하고 있다.[8] 패권국이라는 개념 대신에 세계국가(world

---

7) Robert Gilpin, *War and Economic Change in World Politics*(Cambridge: Cambridge University Press, 1981).

power)에 의해 세계질서는 유지된다고 강조하는 것이다. 국제체제 내에서 힘이 집중되어 있는 세계국가는 세계 안전과 무역질서 등과 같은 공공재를 독점적으로 공급하기 때문에 세계질서를 구축해나가는 데 정통성을 인정받게 된다. 그러나 국력의 분포가 변화하는 과정에서, 즉 도전국가의 출현으로 세계국가로서의 지도력을 상실하면서 정통성을 잃어가고(delegitimation, 비정통화), 세계국가는 세계질서를 유지하는 데 필요한 공공재를 부담할 능력을 상실하게 되고(deconcentration, 비집중화), 마지막으로 급성장한 강대국의 도전으로 누가 새로운 세계질서를 구축해나갈 것인가를 결정하는 세계전쟁이 발생하게 된다고 주장한다. 결국 장주기론도 세계국가에 의해 국제질서가 구축되고, 세계국가가 쇠퇴하면 강력한 도전국에 의해 새로운 국제질서가 구축된다는 주장을 하고 있다.

그러나 이러한 패권국 또는 세계국가에 의한 국제질서 구축은 1958년 오르간스키(Abramo Fimo Kenneth Organski)가 발표한 세력전이이론(Power Transition Theory)에서 시작되었다.[9] 오르간스키는 국가안보를 확고히 하는 것이 최고의 국가목표이고, 국력증대는 국가안보를 증대시키기 위한 수단으로 간주한다. 또한 국제체제는 무정부체제라기보다는 국력의 우열에 기초하여 지배국(패권국)에 의해 위계질서가 형성되는 위계체제라고 가정한다. 피라미드 형태의 국제위계체제의 정점에는 지배국가(dominant power)가 있고, 그 밑에 강대국들(major powers), 약소국들(minor powers), 그리고 지금은 존재하지 않는 식민지들(dependencies)이

---

8) George Modelski, "The Long Cycle of Global Politics and the Nation-state," *Comparative Studies in Society and History*, Vol. 20, No. 2(April 1979); William R. Thompson, *On Global War*(Colombia: University of South Carolina Press, 1998).

9) A. F. K. Organski, *World Politics*(New York: Alfred A. Knopf, 1958).

분포되어 있다고 주장한다(제2장 참조). 그리고 이러한 위계체제 내에는 지배국의 지도, 즉 지도국에 의해 구축된 국제질서와 이에 필요한 공공재 제공 등에 만족하는 국가와 만족하지 못하는 국가로 양분된다. 그러나 불만족국가들은 국력의 열세로 불만스럽지만 지배국이 구축한 국제질서에 적응하면서 살아간다. 하지만 어느 시점에서 국력이 축적되면, 즉 국력이 지배국의 국력과 비슷해지면 지배국을 비롯한 만족국가군에 도전하게 된다. 즉, 현존 체제에 불만이 있는 도전세력의 국력이 지배국과 만족세력들의 국력을 따라잡는 세력전이 현상이 일어날 때 이들 국가 간의 전쟁발생 가능성이 높아진다. 국력이 신장된 도전국이 새로운 국제질서를 구축하기 위해 지배국에 도전한다는 것이다.

결론적으로 세력전이이론을 비롯한 패권안정 이론과 장주기론이 세력균형 이론보다는 현재의 세계질서를 정확하게 설명하고 있으며, 향후 변화에 대해서도 많은 것을 시사해주고 있다고 볼 수 있다.

미국의 패권은 패권전쟁에서의 승리로 구축되었다기보다는 가장 강력한 도전세력이었던 소련이 스스로 붕괴함으로써 어느 날 갑자기 부상한 것이다. 그 후 미국은 자국의 국가 목표, 즉 세계평화, 경제번영 그리고 민주주의 확산 등을 달성하기 위해 새로운 세계질서를 구축해나가고 있다. 그러나 미국은 이러한 목표를 실현하는 방법으로 다자주의보다는 일방주의를 선택했다. 물론 말로는 다자주의, 즉 국제사회와의 협력을 통해 새로운 세계질서를 구축하겠다고는 하지만 실질적으로는 자국의 패권을 강화하기 위해 대테러전과 대량살상무기 확산 방지를 명분 삼아 주요 지역에 미군을 주둔시킴으로써 영향력을 확대해나가고 있다. 물론 이런 과정에서 미국은 세계 어느 국가보다도 많은 이익을 얻게 된다. 특히 자유무역 확대와 에너지 자원 확보라는 경제적인 이익을 얻게 될 것이다. 그러나 모든 국가가 이러한 미국의 세계전략 추진을 인정하는 것은 아니다. 이라크 전쟁을 계기로 프랑스, 독일, 러시아, 중국 그리고 일부 중동국가들은 미국의 일방주의에 반발하고 있다. 즉, 이들은 오르간스키가 설명하는 불만족국가군에 포함된다. 하지만 이들은 미국의 독주를 견제할 만한 힘이 없기 때문에 미국은 영국과 일본 등과 같은 만족국가들의 지지를 받으면서 유일 패권국으로의 발걸음을 재촉하고 있다.

3. 21세기 초 국제안보정세

1) 현황

물론 새로운 세기가 시작했다고 해서 국제질서가 급격히 변화하는 것은 아니다. 20세기 말의 냉전 종식은 세계 평화와 번영에 긍정적으로 기여하여 세계적 규모의 전쟁 위협을 감소시켰고, 자유민주주의와 시장경제의 확산을 촉진했으며, 국제협력의 기회를 확대하였다. 비록 세계 도처에 분쟁 요인은 존재하고 있으나, 현재의 국제정치질서는 안정적이라고 할 수 있다.[10] 그 이유는 첫째, 국가 간의 분쟁을 해결하는 데 무력 사용이 감소하였다. 강대국들은 물론 약소국들도 전쟁의 비용을 감안하고 확전을 피하기 위해 무력 사용을 자제하고 있다.

둘째, 대량살상무기의 개발이 억제되고, 그 수 또한 줄어드는 추세이다. 국제사회는 화학무기금지협약(Chemical Weapon Convention, CWC), 생물무기금지조약(Biological Weapon Convention, BWC), 전면핵실험금지

---

10) Richard N. Haass, "What to Do With American Primacy," *Foreign Affairs* (September/October 1999), pp. 39~41.

조약(Comprehensive Nuclear Test Ban Treaty, CTBT) 등을 통해 대량살상무기 개발 자체를 억제하고 있으며, 이러한 무기의 운반수단인 미사일 개발을 억제하기 위해 미사일기술통제체제(Missile Technology Control Regime, MTCR)를 구축하는 등 노력을 하고 있다. 이러한 노력으로 우크라이나, 벨로루시, 카자흐스탄, 남아프리카, 브라질 및 아르헨티나의 자발적 핵 프로그램 포기를 얻어냈다. 비록 인도, 파키스탄, 북한 등 몇 나라가 반발하고 있으나 대세는 비확산으로 기울고 있다. 또한 핵강대국인 미국과 러시아 간의 전략무기감축협정(Strategic Arms Reduction Treaty, START)이 진행되고 있다. 이 협정은 양국이 보유한 핵탄두의 수를 줄이는 것으로, START－I에 의해 미·러 양국은 핵탄두의 수를 약 7,000개로 감축했으며, START－II에 의해 약 3,500개로 감축될 예정이었고, START－III가 완수되면 양국이 보유하는 핵탄두의 수는 2,000~2,500개로 줄어든다. 그러나 최근 미국과 러시아는 핵무기의 중요성을 재차 강조하고 있어 결과가 주목된다.

셋째, 인도주의 차원에서 국제사회의 인권유린국에 대한 개입이 확대되고 있다. 1648년 웨스트팔리아 강화조약(the peace of Westphalia) 이후 국제질서를 유지한 것은 '주권 존중' 차원에서 한 국가의 국경 내에서 벌어지는 상황에 대하여 다른 국가들은 간섭을 자제한 것이라 할 수 있다. 즉, 간섭은 자칫 갈등으로 이어질 수 있기 때문에 타국의 내정은 간섭하지 않는다는 것이 지난 360년 동안의 추세였다. 그러나 탈냉전시대에 접어들어 주권의 개념이 약화되기 시작했고, 주권문제는 인권문제와 연계되는 경향을 보였다. 따라서 한 국가가 자국의 국민을 보호할 의지가 없거나 또는 보호할 수 없을 때 국제사회는 외교적인 방법이나 무력을 사용하여 인도주의 차원에서 관여를 하게 됨으로써 국제사회의 인도주의 차원의 개입이 증가하고 있다. 이는 현재 진행 중인 인종적·종교적 분쟁에 국제사회가 적극적으로 개입하여 해결할 수 있는 가능성이 매우 높아졌음을 의미한다.

끝으로 세계경제가 급속도로 개방되고 있다. 세계무역기구(WTO) 체제가 가동됨으로써 국가 간의 상품·자본·서비스 이동이 매우 자유로워졌으며, 각국의 국내시장의 투명성이 제고되어 민간 경제활동이 매우 활발하게 진행되고 있다. 이러한 경제개방 추세를 가속화시키기 위한 새로운 협상이 진행되고 있으며, 이 협상이 타결되면 보다 낮은 관세로 보다 많은 상품과 서비스가 자유롭게 국경을 넘나들게 될 것이다. 경제개방은 국가의 지속적인 번영을 위해 꼭 필요한 것이며, 국가들 간의 연계 및 상호의존의 관계를 증가시켜 군사적 충돌을 막을 수 있는 중요한 방패가 되기도 한다.

흥미로운 사실은 이러한 탈냉전시대의 국제정치 특징은 '평화로운 국제관계 유지', '대량살상무기의 비확산', '인권존중', '경제개방' 등이 주축을 이루는 미국의 외교정책 목표와 유사하다는 것이다. 이는 현재의 국제정치질서가 미국의 주도하에 형성되고 있음을 보여주는 것으로, 1980년대 이후 많은 학자들이 주장해온 미국 패권의 쇠퇴로 인해 국제정세는 불안정해질 것이라는 우려가 기우였음을 증명해준다. 당시 많은 학자들은 미국의 패권이 쇠퇴하고 강대국 간의 균형이 다시 시작될 것으로 예측했다. 그러나 소련의 위협이 사라지고 냉전구조가 해체되었는데도 미국을 중심으로 일본과 유럽은 협력관계를 재다짐했으며, 정치적 갈등을 봉쇄하고, 무역과 투자를 확대했으며, 전략적 라이벌관계 또는 강대국 간의 힘의 균형으로 회귀하지 않았다.

2) 미국의 패권

대부분의 현실주의자들은 1990년 이후 국제체제가 단극체제(unipolar system)라는 것을 인정한다.[11] 미국이 패권국으로 등장한 지 50년이 지난 지금도 미국은 패권국이며 비교적 안정적이고 민주적인 자본주의 질서를 확장해나가고 있다.[12] 단지 미국의 패권이 얼마 동안 지속될 것인가에 대한 견해를 달리하고 있을 뿐이다.

비록 미국의 경제능력은 상대적으로 감소한 경향이 있으나, 아직도 미국의 경제력과 군사력은 타국과는 비교할 수 없을 정도로 강하며, 미국은 타국에 '전략적인 제약'을 가할 능력이 있다. 또한 미국 주도로 형성된 국제제도는 타국들의 협력을 증진시켜 정치적 갈등을 평화적으로 해소하는 데 기여했다. 따라서 미국은 아직도 패권 질서의 중심에 있으며, 미국 패권에 의한 국제질서는 비교적 안정적이고, 이러한 국제질서는 21세기 초에도 이어질 것이다. 그 이유는 첫째, 미국의 국력이 상대적으로 쇠퇴했다고 할 수 있으나, 아직도 다른 강대국이 미국과 대등한 국력을 가지기엔 시기상조라 할 수 있다. 미국은 정보혁명 시대의 주요 기술에서 우위를 확보하고 있으며, 군사력 및 경제력은 물론 이념 또는 문화적 차원에서도 당분간 유일한 초강대국으로 남아 있을 것이다.

둘째, 미국은 제2차 세계대전이 끝난 직후 자유 민주국가들과의 관계를 제도화된 정치과정 속에서 발전시켰다. 미국은 제도화된 정치과정

---

11) Michael Mastanduno, "A Realist View: Three Images of the Coming International Order," in T. V. Paul and John A. Hall(eds.), *International Order and the Future of World Politics*(New York: Cambridge University Press, 1999), p. 37.

12) G. John Ikenberry, "Liberal Hegemony and the Future of American Postwar Order," in T. V. Paul and John A. Hall(eds.)(1999), p. 123.

내에서 행동할 것을 약속하고, 다른 강대국들은 여기에 동참하기로 합의를 한 상태라 할 수 있다. 따라서 합리적인 제도 속에서 미국은 그들을 지배하지도 않았으며, 그들을 버리지도 않았다.

셋째, 미국의 패권이 유지될 것이라는 가장 중요한 이유는 현 시점에서 당분간 미국의 패권적 지위에 도전할 국가가 없다는 사실이다. 우선 유럽과 일본은 미국의 주요 파트너이다. 미국에 도전할 의사도 없으며, 도전할 능력도 없다. 유럽의 경우 경제력은 인정할 수 있으나, 통합된 외교정책과 군사정책이 없는 상황에서 미국의 패권에 도전하는 것은 상상할 수 없다. 일본은 경제력에 있어 미국에 가장 근접한 경제대국이라 할 수 있다. 일본은 아시아 네 마리 용(한국, 대만, 싱가포르, 홍콩)의 국민총생산(GNP)을 합한 것보다 6배가 큰 경제규모를 자랑하고 있다. 비록 '중국 위협론'을 앞세워 군사력을 증강하고 있으나 미국의 군사력을 따라잡는 것은 요원한 일이다. 게다가 미국이 일본의 보통국가화 및 독자적인 군사능력을 배양하는 것을 지지하지는 않았다. 그래서 일본의 안보를 보장한다는 구실로 미국의 군사력을 전진배치하고 있으며, 일본에 대한 방위공약 강화를 통해 미·일동맹 자체를 강화하고 있다.

반면 러시아와 중국은 미국의 패권에 도전할 수 있는 국가라 할 수 있다. 특히 러시아는 군사력과 기초과학기술력에서 미국과 견줄 만한 능력을 가지고 있기 때문에 언제든지 미국의 패권에 도전할 수 있는 국가이다. 그러나 현재 러시아는 경제재건에 총력을 기울이고 있어, 아직까지 군사력 증강에 나서지 않은 상태이기 때문에 당분간은 국제정치질서에 큰 영향을 미치지는 못할 것이다.

중국은 지역 패권국 내지는 미국의 패권에 도전할 수 있는 가장 근접한 국가라고 할 수 있다. 영토의 크기와 인구의 수, 그리고 최근 급성장하는 중국의 경제가 이러한 가능성을 더욱 높여주고 있다. 그렇더라도 중국의 패권도전은 중국의 군내정치가 안정되고, 지속적인 경제성장을 유지하여 현재 추진 중인 군현대화를 달성해야 가능하다. 그러나 스티브 챈(Steve Chan)의 주장[13)]과 같이 중국은 아직도 개발도상국 범주에 들어 있다. 중국의 총생산은 미국의 1/3 수준이고, 국방비 지출에서도 미국의 20% 수준에 머물고 있다. 총생산이 증가된다고 바로 초강대국 또는 패권에 도전할 수 있는 국가가 되는 것은 아니다. 1인당 국민총생산, 금융, 무역, 공업생산 등에서 일본을 능가하려면 또 다른 수십 년의 세월이 요구된다. 게다가 중국의 군사력을 직접 국력과 연관시키는 데도 문제가 있다. 그 기술 수준이 미국이나 러시아, 유럽, 일본에 비해 낮기 때문이다. 결국 힘의 전이(Power Transition)가 가까운 장래에 일어나기는 매우 어려운 실정이다.

따라서 프랑스, 러시아, 중국 등이 미국의 패권에 불만을 가지고 있으나, 이들이 개별적으로 도전하는 것은 아직 불가능하고 연합을 해야만 가능한데, 그들의 문화적 차이는 그들의 연합을 어렵게 만든다. 따라서 가까운 장래에 미국의 패권에 도전하는 국가가 탄생하여 새로운 국제질서를 구축하는 과정에서 발생하는 전 세계적인 혼란의 가능성은 매우 낮다(제2장에서 구체적으로 논의한다).

3) 단일 – 다극체제(Uni-multipolarity)

그러나 냉전구조의 해체로 인해 과거 동서갈등으로 인해 표출되지 못했던 국제적인, 지역적인 또는 국가 간의 갈등이 나타나기 시작했다.

---

13) Steve Chan, "Chinese Perspectives on World Order," in Paul and Hall(eds.), pp. 197~212.

특히 영토적·인종적·종교적 갈등이 두드러지게 표출되고 있다.[14] 또한 1996년에 수립된 세계무역기구 체제가 경제의 세계화를 가속시키고 있는 가운데 무역과 금융, 자본시장의 국가 간 상호의존성이 높아지면서 국가 간 갈등이 드러나고 있다. 20세기 말 발생한 동아시아의 금융위기와 각 지역에서의 대규모 실업문제 등은 경제분야에서 발생되는 문제가 국내는 물론 국제적인 안보에도 영향을 미치고 있음을 보여준다.[15]

게다가 환경오염, 마약, 테러, 난민문제 등 초국가적인 위협들도 새롭게 부상함으로써 탈냉전 후 국가안보에 대한 인식이 생존 차원뿐만 아니라 국가번영 차원으로 확대되어, 국가안보 이익의 범위가 종전의 정치·군사적 영역은 물론 무역, 금융, 자원, 기술, 정보, 환경, 복지, 문화 등 경제·사회적 영역까지도 포함되었다. 이에 따라 종래 군사 위주의 전통적인 안보개념이 정치·군사·경제 영역까지 포함하는 포괄적 안보개념(Comprehensive Security)으로 바뀌었다. 또한 안보 관련 행위의 주체가 다양화됨에 따라 위험의 관리와 대응이 복잡한 양상으로 변화하고 있다. 즉 국가 단위의 행위자 이외에도 유엔, 지역기구 등의 국제기구와 민족집단, 종교집단, 테러단체, 범죄조직 등 국가가 아닌 행위자도 국제안보에 커다란 영향을 미치는 주요행위자로 등장하였다. 이러한 국가 단위 미만의 행위자에 의한 마약 및 총포류 거래 등 국제범죄, 조직적인 테러행위, 불법이민 등과 같은 안보위협 요인들이 세계적으로 증가하는 추세이다. 이에 따라 각국은 국제적인 공조체제의 강화나 이러한 문제의 해결을 위한 군의 기능 및 역할강화 등 대응책 마련에 부심하고 있다.

---

14) 1999년 국방백서의 '1998 세계분쟁현황'에 의하면 충돌분쟁 35건, 대립분쟁 24건, 잠재분쟁 18건 등으로 분쟁의 강도 및 관련 국가가 증가하고 있다고 한다. 『국방백서』(1999), 183쪽.

15) 『국방백서』(1998), 19~20쪽.

결국 과거의 위기관리 방식은 새롭게 부각되고 있는 인종적 또는 공동체 간의 갈등을 해결하는 데는 부적절하다고 할 수 있다.[16] 따라서 탈냉전시대 국제체제는 이러한 변화로 인해 야기된 갈등을 어떻게 관리할 것인가라는 문제에 직면하였다.

이러한 분쟁과 위협들을 미국 혼자의 힘으로 해소하기는 불가능하기 때문에 강대국들의 협력이 절대적으로 필요하다. 따라서 미국은 매우 강력하고 지속적인 국제정치질서를 구축하기 위해 미국 주도의 다자주의[17]를 선택하고 있다. 다자주의는 국제질서를 유지한다는 차원에서 다른 국가들의 돌출행동을 사전에 막을 수 있고, 미국의 세계정책에 대한 반대세력의 수를 줄일 수도 있으며, 정책의 성공을 기대하기 쉽다는 장점을 가지고 있다. 따라서 다자주의는 21세기 국제정치질서 유지를 위한 새로운 관리방법이라 할 수 있다. 그러나 현실적으로는 모양만 다자주의를 택한 것으로서, 미국 주도에 강대국들이 동참하는 형식을 취하고 있다.

이러한 맥락에서 앞서 언급했듯이, 사무엘 헌팅턴(Samuel Huntington)은 21세기 초 국제정치질서는 단일 - 다극체제(uni-multipolar system)일 것이라고 했다. 이 체제는 하나의 초강대국(superpower 또는 hegemon)과 여럿의 강대국들(major powers 또는 regional powers)이 존재하고 있는 세계를 말한다.[18] 그리고 단일 - 다극체제에서는 중요한 국제적 사안을 해결하

---

16) Mark Hoffman, *Dilemmas of World Politics: International Issues in a Changing World*(Oxford; Clarendon, 1992), p. 262.

17) 다자주의 개념에 대하여는 John Gerald Ruggie, “Multilateralism: The Anatomy of an Institution,” *International Organization,* Vol. 46, no. 3(1992) 참조.

18) 현재 국제정치질서의 위계에서 초강대국은 이론의 여지없이 미국이다. 미국은 경제, 군사, 외교, 이념, 기술, 문화 등 모든 면에서 다른 나라들보다 우위에

기 위해서는 초강대국과 몇 개의 강대국이 동의를 해야만 한다. 즉, 미국이 독자적으로 모든 국제문제를 해결할 수 없고 강대국들의 협조(concert)를 받아 국제질서를 유지할 수 있다는 것이다.

다행스럽게도 강대국들은 미국의 21세기 국제정치질서 형성에 주도적 역할을 인정하고, 이에 협력할 것이다. 그 이유는 첫째, 앞서 지적했듯이 미국의 주도적 역할이 다른 국가들을 위협하고 있지 않기 때문이다. 비록 미국이 세계의 주요지역에서 자신의 영향력을 확보하기 위한 노력을 하고 있고, 자신에게 도전하거나 비우호적인 국가의 등장을 억제하고 있으나, 강대국들의 이익을 직접적으로 해치지 않고 있기 때문에 당분간 미국의 주도에 협력할 것이다.[19)]

둘째, 미국의 리더십에 협력함으로써 강대국과 다른 약소국들은 많은 것을 얻을 수 있다. 이러한 국가들은 세계에서 가장 큰 미국 시장에 쉽게 접근할 수 있으며, 경제원조 및 군사원조를 받을 수 있고, 미국의 정책에 위배되는 행동, 즉 인권유린사태가 있더라도 미국의 제재를 피할 수 있

서 있다. 이러한 우세를 바탕으로 자신의 국익을 향상시키기 위해 세상 어디에나 영향력을 행사할 수 있으며, 강대국들의 결정사항이 자국의 이익에 위배되면 이를 거부할 수 있다. 강대국에는 유럽의 프랑스와 독일, 유라시아의 러시아, 아시아의 중국과 일본, 남아시아의 인도, 서남아시아의 이란, 남아메리카의 브라질, 아프리카의 남아프리카공화국과 나이지리아 등이 있다. 이들은 어떠한 면에서는 미국보다 우위를 점하고 있으나, 미국만큼 자신들의 이익 추구를 위해 영향력을 행사하지는 못한다.

19) 1997·1998년 아시아 금융위기 때 미국은 아시아 국가들의 국내 규제완화 및 시장개방을 유도하기 위해 IMF를 매개로 사용하였다. 이들의 구제완화와 시장개방으로 가장 큰 이익을 얻을 수 있는 국가는 현재 패권적 지위를 누리고 있는 미국이며, 일본과 유럽도 반사이익을 얻고 있기 때문에 강대국 간의 갈등은 발생하기 어려웠다.

고, 국제기구에서 미국의 지원을 받을 수 있다. 특히 약소국들은 미국과의 협력을 통해 미국이 가지고 있고 그들의 경제발전에 절대적으로 필요한 자본과 기술을 나누어 사용할 수 있다.

셋째, 세계는 미국과 같은 중재자가 필요하다. 강대국들은 자신들의 갈등이 증폭되어 큰 규모의 전쟁으로 발전하는 것을 원치 않는다. 이러한 상황에서 미국은 중재자로서 꼭 필요한 존재이다. 그리고 자신들에게 위협이 될 가능성이 있는 기술의 확산을 미국의 주도로 막고 있으며, 석유와 가스의 자유로운 흐름도 미국 지원을 통해 보장받을 수 있다. 반면 약소국들은 지역 강국들의 횡포를 막아줄 방패로서 미국이 필요하다. 결국 세계는 미국의 지도력하에 협력을 통해 안정적인 성장을 할 것이라고 예상할 수 있다.

4) 강대국 관계 전망

그러면 21세기 초 미국을 중심으로 한 강대국 간의 양자관계를 전망해 보자. 우선 미국과 유럽은 전통적인 유대관계를 지속적으로 유지할 것이다. 비록 프랑스와 독일에서 미국의 이라크 침공을 반대하는 목소리가 높고, 유럽연합(EU)의 탄생으로 국제정치질서의 새로운 축으로 등장하고 있으나, 미국의 경제개방정책으로부터 가장 많은 이익을 취하고 있는 유럽은 미국의 중요한 파트너로 남을 것이다.

반면 미·러관계는 그리 순탄치 못할 것이 예상된다. 클린턴 행정부는 1997년 7월 헝가리, 체코, 폴란드를 북대서양조약기구(NATO)의 정회원국으로 가입시킴으로써 러시아를 전략적으로 압박하였다.[20] 또한 미국

20) 미국에 의한 NATO 확대는 지속적으로 추진되고 있다. 2007년 말 현재 NATO

이 국익을 앞세워 러시아의 주변국들에 영향력을 행사하려는 것도 러시아의 전략적 이해관계에 압박을 가하는 것이었다. 예를 들면, 우크라이나에 대한 미국의 관심은 매우 높아 러시아와의 유대강화를 저지하기 위해 많은 원조를 하고 있다.[21] 전략무기 부문에서도 미국은 균형에 만족하지 않고 우위를 지향하고 있다. 비록 레이건 행정부가 추진했던 전략방위계획(SDI)은 포기했지만 한정된 핵공격을 대상으로 하는 지구적 방위(GPALS), 미사일 방어체제(Missile Defense) 구축에 박차를 가하고 있으며, 1972년 체결된 탄도요격미사일조약(ABM)에서 탈퇴했다. 이에 반발한 러시아는 전략무기감축협정(START-II)의 비준을 거부하는 상태이다. 그러나 러시아는 악화된 경제상황을 호전시키기 위해 미국의 지원이 절대적으로 필요한 상황이기 때문에 적당한 선에서 미국과 타협을 하여 1999년 6월 클린턴 - 옐친의 정상회담에서 전략무기감축협정(START-III) 및 탄도탄요격미사일 협정의 변경을 위한 협상을 추진하기로 합의했다.[22] 마침내 2000년 러시아 의회(Duma)는 START-Ⅱ를 비준했지만, 러시아의 미국 견제는 앞으로도 계속될 것이다.

미·중관계를 결정짓는 주요변수는 대만 문제와 MD 사업이다. 미국 정가에서 대만 독립 문제가 쟁점화될 경우 관계가 악화될 가능성이 있으며, 미·일 간의 MD 구축이 본격화되는 21세기 초 양국의 관계는 매우 불편해질 것이다. 그러나 양국 정상이 '21세기 전략적 동반자 관계유지'를 선언한 만큼 큰 갈등은 야기되지 않을 것이다. 그 대신 중국은 러시아

회원국은 26개국이고, 미국은 우크라이나, 그루지야, 크로아티아, 마케도니아, 알바니아 등 5개국의 NATO 가입을 승인했다.

21) Karen Brutents, "In Pursuit of Pax Americana," *Russian Politics and Law*, 37-1 (Jan.-Feb. 1999), 홍현익, "북·러관계 : 정상화의 과정, 원인, 전망"에서 재인용.

22) 『중앙일보』, 1999년 6월 22일.

와 함께 미국의 독주를 견제하기 위해, 국경지대 병력감축과 경제발전을 위한 양국의 정치·경제적 이해를 추구하는 양자관계를 재정립하고 있다. 그럼에도 불구하고 양국의 관계가 군사동맹의 단계까지 발전될 가능성은 매우 낮다.

이렇듯 미국과 유럽, 중국, 러시아, 일본 등 강대국들은 쌍무관계에서 협력과 갈등의 요인이 동시에 존재하고 있다. 그러나 유럽을 제외한 4강의 정상들은 전략적 협력에 대해 원칙적으로 합의한 상태이고, 중국과 러시아는 경제발전 내지는 회복 문제로 인해 미국과의 협력을 통한 대외적 안정을 필요로 하고 있으며, 미국도 역시 국제정치질서의 안정을 위해서는 이들과 협력을 해야 한다. 따라서 21세기 초 국제정치질서는 냉전구조해체 이후 유일한 초강대국인 미국의 주도와 유럽, 러시아, 중국의 견제[23)]가 균형을 이루면서 비교적 안정적으로 유지될 것으로 전망된다.

---

23) 1997년 10월 러시아, 중국, 프랑스는 화생방무기 사찰을 거부하는 이라크에 무력제재를 고려하고 있을 때 미국의 주도권강화를 저지하기 위해 비공식 연대를 형성하여 미국의 무력제재를 무산시켰다. 그러나 미국은 1998년 12월부터 이라크 공습을 70여 차례 감행했다. 또한 러시아는 코소보 사태에 대한 미국의 무력개입에 대해서도 중국과 함께 '타국의 국내문제에 군사적으로 간섭'하는 행위라고 비난했다. 그리고 1999년 6월 이바노프 러시아 외무장관과 탕자쉬엔 중국 외교부장 회담에서 '특정 정책을 강요하는 하나의 중심을 갖는 세계를 형성하려는 새롭고 위험스러운 경향을 차단하기 위해 러시아와 중국은 긴밀히 협력하기로 다짐했다'고 전해지고 있다. 『한겨레 21』, 1999년 6월 24일.

4. 동북아 안보정세

1) 현황

동북아시아에는 양안관계, 남북관계, 각국 간의 영토 및 자원분쟁 등 다양한 갈등 요인이 존재하고 있으며, 그중에서도 북한의 돌출행동으로 인한 한반도에서의 위기발생이 동북아 전체의 위기로 발전할 가능성이 매우 높다. 게다가 동북아 질서의 기본적인 틀을 형성했던 미·소 간의 대결구도가 구소련의 해체로 인해 소멸되었기 때문에 동북아 지역질서에도 커다란 변화를 가져왔다. 즉 이 지역 내의 다른 국가들에 비해 현재의 경제적·군사적 능력이나 잠재력에서 월등한 위치에 있는 일본과 중국이 지역강국으로 성장해 동북아의 주요 행위자들 간의 힘의 배분이 크게 변하였다. 이들은 기본적으로 지역패권에 관심이 있으며, 나아가 미국의 패권에 도전할 수 있는 잠재력을 가진 국가들로 간주되고 있다.[24)]

따라서 21세기 동북아 정치질서의 방향은 미·중 간 대립적 관계나 중·일의 전통적 대립관계 부활이라는 측면에서 관찰해야 한다고 많은 학자들이 주장하고 있다.[25)] 요컨대 동북아 역내 강국들의 국가역량의 변화가 구조적 다극화를 야기할 가능성이 높다는 점에서, 이에 따른 지역

---

24) 또한 역내 리더십 문제와 관련하여 1930년대 배타적 정서에 기반을 두었던 일본의 지역패권추구에 대한 의구심이 증가함에 따라 동북아에서 배타적 성향의 민족주의는 지역의 대립과 갈등을 조장할 가능성도 배제할 수 없다. 김기정, “21세기 동북아 안보환경의 전략적 조망,” 국방부, 『한반도 군비통제』, 군비통제 자료 제26집(1999. 12), 21~22쪽.

25) Jonathan Pollack, “Sources of Instability and Conflict in Northeast Asia,” *Arms Control Today*(Nov. 1994); Aaron Friedberg, “Ripe for Rinarly: Prospects for Peace in Multipolar Asia,” *International Security* 18: 3(Winter 1993/1994) 참조.

적 불안정이 증대될 것으로 전망하기도 한다.[26]

중국은 미국의 적극적인 동아시아 개입정책에 대해 자신을 봉쇄하기 위한 미국의 전략으로 인식하고 있다. 또한 중국은 일본의 재무장을 의심하고 있으며, 미·일동맹의 강화에 곱지 않은 시선을 보내고 있다. 따라서 중국은 미·일 중심의 질서형성에 제동을 걸기 위해 미국 중심의 국제질서 형성에 강하게 반발하고 있는 러시아와 전략적 동반자관계를 형성하였다.[27] 미국과 중국의 관계가 이러한 대립적 방향으로 발전되어가면서 동시에 중국의 경제가 지속적으로 성장을 한다면, 동북아에는 미·일 대 중·러가 대립하는 양극적 대립형의 신냉전체제가 형성될 가능성을 배제할 수 없다.

그러나 현재 동북아지역은 미국이 주도적인 지위를 점한 가운데 각국이 상호마찰을 최대한 피하면서 실익이 되는 분야를 중심으로 협력하고 있다. 특히 지난 세기말에 겪었던 외환위기가 회복되어 과거의 성장곡선을 그리는 시점에서 동북아 각국은 경제발전이 지속되기 위해서는 정치·군사적 긴장완화를 통해 지역분쟁을 억제하고 불안정요인을 제거할 필요가 있다는 공통된 인식을 견지하고 협력과 견제를 통해서 새로운 관계의 정립을 모색해나가며, 자국의 이익증대를 위한 노력도 또한 지속하고 있다.

앞서 지적했듯이 러시아는 국내사정으로 인해 동북아 정세에 큰 영향을 끼치지 못하는 상황에서 동북아 정세에 영향을 미칠 수 있는 요인은

---

26) Patrick Morgan, "Security Issues: Old Threats, New Threats, No Threats," in G. T. Yu(ed.), *Asia's New World Order*(Urbana-Champaign: University of Illinois Press, 1997), pp. 76~80.

27) 중국과 러시아는 2001년 출범한 상하이협력기구(SCO)를 매개로 2005년과 2007년 두 차례 대규모 합동군사훈련을 실시했다.

미국, 중국, 일본의 역할변화 및 3국 관계의 변화라고 볼 수 있다. 특히 미·일, 미·중관계의 진행방향은 동북아정세를 좌우하는 중요한 변수가 되고 있다.

2) 미 · 일관계 : 동맹강화

클린턴 행정부의 세계전략은 두 개 지역(중동과 한반도)에 동시에 전쟁이 발발했을 때, 동시에 승리를 이끌어낼 수 있는 동시승리전략(Win-Win strategy)이며, 미국의 동북아 전략의 기본목표는 동북아 지역에서 확보된 미국의 영향력을 유지·확대하여 안보능력을 제고하고, 경제적 번영을 이룩하며, 민주주의를 확산시키는 것이다. 특히 미국은 동북아지역의 안정이 미국의 국익과 직결된다는 인식하에 역내 분쟁발생을 억제하는데 중점을 두고 있다. 1998년 발표된 미국의 '아시아·태평양 전략보고서'에 따르면 미국은 중국에 대한 포괄적 개입유지, 역내 민주주의 신장, 대량살상무기 확산 방지, 역내 국가들과의 협력강화 등을 주요 정책으로 내세우고 있다.[28] 이러한 미국의 동아시아 전략은 역내 평화증진은 물론 미국의 영향력 증대 및 일본의 지역안보에 대한 공헌도를 높이는 목적도 포함하고 있다. 이러한 목적을 달성하기 위해 미국은 동북아에서 힘의

28) 이 보고서는 1995년 미국의 아·태지역에서의 안보전략에 기초한 것이다. 그 내용은 첫째, 미국은 아시아 국가들과의 기존의 동맹관계를 유지함으로써 지속적으로 개입을 한다. 둘째, 아시아에 전진·배치된 미군을 주한, 주일 미군을 포함하여 10만 명으로 유지한다. 이는 미국의 동맹국에 대한 방위공약 이행과 이 지역에서의 자유무역 보호 및 중동에서의 거리적 근접성 때문에 주둔의 필요성을 역설했다. 셋째, 기존의 양자관계를 보조하는 역내 다자안보체제 구축을 위해 노력한다.

우위를 확보하고 있으며, 한·미, 미·일동맹 체제를 기반으로 한·미·일 안보협력체제를 강화해가고 있다.

이러한 미국의 정책은 일본의 세계전략 내지는 동북아 전략과 어느 정도 일치한다. 일본의 의도는 경제대국의 지위에 합당한 외교대국 내지는 군사대국으로 발돋움하는 것이다. 냉전종식 이후 일본은 세계무대에서 보다 적극적인 정치적·군사적 역할을 수행하고자 한다. 일본의 UN 상임이사국 진입을 위한 노력은 국제무대에서 적극적인 역할을 수행하겠다는 일본의 의지를 보여주는 대표적인 증거이다. 또한 일본의 대외정책에서 아시아가 차지하는 비중을 증가시킴과 동시에 중국을 견제하며 동북아지역에서 보다 적극적인 역할을 수행하려 한다.

이런 맥락에서 1996년 미·일 안보공동선언[29]이 발표되었고, 그 후속 조치로 1997년 9월 미·일 신방위협력지침[30]을 개정하여 미·일 군사협력의 적용범위 확대와 협력의 구체적 조치 이행에 대한 의무를 명문화했다. 미·일 간의 확고한 안보협력을 과시함으로써 지역분쟁을 예방하고 나아

29) 이 선언의 주요내용은 미·일 안보협력의 적용범위를 아·태 지역으로 확대한다는 것과 1978년 미·일 안보협력지침을 재검토하여 일본 주변지역의 유사시를 대비한 양국 간의 협력방안을 연구한다는 것이다.

30) 주요 내용은 주변유사(周邊有事)에 관련된 것들로, ① 미리 마련해둔 '상호협력계획'에 입각하여 행동실시, ② 미·일 양국이 각각 주체적으로 실시하는 협력에는 구원활동 및 피난민 대응, 수색 및 구난, 자국민 구출활동, 유엔 안보리 결의에 의한 경제제재 시 실시하는 해상임검 등이며, ③ 일본의 미군 지원활동은 시설제공(자위대 시설 및 항만, 공항의 사용 등), 보급·수송·정비·위생·경비·통신 등 후방지원이며, ④ 운용 면에서의 협력은 경계 감시, 기뢰 제거, 해공역조정 등이 있으며, ⑤ 주변 유사시 일본의 후방지원의 지리적 범위는 일본 영역과 '전투행위가 벌어지는 지역과 일선을 긋는 일본 주변의 공해 및 그 상공'에 한정한다 등이다.

가 전 세계적인 관리능력의 융통성 및 강화를 도모한 것이었다 할 수 있다. 미·일동맹의 강화를 통해 미국은 탈냉전기에 대두되는 전 세계적인 민족·종교·영토 분쟁의 빈발로 초래된 국제경찰 역할의 과부하를 동맹국과의 책임분담으로 해결하고자 했으며, 장기적으로 중국의 위협에 대응하고, 한반도 유사시 관리능력을 제고하려 했다. 또한 미국의 윈윈(Win-Win) 전략이 수행될 때 위기관리 능력의 저하를 방지하기 위해 일본의 전력을 흡수하려는 의도도 배제할 수 없다. 한마디로 일본을 후방병참기지로서의 대미 지원역할을 강화시켰다.[31] 그리고 일본은 미국과의 동맹을 등에 업고 국제적 공헌을 확대하여 지위향상을 도모하고 있다.

특히 1998년 8월 북한의 대포동미사일 실험발사는 이러한 미·일동맹을 더욱 강화시키는 계기가 되었다.[32] 1980년대까지 북한의 미사일 개발 및 수출은 한국과 이스라엘 안보에 직접적인 영향을 주었다. 그러나 1990년대에 들어와 북한이 노동 1호와 대포동미사일을 개발하기 시작하면서 국제적인 관심을 끌기 시작했다. 현재 작전에 배치하고 있는

---

31) 주일미군이 한반도 유사시 즉시 투입되는 병력이라는 점을 감안하면 한국에게도 매우 중요하다. 그러나 신지침은 한국의 의사를 반영하지 않았기 때문에 주권침해라는 논란의 여지가 내재되어 있고, 향후 미·일 양국의 대중국전략의 일환으로 추진된 것 등이 문제점으로 제기되고 있다.

32) 1998년 8월 31일 광명성 1호의 발사결과로 보아 사정거리가 4,000~6,000km로 추정되는 대포동 2호 미사일의 개발이 멀지 않았음을 알 수 있다. 이는 미국의 정보조직이 예측한 것보다 북한의 미사일 기술이 급속도로 발전되고 있음을 시사하고 있다. 최근 일본의 NHK는 대포동미사일 발사를 위한 지하시설이 세 곳(함경도의 용어동, 무수단, 대포동)에 건설 중인 사실을 확인했다는 방위청 관계자의 말을 인용·보도했다. 미군 정보에 의하면 이들 지하시설은 지하 50~100m에서 대포동미사일을 발사할 수 있는 시설로 추측되며, 완공되면 군사위성으로도 확인하기 어려울 것으로 판단하고 있다.

최대사정거리 1,000~1,300km인 노동 1호 미사일과 최대 사정거리가 1,500km로 추정되는 대포동 1호 미사일은 한반도 전역을 타격할 수 있으며, 중국과 일본의 일부 지역(동경도 사정권)까지를 공격할 수 있어 동북아 안보에 중대한 위협으로 간주된다. 이러한 미사일에 대량살상무기를 장착한다면 그 위협은 더욱 심각해지기 때문에 미국과 일본은 매우 강경하게 대응하고 있다.

일본은 이에 대해 미국이 주장하는 미사일 방어체제(Missile Defense: MD) 구축에 적극적으로 참여하기로 합의했고, 한국에게도 동참을 요구했다.[33] 결국 MD체제 구축이 구체화될 21세기 초 미·일동맹은 더욱 공고화될 것이나, 중국의 반발로 인한 갈등으로 동북아정세가 불안정해질 가능성이 매우 높다.

3) 미·중관계: 갈등과 협력

일본과 비교하여 다원적 측면(영토, 인구, 자원 등)에서 강국이 될 수 있는 중국이 동북아 질서형성에서 가장 큰 변수가 된다는 것은 지극히 당연하다고 할 수 있다. 또한 지역에 대한 자신의 역할 인식에서도 중국은 자신의 지배적 역할을 매우 당연시하고 있다. 그러나 성공적인 경제성장을 지속하기 위해서는 동북아의 안정이 무엇보다도 중요하다는 인식하에 이 지역에서 가장 큰 영향력을 행사하는 미국과의 관계를 유지하기를 원한다. 따라서 현재의 미국 주도의 동북아 질서를 타파하고 새로운

---

33) 당시 한국 정부는 MD 공동연구에 대해 소극적인 태도를 견지하다가 결국 불참을 선언하였다. 예컨대 우선 비용이 많이 들고, 기술적 측면에서 배치시기가 늦어질 수 있으며, 이 체제가 없어도 한국의 대공망 강화 차원에서 대응책이 마련될 수 있다는 입장에서였다. 그러나 재검토의 필요성을 제기하는 목소리도 있다.

질서를 세우려고 노력하지는 않는다. 이러한 인식은 한국과 일본에 주둔하고 있는 미군의 철수를 강하게 요구하지 않는 것에서 나타난다.

미국과 중국은 1989년 천안문사태 이후 미국의 중국에 대한 경제제재로 갈등관계였으나, 1994년 중국의 인권문제와 최혜국대우 문제를 분리시킴으로써 원만한 관계로 전환되었다. 특히 1997년 장쩌민(江澤民) 주석의 미국 방문으로 새로운 전기를 맞게 되어 정상회담을 통해 양국은 고위급 전략회담과 지역 안보협력을 다짐했으며, 해상에서의 우발적인 무력충돌을 방지하기 위해 핫라인을 설치하기로 합의하였다.[34] 그리고 1998년 6월 클린턴 대통령이 중국을 방문함으로써 양국의 관계는 더욱 긴밀해졌다. 여기서 양국은 '전략적 동반자 관계'를 수립하였다. 전략적 동반자 관계는 미국과 중국의 이익이 일치하는 부분은 협력을 통해 발전시켜나가고, 이익이 상충되는 부분은 잠시 보류한다는 것을 의미한다. 당시 정상회담에서 양국은 대량살상무기의 확산을 저지하는 데 공통의 이익을 확인하였고, 상호 간에 전략무기를 조준하지 않기로 합의함으로써 적대관계를 청산하였다.[35]

무엇보다도 중요한 것은 정상회담에서 클린턴 대통령이 중국의 대만정책인 3불(三不)정책을 지지한 것이다. 여기서 3불은 대만의 독립, 두 개의 중국, 대만의 유엔 가입 등을 반대한다는 것이다. 대만이 중국의 일부이며 대만 문제는 곧 중국의 내정문제라는 원칙을 견지하고 외부세력에 의한 간섭이나 대만 독립문제에 대해서는 무력 사용 가능성도 배

---

34) 그 외에 양국은 범세계적인 안보문제, 동아시아 안보, 무역장벽 해소, 핵무기통제, 마약과 조직범죄 퇴치, 기후변화 방지 등 주요 사안에 대한 협력을 약속했다.

35) 그 밖에 통상협력 강화, 환경 및 과학기술 협력 강화, 인적교류 활성화 등을 합의했으며, 중국은 미사일기술통제체제(MTCR) 가입을 적극적으로 고려하기 시작하였다.

제하지 않을 것이라고 경고하는 중국에게는 큰 호감을 줄 수 있는 발언이었다.

그러나 1999년 발생한 NATO의 코소보 공습, 유고의 중국대사관 오폭 사건과 중국이 미국의 핵기술과 중성자탄 기술을 절취했다는 의혹을 제기한 미국 하원의 '콕스 보고서'는 양국관계를 악화시켰다. 그 결과 중국의 군부 및 전인대는 강경한 대미정책(군사교류 중단, 주미대사관 철수, 군사력 증강 등) 수립을 정부에 요구했으나, 중국 정부가 발표한 향후 외교정책은 비교적 온건하였다. 보고서의 내용은 이러하다. 첫째, 국제정세에는 심각한 변화가 발생하였고, 미국의 패권체제가 확장되고 있다. 둘째, 현재 중국이 관심을 가져야 하는 분야는 경제건설을 위주로 시간을 두고 경제력과 국방력을 강화한다. 셋째, 독립자주의 외교노선을 견지하고 현 단계에서는 양국 또는 다국 간의 정치군사동맹을 체결하지 않고 냉정하게 관찰하여 대응한다. 넷째, 미국의 패권주의에 입각한 일극적 세계군사 확장과 간섭침략을 반대한다. 다섯째, 러시아와의 정치·군사·경제·국제문제에서의 전략적 동반자 관계를 강화한다.[36] 이러한 결정은 중국의 당시 입장을 대변하는 것으로서, 중국에서 가장 시급한 문제는 경제발전임을 알 수 있고, 중국은 미국과의 관계가 불편해지는 것을 원치 않는다고 보아야 한다.

그럼에도 불구하고 중국은 아시아·태평양 지역의 군사적 균형이 미·일 안보동맹의 관계조정, 새로운 미·일 방위협조지침의 서명, 일본의 유관방위협조방침의 상관법안 통과, 그리고 MD 사업의 공동개발합의 등을 통해서 변화하는 것에 제동을 걸기 위해 러시아와의 전략적 동반자관

---

36) 이태환, "미중관계의 변화와 동북아 안보," 세종연구소, 『북한과 동북아』(1999), p. 26.

계를 구축해가고 있다.[37] 그리고 중국은 경제발전으로 확대되는 국력을 지속적인 국방비 증액을 통해 현재 엄청난 규모의 병력에 비해 낙후된 무기 및 전력체계를 현대화하기 위해 적극적인 노력을 기울이고 있다.[38] 이러한 중국의 군사력 증강이 계속될 경우 일본은 물론 미국의 군사력 증강에도 영향을 주게 된다.

그러나 다행스럽게도 중국은 방어적 국방정책을 견지하고 타국을 침범하지 않되 일단 침략을 당했을 경우에는 반격하여 승리를 쟁취하는 '적극적 방어전략'을 추구하고 있다. 특히 1998년 7월 발간된 국방백서에서 중국은 주변국가 및 아·태지역 국가들과의 평화관계를 발전시키는데 주력하며, 군사력 규모를 250만 명 수준에 이를 때까지 지속적으로 감축할 것을 발표하였다.

결국 미·중 양국은 동북아의 평화 유지라는 공동의 이익을 가지고 있으며, 각자의 민감한 부분(동북아 주둔 미군문제와 대만 및 인권문제)을 건드리지 않는 한 동반자 관계를 유지할 것이다.

4) 한반도 안보정세

1990년대 후반, 한국은 정경분리와 상호주의에 입각한 대북한 포용정책을 지속적으로 실천하면서 한반도의 평화를 정착하기 위해 노력했다.[39] 한 예로 1999년 6월 북한 함정(艦艇)의 북방한계선 침범으로 한국

37) 양국은 1996년 정상회담에서 '전략적 동반자 관계'를 선언하고, 경제군사협력과 다극화 국제질서 구축을 위한 협조관계를 다져오고 있다. 최성애, "러시아 동북아정책의 변화와 대외관계 현황," 『정책연구』, 통권 제131호(1999년 봄호) 참조

38) 국방부, 『국방백서』(1999), 31~32쪽.

39) 한국의 대북 포용정책은 이종석, "대북포용정책 16개월, 평가와 과제," 1999년

해군과의 교전이 있었으나, 정경분리 원칙을 지킨다는 차원에서 남북교역과 금강산사업을 중단시키지 않았다. 이는 포용정책의 핵심인 '강력한 안보태세'와 '남북한 화해협력추구'를 철저히 실행한 것으로서 북한에 큰 교훈을 주었다.

또한 당시 북·미관계가 호전되고 있는 상황이어서 북한의 핵과 미사일 문제로 인한 긴장이 완화되었다. 양국은 베를린 합의(1999. 9. 12), 페리 보고서 부분공개(1999. 9. 15), 미국의 대북 경제제재완화 조치(1999. 9. 17) 및 북한의 발사 잠정중단 발표(1999. 9. 24)를 통해 화해상황에 들어가고 있다. 게다가 일본 또한 대북관계 개선의사를 천명한 상태이므로 한반도에서의 교차승인이 가시화되고 있다. 이는 북한의 불안감을 해소할 수 있는 상황으로 한반도 평화구축에 최대의 전환점을 맞았다고 할 수 있다.

비록 북한은 통치이념으로 '강성대국'[40]을 내세우고 있으나 경제적 실리를 취하기 위해 돌출행동을 자제할 것이다. 그 이유는 현재 극심한 경제난을 겪고 있는 북한으로서는 체제생존과 직결되어 있는 한국과의 경제협력과 미국의 지원이 필요한 상황이기 때문이다. 따라서 이들을 자극할 상황을 초래하지는 않을 것으로 기대한다. 특히 앞서 지적한 '서해교전'에서도 북한의 피해가 막대했음에도 불구하고 더 이상으로 확전을 하지 않았다는 것은 확전으로 인한 외부지원의 단절을 의식했을

7월 16일 세종 민관합동 정책세미나에서 발표한 논문 참조.

40) 이는 사상과 군사강국의 위력으로 경제건설을 한다는 의미로서, 이의 실현을 위해 대내적으로는 인민군대를 핵심으로 혁명대오를 튼튼히 꾸미고 혁명적 군인정신을 무기로 사회주의 건설을 밀고 나가자는 주장으로 군 중시의 선군정치를 표방하고 있다. 경제적으로는 개혁과 개방은 불가하다는 기존의 입장을 고수한 가운데 자력갱생의 부강조국 건설을 강조하고 있다. 또한 대외적으로는 어떤 지배와 예속도 허용치 않는 자주성의 구현을 역설하는 등 국가재건을 위해 고난의 강행군을 계속할 것을 독려하고 있다. 국방부, 『국방백서』(1999), 35쪽.

것이다.

그러나 2002년부터 시작된 북핵위기가 해결의 실마리를 찾지 못하고 있다. 수차례의 6자회담을 통해 많은 진전이 있었으나, 북핵 폐기 과정에서 발생한 '북한의 핵 신고'가 문제해결의 최대 걸림돌로 작용하고 있다. 끝내 북한이 '성실한 핵 신고'를 거부하거나, 미국이 핵 신고 수위를 낮추지 않을 경우 한반도에서 군사적 긴장이 고조될 가능성이 있다.

5. 결론

21세기 초반, 미국 주도와 강대국의 협력으로 안정적인 국제정치질서가 유지되고 있는 가운데 한반도를 중심으로 한 동북아에서는 경제발전과 평화구축을 위한 협력이 증대되고 있다. 비록 동북아에는 냉전적인 긴장관계가 부분적으로 잔존해 있으나 지난 세기말에 겪었던 외환위기가 거의 회복되어 과거의 성장곡선을 그리는 시점에서, 동북아 각국은 경제발전이 지속되기 위해서는 정치·군사적 긴장완화를 통해 지역분쟁을 억제하고 불안정요인을 제거할 필요가 있다는 공통된 인식을 견지하고 협력과 견제를 통해 새로운 관계의 정립을 모색해나가고 있다. 즉 중국과 러시아는 경제발전 내지는 회복 문제로 인해 미국과의 협력을 통한 대외적 안정을 필요로 하고 있으며, 미국도 역시 미·중·일 간의 전략적 안정관계를 확보, 유지해야 하는 입장이다. 그 결과 미·중, 미·러 정상들은 '전략적 협력'에 대하여 원칙적으로 합의하였다.

하지만 한반도 정세는 그리 호전되지 않을 것이다. 물론 남북 경제협력이 활성화되고는 있으나, 북한 핵 문제가 완전히 해결되지 않는 한 한반도의 진정한 평화는 보장되지 않기 때문이다.

제2장

2020년 안보환경 전망

1. 서론

앞서 살펴보았듯이 베트남 전쟁이 종식된 이후 많은 학자들은 미국 패권의 쇠퇴와 함께 새로운 국제질서의 수립 과정에서 자칫 국제 안보환경이 불안정해질 것을 우려하였다. 물론 이들의 주장은 미국 패권의 상대적 쇠퇴로서 베트남 전쟁을 수행하는 과정에서 미국은 과도한 군사비 지출로 인해 경제 전반에 걸쳐 침체가 올 것을 예상하였고, 다른 한편으로는 유럽과 일본의 경제적 약진으로 미국의 힘은 상대적으로 약화될 것이라는 예측이 나왔다. 그러나 1990년대 미국의 예상치 못한 경제성장과 냉전체제 붕괴를 목격하면서 많은 학자들은 미국에 대항할 세력이 존재하지 않는 상황에서 미국 주도의 국제질서는 안정적으로 유지될 것이라고 주장한다. 예를 들면 조셉 나이(Joseph S. Nye)는, 미국 중심의 단극체제는 당분간 지속될 것이며 다른 국가들은 미국의 지도력에 따를 수밖에 없음을 강조한다.[1] 따라서 과거 많은 학자들이 주장했던 다극체

1) Joseph S. Nye, Jr., "U. S. Power and Strategy After Iraq," *Foreign Affairs*(July/August

제에 의한 세계질서 유지는 기대하기 어렵고,[2] 오랫동안 미국의 단극체제하에서 세계질서는 안정적으로 유지될 것이라고 전망하고 있다.[3] 특히 미국은 국제문제를 해결함에 있어 책임 및 비용의 분담을 강조함으로써, 과거의 패권국들과 같이 과도한 공공재 지출로 인한 패권의 쇠퇴도 기대하기 어려운 상황이다.

2005년 기준으로 미국의 국내총생산(GDP)은 세계 총생산의 21.79%를 차지하는 반면, 서유럽 전체의 생산량이 19.48%이고, 동아시아의 생산량이 23.18%를 차지하고 있다(<표 2-1> 참조). 한편 미국은 1년에 국방비로 약 4,000억 달러를 사용하고 있으며, 이는 러시아와 중국을 포함한 6대 강대국의 국방비를 합한 것보다 많다.[4] 이러한 통계자료는 미국이 유일 초강대국(패권국)임을 보여주는 것이다.

아울러 9·11 테러 사건 이후, 미국은 이러한 경제적·군사적 힘의 우위를 바탕으로 자국 방어라는 명분을 가지고 반테러와 반확산정책을 강력하게 추진하면서 영향력을 확대하고 있다. 또한 지정학적으로 중요한

2003), p. 60.

2) Joseph S. Nye, Jr., *The Paradox of American Power*(Oxford: Oxford University Press, 2002), p. 39; Mary Kaldor, "American Power: from 'Compellance' to Cosmopolitanism," *International Affairs* 79, I(2003), pp. 1~2.

3) 브레진스키(Zbigniew Brzenski)는 모든 면에서 당분간 미국의 힘을 능가할 국가는 출현할 수 없음을 강조하면서 미국의 영향력과 힘은 오래 지속될 것으로 평가하고 있다. 즈비그뉴 브레진스키, 감명섭 옮김, 『거대한 체스판』(삼인, 2003), 김우상, "국제질서의 이해와 변화 전망," 박광희 편, 『21세기의 세계질서 : 변혁시대의 적응논리』(도서출판 오름, 2003), 70쪽.

4) 여기에 9·11 테러 이후 180억 달러가 새롭게 증액되었으며, 2002년 6월에도 150억 달러가 증액되었다. 결국 부시 행정부 출범 이후 2년 동안 미국의 국방비는 1,100억 달러가 증가하였다. 미국 국방예산에 관한 자세한 자료는 The Center for Strategic and Budgetary Assessment 웹사이트, http://www.csbaonline.org 참조.

〈표 2-1〉 세계 GDP에서 차지하는 비율

	2000	2005	2010	2015	2020
세계	100.00	100.00	100.00	100.00	100.00
미국	22.00	21.79	20.48	18.86	17.18
EU25	21.62	20.67	20.11	19.39	18.64
동아시아	22.16	23.18	23.97	25.03	26.22
중동	12.11	11.71	11.74	11.67	12.05
아·태지역	37.37	38.84	39.95	41.46	43.20
남미	7.99	5.55	7.14	6.88	6.62
아프리카	3.33	3.34	3.27	3.21	3.22

출처 : International Futures Model.

지역에 미군을 전진배치시킴으로써 영향력을 확대해나가고 있으며, 이러한 영향력을 바탕으로 미국에 도전할 가능성이 높은 세력을 견제하고, 미래 경제적 패권을 위해 에너지 자원 확보에 박차를 가하고 있다.

문제는 이러한 미국의 패권이 언제까지 이어질 것인가이다. 비록 세계 도처에서 테러가 빈번하게 발생하고는 있으나, 국제안보환경은 미국의 패권하에 안정적으로 유지되고 있다. 강대국 간의 대규모 전쟁이 제2차 세계대전 이후 발생하지 않은 것이 좋은 예다. 그러나 가까운 장래에 미국과 국력이 비슷한 국가나 세력이 등장한다면 미국 주도의 세계질서 구축에 제동을 걸면서 안보환경이 불안정해질 것이고, 그렇지 않으면 미국 주도의 세계질서는 안정적으로 유지될 것이다.

이 연구의 목적은 2020년 한국의 외교안보정책 수립의 많은 영향을 미치는 국제 안보환경을 예측하고, 이에 대처하는 전략 목표를 설정하며, 정책의 방향을 제시하는 것이다. 국제 안보환경을 전망하기 위해 이 연구는 국제체제의 구조와 변화를 파악하는 데 유용한 패권안정이론(Theory of Hegemonic Stability), 특히 그중에서도 세력전이이론(Power Transition

Theory)에 기초한다. 세력전이이론을 포함한 패권안정이론은 자본주의 발전과 관련하여, 자본주의는 패권국이 지도력을 발휘할 때, 즉 패권국이 자유무역, 기축통화, 발전을 위한 자본 등의 공공재를 제공할 때 비로소 효과적으로 발전한다는 주장이다. 이러한 경제이론을 1980년대 평화와 안보라는 분야에 적용을 시켜 패권안정이론으로 발전되었다. 이 이론의 핵심은 국제질서는 힘의 균형(balance of power)[5)]에 의해 안정적으로 유지되는 것이 아니고, 타국에 비해 월등한 힘을 가진 국가에 의해 유지된다는 것이다. 반면 패권국이 쇠퇴하거나 범세계적인 사건에 개입을 하지 않을 때, 국제정치에서 권력의 분산이 발생하게 되고, 이미 구축되었던 국제협정의 붕괴나 소멸로 인해 무질서 또는 혼란이 초래될 것이라 주장하고 있다.[6)] 비록 모든 현실주의자들이 찬성하는 것은 아니나, 국제정치는 권력이 집중되면 안정이 형성된다고 보는데 여기에는 국가 간의 불평등을 하나의 미덕으로 보는 전제가 깔려 있다. 그렇게 해서 확보된 안정이 패권국에게도 이익이 되며 타국들에도 이익이 되기 때문이다. 반면 패권국이 제공하는 지도력은 국가 간의 협력을 촉진한다고 이해하는 것이다.

결국 국제정세를 전망할 때 현재의 패권국인 미국이 21세기 초 지도력

---

5) 힘의 균형 이론의 핵심은 강대국 간 또는 지역강대국 간에 힘의 평형(equilibrium of power)이 존재할 때만 평화가 유지되며, 그렇지 못할 경우 강대국은 약소국을 공격하려 한다는 것이다. 현상유지 국가들, 즉 현재에 만족하는 국가들은 동맹과 군사배치로 현재의 균형을 깨뜨리려 하는 국가를 막을 수 있다는 것이다. 따라서 야심이 있는 국가도 그들의 목적을 군사적인 방법으로 달성할 수 없으며, 기회가 있다고 해도 무력을 행사하기는 어렵다고 주장하고 있다. 이 이론은 현재 많은 도전을 받고 있으나, 억제전략 또는 봉쇄전략에서는 아직도 유효한 이론이다.

6) Robert Gilpin, *War and Change in World Politics*(New York: Cambridge University Press, 1981), p. 10.

을 상실할 것인가 또는 유지할 것인가에 주목해야 한다. 패권안정 차원에서 미국의 패권이 지속된다면 현재와 같이 미국 주도의 국제질서가 유지될 것이고, 최소한 강대국들 간의 전쟁은 발생하지 않을 것이다. 게다가 미국의 일방주의가 어느 정도 후퇴하여 국제질서가 그람시안 패권체제로 유지된다면 더욱 안정적인 국제질서가 창출될 것이다. 그람시안 패권은 패권국을 중심으로 주요 강대국들이 동의와 협력에 의해 국제질서가 유지되는 것을 말한다. 반면 '중국 위협론'에서 자주 등장하는 강력해진 중국이 미국의 패권을 부정하고 현재의 국제질서를 자국에 유리한 방향으로 새롭게 구축하려 한다면 미국과의 충돌은 불가피해진다. 이러한 상황이 발생하면 국제안보환경은 불안정해질 것이다.

세력전이이론은 패권경쟁으로 인한 국제안보환경 불안정이 패권국과 기타 강대국들 간의 국력의 차이가 적을 때 발생한다고 주장한다. 어느 한 국가의 국력이 패권국의 80%를 넘어설 때 패권국에 도전하려는 유혹을 받는다. 그래서 도전국의 국력이 패권국의 80~120%일 때가 가장 불안정한 시기로 간주하고 있다.[7)]

2020년 강대국들의 GDP를 비교해봄으로써 강대국들의 힘의 배분(power distribution) 상황을 살펴보고, 이를 근거로 2020년경 국제안보환경을 전망해보고자 한다. 각국의 구매력(과 환율)을 감안한 국내총생산(GDP) 자료를 힘의 배분을 나타내는 국력(power, 또는 national capability)의 지표로서 사용할 것이며, 최근 발표된 국력지수(Power Index)도 2020년 국력의 배분을 예측하는 보조 자료로 사용할 것이다.

---

7) 세력전이이론에서는 패권국과 도전국 간의 전쟁의 위험이 가장 높은 시기를 힘의 평형이 이루어진 시기로 보고 있다. Ronald L. Tammen, et al., *Power Transition: Strategies for the 21st Century*(New York: Chatham House Publishers, 2000), p. 21.

또한 패권국이 구축한 국제질서에 만족하고 있는 국가들의 국력 합계와 불만족국가들의 국력을 합해서 비교하는 것도 필요하다. 불만족세력의 국력이 만족세력과 비슷해질 때 역시 도전할 가능성이, 즉 대규모 전쟁이 발발할 가능성이 높아진다. 미국의 지도에 불만을 가지고 있는 국가들이 협력하여 미국의 패권에 도전을 한다면 이 또한 국제질서를 불안정하게 만드는 것이다. 이 장에서 강대국은 한반도와 관련이 있는 일본, 중국, 러시아 그리고 영국, 프랑스, 독일 등이다. 또한 강대국으로 부상할 가능성이 높은 BRICs 국가인 브라질과 인도의 국력 변화 추이도 살펴볼 것이다. 현재 강대국 중 미국의 지도에 만족하고 있는 국가로는 영국과 일본을 들 수 있으며, 불만족국가로는 중국, 러시아, 독일, 프랑스 등을 고려해볼 수 있다.

아울러 이러한 분석을 바탕으로 2020년경의 패권국의 전략과 이에 대응하는 한국의 국가전략을 도출해보고자 한다. 특히 2020년 국제 안보질서에 맞추어 한국의 대미관계 및 대중관계를 어떻게 설정해나가야 할 것인가를 생각해보고자 한다. 이 과정에서 2020년 한국은 만족국가군에 들어가야 하는지 또는 불만족국가군에 들어가야 하는지는 매우 중요하다. 즉 강대국으로 발돋움하기 위해서 한국은 어떠한 전략적 선택을 해야 하는가를 찾아보고자 한다.

2. 연구방법

1) 이론적 배경 : 세력전이이론

국제질서를 유지해나가는 여러 방법 중, 국제질서를 이해하고 국제체제의 변화 가능성을 설명하는 대표적인 이론은 세력전이이론이며,[8] 국력의 변화로 인한 전쟁 발발 가능성 증대에 대한 다른 각도에서의 논의도 활발히 이루어지고 있다.[9] 특히 이러한 이론들은 경쟁과 힘에 의한 국제체제 구축과 질서유지를 강조하고 있으므로 미국의 패권과 국제질서에 대한 논의를 이해하는 데 도움이 된다.

패권국(세계국가)에 의한 세계질서 구축은 1958년 오르간스키(A. F. K. Organski)가 발표한 세력전이이론에서 시작되었다.[10] 오르간스키는 국가안보를 확고히 하는 것이 최고의 국가목표라고 보고, 국력증대는 국가안보를 증대시키기 위한 수단으로 간주한다. 또한 국제체제는 무정부체제라기보다는 국력의 우열에 기초하여 지배국(패권국)에 의해 위계질서가 형성되는 위계체제라고 가정한다. 여기서 패권국은 현상을 유지하는 국가라 할 수 있다. 결국 국제질서를 만들어나가는 과정에서 패권국은 자국에게 가장 유리한 방향으로 세계와 지역 위계체제를 유지한다. 피라미드 형태의 국제위계체제의 정점에는 지배국가(dominant power, 패권국 또는

---

8) 이 외에 세력균형이론(앞에서 서술)과 강대국 협조(concert of powers)에 의한 질서유지를 생각해볼 수 있으며, 협력에 의한 질서유지로 집단안보(collective security), 국제레짐(international regime), 경제적 상호의존과 협력(economic interdependence and cooperation) 등을 생각해볼 수 있다. 또한 변혁(transformation)에 의한 질서유지 방법으로 민주주의 공동체 확산을 통한 국제질서 유지와 국제통합(international integration), 즉 경제공동체와 같은 형태로 국가들을 통합함으로써 질서를 유지할 수 있다. Muthiah Alagappa, "The Study of International Order, An Analytical Framework," in Muthiah Alagappap(ed.), *Asian Security Order, Instrumental and Normative Features*(Stanford University Press, 2003), pp. 52~64.

9) Stephan Von Evera, *Causes of War: Power and the Root of Conflicts*(Ithaca: Cornell University Press, 1999), ch. 4 참조.

10) A. F. K. Organski, *World Politics*(New York: Alfred A. Knopf, 1958).

〈그림 2-1〉 국제위계체계(International Power Pyramid)

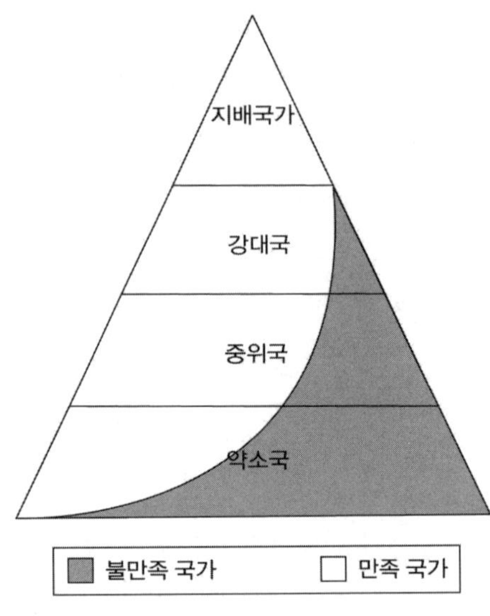

자료 : Ronald L. Tammen, et al.(2000), p. 10.

초강대국)가 있고, 그 밑에 강대국들(great powers), 중위국들(middle powers), 그리고 약소국들(small powers)이 분포되어 있다고 주장한다.[11] 그리고 이러한 위계체제 내에는 지배국의 지도, 즉 지도국에 의해 구축된 세계질서와 이에 필요한 공공재 제공 등에 만족하고 있는 국가들과 만족하지 못하는 국가들로 양분된다(<그림 2-1>). 그러나 국제 위계체제에서 대부분의 강대국은 패권국의 지도에 대해 상대적으로 불만이 적다. 그 이유는

11) 원래 오르간스키가 주장한 국제위계체제는 Dominant Power, Major Powers, Minor Powers와 Dependencies(식민지)로 구성되어 있었다. 그러나 현재의 국제체제에는 식민지는 존재하지 않기 때문에 약간의 수정을 통해 제일 위에 Dominant power가 있고 그 아래 Great Powers, Middle Powers와 Small Power가 있다고 간주한다. Ronald L. Tammen, et al.(2000), p. 7.

강대국들이 대부분의 부를 통제하고, 번영을 즐기며, 국제체제에서 영향력을 행사하고 있기 때문이다.

그러나 불만국가들은 국력의 열세로 불만스럽지만 지배국이 구축한 세계질서에 적응하면서 살아간다. 하지만 어느 시점에서 국력이 축적되어 지배국의 국력과 비슷해지면, 지배국을 비롯한 만족국가군에 도전을 하게 된다. 물론 대부분의 강대국들은 현상유지를 원하지만, 강대국의 일부, 중위국의 일부 그리고 약소국들의 많은 부분은 이익의 관점에서 볼 때 기대에 미치지 못한다고 생각하고, 장기적 관점에서도 손해를 본다고 생각하고 있다. 분쟁은 한 국가가 자국의 국제적 지위를 향상시키기 위한 의도에서 유발된다. 불만족국가가 현상타파를 위해 패권국 또는 만족국가들에 도전을 하는 것이다. 세력전이이론에서는 이러한 불만족국가들의 국력이 만족국가들의 국력과 비슷해질 때(parity) 대규모 전쟁이 가장 발발하기 쉬운 구조적 조건을 가지고 있다고 주장한다.[12] 즉 새로운 세계질서를 구축하기 위해 지배국에 도전을 한다는 것이다. 도전자의 국력은 패권국 국력의 80% 이상을 가진 국가를 의미한다. 중요한 것은 이러한 도전자가 현재의 국제체제에 불만족을 표시하느냐이다. 즉 현 체제에 만족을 하면 현 체제에 도전하는 일은 발생하지 않는다.

그러나 다행스럽게도 강대국 간의 분쟁이 현시적으로 발생할 가능성이 적은데, 그 이유는 강대국들은 현존하는 국제질수 유지를 위한 룰(rule)에 대체적으로 만족하고 지원을 하고 있기 때문이다. 또한 자신들의 경제적 안보적 이익을 높이기 위해 문제를 협력을 통해 해결하려 한다. 그러나 지역분쟁에 강대국들이 개입함으로써 세계대전으로 확대될 가능성은 배제할 수 없다. 따라서 지역 안정을 어떻게 유지할 것인가도 국제사회의

12) Ibid., p. 9.

큰 고민거리다.

2) 국력지표 : 국내총생산과 국력지수

국력이란 다른 국가에 영향력을 행사할 수 있는 능력, 사건을 통제할 수 있는 능력, 그리고 자국의 의지를 다른 국가들에게 강요할 수 있는 능력을 의미한다.[13] 기본적으로 미국은 현재 이러한 능력들을 보유하고 있다. 예를 들면 미국만이 대테러전을 적극적으로 수행할 능력을 가지고 있으며, 중요 지역에 미군을 주둔시킴으로서 자국의 의지를 그 지역 국가들에게 경우에 따라 강요할 수도 있다. 결국 미국의 막강한 경제력과 군사력은 이러한 능력을 발휘하는 데 결정적으로 작용한다.

세력전이이론에서 '국력은 일하고 전쟁을 할 수 있는 인구 수, 그들의 경제생산성, 그리고 정치체제의 효율성의 조합'이라고 정의된다.[14] 일반적인 국력을 나타내는 지수로 군사능력(국방예산 및 병력), 산업생산능력(에너지소비 또는 철강생산력), 인구(도시화 정도), 천연자원 및 지리적 환경 등을 생각해볼 수 있다. 하지만 국력의 가장 기본적인 요소는 경제력(GDP)이다.[15]

앞서 지적했듯이 국내총생산(GDP)이 국력을 나타내는 지수로 사용된 것은 오래된 일이다. 물론 인구, 군사력, 기술 정도 등도 국력을 나타내는 지표로 사용될 수 있으나, 국내총생산이 국력의 80%를 설명하고 있다.

---

13) 셸링(Thomas Schelling)은 파워를 강제(compellance)라고 불렀다. Thomas C. Schelling, *Arms and Influence*(New Haven, CT: Yale University Press, 1966) 참조.

14) Ronald L. Tammen, et al.(2000), pp. 8~9.

15) J. David Singer and Paul F. Diehl, *Measuring the Correlates of War*(Ann Arbor; The University of Michigan Press, 1990), pp. 54~59.

일반적으로 국력을 생각하면 군사력이 떠오르는데 국내총생산이 증가되어야 국방비 또한 증가될 수 있기 때문에 경제력이 국력을 표시하는 중요한 지수이다.

이 연구는 인터내셔널 퓨처(International Futures: IFs)[16]가 제공하는 각국의 GDP 추정자료를 주로 사용하였고, 그 밖에는 골드만삭스(Goldman Sachs)의 장기 예측 자료인 Dreaming With BRICs: The Path 2050 (October 1, 2003), 도이치뱅크 리서치(Deutsche Bank Research)의 Global Growth Centers 2020(March 23, 2005), 그리고 미국 국가정보위원회 (National Intelligence Council)의 Mapping the Global Foture(December 2004) 등에 사용된 자료를 참고하였다.[17]

일반적으로 통계학자들은 단기 예측을 권장하고 있다. 그 이유는 예측 모델과 데이터 자체에 문제가 있을 경우 예측 기간이 길면 길수록 성장의 트랜드가 변하기 때문이다. 많은 경험에서 20년 정도의 예측은 비교적 정확한 것으로 알려지고 있다.[18] 다행히 이 연구의 범위가 2005년부터

---

16) 인터내셔널 퓨처(International Futures)는 2020년까지 각국의 인구, 경제, 에너지 소비, 사회·정치·환경적 요인들의 변화를 제공하는 웹사이트(http://ifsmodel.org)이다. 이러한 자료들은 휴즈(Barry B. Hughes) 박사가 미국 국가정보위원회 (National Intelligence Council)의 일부 후원을 받아 만들었다.

17) 이 연구에 사용된 자료들은 단순추론방법에 의해 만들어졌으며, 이 방법은 타임 시리즈 모델(time series model 또는 causal forecasting model)에 기초한 것으로, 미래의 데이터를 추정하는 방법이다. 이는 과거 성장 유형을 찾아 그것으로 미래의 유형을 예측하는 데 사용된다. 특히 이 모델은 경제성장 추이를 예측하는 데 많이 사용되고 있으며, 이미 검증을 받은 모델이다. Robert S. Pindyck and Daniel L. Rubinfeld, Economic Model and Economic Forecast(New York: McGraw-Hill Book Company, 1981), part 3; and Peter Kennedy, A Guide to Economatrics (Cambridge, Mass.: The MIT Press, 1991), pp. 200~210.

18) Klaus P. Heiss, et. al., *Long-Term Projections of Political and Military Power*(Princeton,

2020년까지 15년 정도이기에 이러한 자료를 사용하는 데 큰 무리는 없을 것이다. 간혹 예측의 방법론과 정확성에 대한 논란이 있으나, 피터 케네디(Peter Kennedy)의 주장처럼, 국력에 대한 장기 예측이 쉬운 일은 아니지만 예측이 어렵고 또한 그 예측 결과가 아주 정확하지는 않더라도 예측을 해보는 것이 전혀 하지 않는 것보다는 훨씬 가치가 있다.[19)]

그리고 이 연구는 IFs가 만든 국력지수를 보조 자료로 사용할 것이다. 이 지수는 각국의 인구, 구매력을 감안한 국내총생산, 1인당 국내총생산, 국방예산 등에 일정한 가중치를 주어 만들어낸 지수이다.[20)] 그러나 이 연구가 국력지수를 주 자료로 이용하지 않은 이유는 IFs의 설명[21)]과는 달리 가중치 부여에 현재의 군사력(핵 능력)이 고려되지 않았기 때문이다. 예를 들면, 러시아의 경우 경제력은 약하지만 군사력 측면에서는 미국 다음으로 강한 국가임에 틀림이 없으나 IFs의 국력지수에서는 9위로 처져 있다(71쪽 <표 2-4> 참조). 이는 현재와 미래의 군사력이 정확히 국력지수에 반영되지 않았음을 의미한다. 특히 최근 러시아는 '소련붕괴' 충격에서 서서히 벗어나는 모습을 보이며, 중국과 연합하여 미국의 독주를 막으려는 움직임이 강력하다. 따라서 이 연구에서는 각국의 GDP 자료를 주 자료로 사용하고, 국력지수 자료는 보조 자료로 사용하였다.

Mathematica Inc., 1973), p. 107.

19) Peter Kennedy(1991), p. 208.

20) International Future Model이 국력지수를 만들기 위해 인구에는 0.8의 가중치를, GDP at PPP에는 1.1의, GDP×GDP per capita에는 0.3의, 국방예산에는 0.9의 가중치를 주어 만든 지수이다. http://ifsmodel.org/frm_Report.aspx.

21) 이 지수는 각 국의 GDP가 세계 GDP에서 차지하는 비율, 인구, 재래식 무기 그리고 핵무기 등을 고려해서 산출한 수치이다. http://www.IFs/ifshelp.html.

3. 2020년 안보환경 전망

앞서 말한 자료들을 검토한 결과 2020년까지 미국 국력의 80%를 보유하는 국가는 나타나지 않는다. 즉 2020년까지 미국 주도의 국제질서는 유지되고, 국제안보환경은 비교적 안정적으로 유지될 것이라는 결론에 도달한다. 비록 중국이 패권 도전국에 근접했다고는 하지만 경제력(76.9%)과 국력(63.1%)이 모두 미국에 미치지 못한다. 하지만 2020년 중국의 국력이 미국의 다음, 즉 세계 2위가 되는 것은 분명하다. 여기에 인도와 한국을 비롯한 아시아 국가들의 국력신장도 꾸준히 진행될 것으로 예측되었으며, 기존의 경제대국인 일본과 경제대국으로 부상하는 중국이 버티고 있는 아시아의 약진으로 국제사회에서 아시아의 영향력이 증대할 것으로 전망된다. 게다가 기존 유럽연합 15개국의 국력 합계는 미국을 능가하고 있으며, 유럽연합이 확대되고 정치적 통합이 이루어진다면 미국, 아시아와 함께 국제사회를 이끄는 또 다른 축으로 부상할 것이다.[22]

1) 힘의 배분 상황 전망 : 미국의 패권 유지

<표 2-2>에 의하면, 2020년 미국의 GDP는 여타 국가들보다 훨씬 많다. 물론 2000년에 비해 여타 국가들과의 격차는 감소되었다. 이는 상대적으로 미국이 쇠퇴하는 것으로도 볼 수 있다. 그러나 다른 국가들의

---

22) 그러나 EU는 고령화 추세의 노동력에 대비해 경제적·사회적 구조개혁을 진행시켜 낮은 잠재 성장률을 높여야 하는 과제도 갖고 있다. National Intelligence Council, "Rising Power: The Changing Geopolitical Landscape," in Mapping the Global Future(December 2004), 11~12. http://www.odci.gov/nic/NIC_globaltrend2020_s2.html.

〈표 2-2〉 각국의 국내총생산(GDP at PPP. billion $)

	2000	2005	2010	2015	2020
미국	8955.0	10399.0	12399.0	14577.0	**16851.0**
일본	3092.0	3501.0	3868.0	4219.0	4627.0
중국	4633.0	5920.0	7642.0	9988.0	**12965.0**
러시아	1047.0	1182.0	1332.0	1502.0	1666.0
독일	1887.0	2032.0	2342.0	2710.0	3016.0
프랑스	1331.0	1486.0	1738.0	2027.0	2343.0
영국	1271.0	1461.0	1711.0	1983.0	2334.0
이탈리아	1233.0	1305.0	1429.0	1558.0	1686.0
인도	2127.0	2596.0	3204.0	4030.0	5060.0
브라질	1153.0	1249.0	1403.0	1601.0	**1821.0**
한국	744.9	877.6	1194.0	1618.0	2101.0
북한	20.3	24.3	27.0	30.7	33.8

출처 : International Futures Model, "Basic Report," http://ifsmodel.org/frm_Basicreport.aspx.

GDP가 미국 GDP의 80%에 이르지 못하기 때문에 미국의 패권에 도전할 수 있는 국가는 출현하지 않는 것으로 보아야 한다. 가장 강력한 도전국으로 간주되는 중국의 GDP도 미국 GDP의 76.9%이이며, 인도는 30.0%, 일본은 27.5%, 그리고 독일의 GDP는 미국의 17.9%에 불과하다. 물론 중국의 GDP가 미국 GDP의 80%에 근접하기는 하지만, 중국이 오판하지 않는 한 미국에 도전할 가능성은 매우 낮다. 그러나 중국의 경제력이 비슷한 추세로 향상된다면 2020년 이후 미국 GDP의 80%를 넘을 것이고, 나아가 미국 GDP를 능가할 수도 있다. 이럴 경우 국제안보환경은 불안정해질 가능성이 높다는 것이다. 골드만삭스의 분석에 의하면, 2041년 중국의 GDP가 미국을 능가한다.

그러면 불만족국가들의 2020년 국력(GDP)은 어떠한 수준인가? 앞서 지적했듯이 이들은 지역이나 세계에서 자국의 역할이나 체제로부터의 이익배분에서 불만을 가지고 있는 국가이기에 현상(status quo)을 타파하려 한다. 이럴 경우 지역이나 세계의 안정이 깨지는 결과를 초래한다. 환언하면 체제에 불만을 가지고 있는 국가 중에서 도전국이 나올 경우 대규모 전쟁이 발발할 가능성은 높아진다.

그러나 2020년에는 불만을 가진 국가가 도전자로 부상할 가능성은 매우 낮다. 중국이 독자적으로 미국의 패권에 도전할 수는 없고, 다른 불만족국가들과 동맹(연합)을 형성하였을 때 가능하다. 현 시점에서 미국의 패권에 가장 불만을 갖고 있는 국가는 중국, 러시아, 독일, 프랑스라고 할 수 있다.

이들 4국의 GDP의 합계는 19조 9,900억 달러로 미국의 GDP를 능가한다. 숫자상으로는 미국의 패권에 도전할 수 있다. 그러나 이들의 연합하는 것은 쉬운 일은 아니다. 우선 독일과 프랑스가 과연 미국에 대항하는 도전세력에 편입될 수 있는가에 의문이 제기된다. 비록 이들이 이라크 문제로 미국과의 갈등을 빚고는 있지만, 미국과 NATO를 통해 강력하게 뭉쳐 있다. 게다가 러시아도 현재 미국 주도의 국제질서에 크게 반발하지 않고, 중국도 미국과 대적할 의사가 없음을 분명히 하고 있다. 따라서 이러한 패권도전세력의 등장은 어려울 것으로 판단된다.[23)]

또한 이들이 도전할 만족국가 동맹의 국력도 고려해야 한다. 현재 미국과 가장 긴밀한 관계를 유지하고 있는 영국과 일본은 미국의 패권질서에 만족하는 국가들이다. 미국과 이들의 GDP를 합하면 23조 8,120억

---

23) 불만족국가라고는 할 수 없지만 미국에 대항할 수 있는 경제력을 가진 인도와 중국이 연합을 해도 그들의 GDP 합계는 미국 GDP의 75.7%에 불과하다. 따라서 이들이 연합한다고 해서 미국에 도전할 만한 힘을 갖지는 못한다.

〈표 2-3〉 국력지수(Power Index)

	2000	2005	2010	2015	2020
미국	24.17	23.64	23.07	22.30	21.35
일본	6.40	6.47	6.11	5.68	5.33
중국	10.65	11.21	11.75	12.54	13.48
러시아	2.27	2.25	2.11	2.01	1.90
독일	4.01	4.11	4.19	4.28	4.17
프랑스	3.48	3.33	3.23	3.12	2.99
영국	2.91	2.86	2.79	2.68	2.62
이탈리아	2.54	2.35	2.16	1.98	1.81
인도	6.67	6.87	7.06	7.29	7.55
브라질	2.31	2.23	2.17	2.14	2.11
한국	1.64	1.66	1.86	2.07	2.22
북한	0.13	0.13	0.12	0.11	0.11

출처 : International Futures Model, "Basic Report," http://ifsmodel.org/frm_Basicreport.aspx.
* 국력지수는 세계 총국력을 100으로 했을 때 각국이 차지하는 비율임.

달러로 중국·러시아·독일·프랑스 4국의 GDP 합계보다 많다. 결국 중국이 미국의 국력에 미치지 못하고 미·일동맹이 깨지지 않는 한, 여기에 영국을 포함시키면 여타 국가들이 연합을 한다고 해도 미·영·일 3국이 주도하는 만족국가동맹에 대항하기는 어려울 것으로 판단된다.

한편 <표 2-3>의 국력지수를 보면 결과는 더욱 분명해진다. 물론 2005년에 비해 2020년 미국의 국력지수는 약간 감소하지만, 미국에게 가장 근접한 중국의 국력지수(13.48)는 미국(21.35)의 63.1%에 불과하다. 중·러·독·프 4국의 국력지수를 합하면 22.54가 되어 미국보다는 많아지지만, 미·영·일의 국력지수(29.3)의 76.9%이다. 결국 2020년에는 미국에 도전할 수 있는 국가는 나타나지 않으며, 미·영·일 만족국가 연합에 도전할 어떠한 연합도 탄생하기 어렵다. 따라서 2020년경의 국제안보환경은

〈그림 2-2〉 2020년 힘의 배분(Power Distribution) 상황 전망

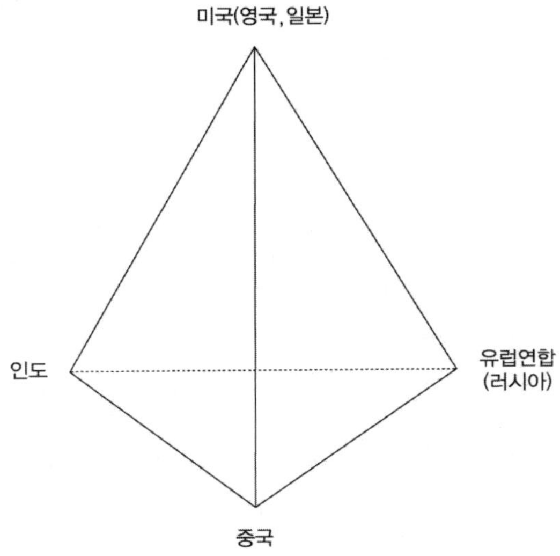

매우 안정적일 것이라 할 수 있다.

결론적으로 2020년까지 미국의 패권은 유지될 것이고, 그 어느 국가도 미국에 도전할 만한 국력을 축적하지 못한다. 그 결과 국제질서는 미국 주도로 안정적으로 유지되고, 미국을 정점으로 그 아래 독일, 프랑스, 영국, 중국, 일본, 러시아 등이 강대국 그룹을 형성될 것이다. 물론 인도도 2020년경에는 당당히 강대국 반열에 오를 것이다. 따라서 2020년 미국(영국, 일본)을 정점으로 유럽연합(러시아), 중국, 인도 등이 삼각뿔 형태의 위계체제가 구축될 것이다(<그림 2-2> 참조).

2) 아시아의 약진

19세기를 유럽의 세기, 20세기를 북아메리카의 세기라고 한다면, 적어도 GDP 면에서 본다면 21세기는 아시아의 세기가 될 것이다. 국력의

한 지수인 인구 측면에서는 오래전부터 압도적으로 많은 인구가 아시아에 거주하고 있다(75쪽 <표 2-8> 참조). 경제대국 일본이 건재하고 있으며, 중국과 인도는 최근 또 다른 경제대국으로 부상하여 아시아가 세계경제에서 차지하는 비중이 높아지고 있다. 보다 구체적으로 2000년 이미 구매력을 감안한 GDP에서 중국이 2위로 부상했으며,[24] 일본이 3위였고, 인도가 4위로 부상했으며, 한국도 11위에 랭크되었다(<표 2-2> 참조).[25] 여기에 동남아시아의 인도네시아와 말레이시아의 약진도 전망된다. 향후 15년 동안 역동적인 경제성장을 보일 국가 34개 중에 아시아 국가는 7개 국가이며, 이 중 6개 국가는 상위 10위 내에 포진되어 있다. 2006년부터 2020년까지의 예상 GDP 성장률을 보면 인도(5.5%)가 1위, 말레이시아(5.4%)가 2위, 중국(5.2%)이 3위, 태국(4.5%)이 4위, 인도네시아(3.8%)가 7위 그리고 한국(3.3%)이 8위이다.[26] 이들의 경제성장률은 미국과 유럽 국가들에 비해 매우 높다.

특히 <표 2-1>(49쪽)에 의하면, 21세기에 접어들면서 동아시아의 생산력이 미국과 유럽을 앞서기 시작했다. 이는 동아시아의 영향력이 증대되고 있음을 의미한다. 그리고 그 격차는 시간이 지날수록 커짐을 알 수 있다. 국력지수에서도 동아시아가 2010년 미국을 추월한다. 결국 아시아는 경제력을 바탕으로 국제사회에서의 영향력을 확대시킴으로써 국

24) 이미 세계 3대 무역국으로 성장한 중국은 영국 스코틀랜드에서 개최된 G8 정상회담에 초청됨으로써 당당하게 G9 대접을 받고 있다.

25) 특히 2020년 인도는 세계 3위의 경제대국으로 성장할 것이며, 그 이후는 인도의 약진이 두드러지는 시대가 될 것으로 예상하고 있다. http://www.chosun.com/economy/news/200504/20050413 03323.html.

26) Stefan Bergheim, “Global Growth Centers 2020,” Deutsche Bank Research(March 23, 2005), p. 4.

제사회에서의 힘의 배분은 북아메리카(미국), 유럽, 아시아 3파전이 될 것이다.

관심은 중국이 증강된 국력을 어떻게 행사할 것인가에 집중되어 있다. 중국은 2020년까지 지역에서의 패권은 추구하지 않겠지만, 중요한 국가로서 영향력을 행사할 것이다. 특히 중국은 경제 분야에서 영향력을 행사할 것으로 예측된다. 하지만 중국은 급성장하는 경제력을 바탕으로 대만의 독립을 억제할 수 있고 일본의 군사력 증강에 대비한 군사력을 확보하는 전략을 추구할 것이다. IFs는 정확한 자료는 제시하지 않고 있으나, 2020년까지 중국은 미국 다음으로 국방비를 많이 쓰는 나라가 될 것으로 예측하고 있다. 지금도 중국은 러시아로부터 최신예 전투기 및 잠수함을 구입하고 있으며, 탄도미사일의 수를 늘리고 있다.27) 대미관계에서는 대만 문제에 미국이 깊숙이 개입하는 것을 하나의 위협으로 간주하고 있다. 그렇지만 중국은 적어도 2020년까지는 경제성장에 주력할 것이고 미국의 패권에 도전하지는 않을 것이기 때문에 가능하면 영토분쟁(남사군도와 대만)을 피할 것이고, 동북아시아의 안정, 나아가 중앙아시아를 안정시키기 위해 노력할 것이다.

---

27) 중국의 경제성장이 걸림돌로는 인구 증강에 따른 일자리 창출, 사회보장 제도 확대 등이 있으며, 만일 경제성장 속도가 급격히 둔화된다면 정치 불안정, 범죄 증가, 불법이민 등으로 지역안보에 악영향을 미칠 것으로 분석하고 있다. National Intelligence Council, "Rising Power: The Changing Geopolitical Landscape," in Mapping the Global Future(December 2004), pp. 1~2. http://www.odci.gov/nic/NIC_ globaltrend2020_s2.html.pp.

4. 결론

1) 국제질서 불안정 요인

2020년 미국의 패권은 유지될 것이지만, 불안정 요인이 완전히 제거된 상태는 아니다. 첫째, 급성장하고 있는 아시아가 어느 한 국가(중국)를 구심점으로 협력한다면 큰 위협이 될 수 있다. 즉 아시아 대 나머지 국가들 간에 큰 전쟁이 발발할 수 있음을 의미한다.[28] 최근 중국은 미국을 제외한 동아시아 정상회의를 구축하려 한다. 이는 동아시아에서 미국의 영향력에 도전을 하는 것으로 해석될 수 있다. 여기에 중국은 러시아와의 전략적 파트너십을 강화하고 있다. 이는 국제질서 구축에서 미국의 독주를 견제하고자 하는 것이다. 특히 이들은 미국의 중앙아시아에서의 영향력 확대를 저지하기 위해 미군이 철수할 것을 강력하게 요구하고 있다.

둘째, 동북아시아에서의 세력전이는 이미 발생했다. 중국의 국력이 이미 일본을 능가했기 때문이다. 물론 구매력을 감안한 국력을 고려했을 때를 의미한다. 그러나 중국이 동북아에서 패권추구에 나서지 않는 이유는 아직까지 미·일동맹에 대적할 만한 국력을 보유하지 못하고 있기 때문이다. 하지만 여건이 성숙된다면 언제든지 일본과의 지역패권경쟁을 벌일 수 있으며, 이는 곧바로 동북아 정세불안으로 이어진다.

셋째, 물론 중동 전체가 미국의 패권 질서에 불만을 가지고 있는 것은 아니지만, 일부 이슬람 세력이 불만족국가군에 포함된다. 이슬람 국가들의 종교적 정체성으로 인해 현 국제질서의 근본 가치에 도전할 가능성을 배제할 수 없다. 2020년에도 이들과 미국의 국력의 차이는 엄청나기

---

28) Tammen et. al.(2000), p. 191.

때문에 미국에게 도전할 수는 없으나, 테러와 같은 비대칭 위협을 통해 패권국(미국)에 저항할 수 있다. 이들이 대량살상무기를 보유하게 된다면 국제 안보환경은 매우 불안정해질 것이다.

넷째, 비슷한 맥락에서 이스라엘과 맞서고 있는 중동 6개국의 경제력 및 국력지수는 매우 낮지만, 이스라엘과 비교해서는 상대적으로 높다 (76~77쪽 참고자료 <표 2-10>, <2-11> 참조). 따라서 반이스라엘 세력들의 오판에 의해 전쟁이 발발할 가능성을 배제할 수 없으며, 이 경우 미국의 지원 또는 개입이 확실시된다. 제5차 중동전쟁이 발발할 가능성을 배제할 수 없다.

다섯째, 현재 진행 중인 북한 핵 문제 해결을 위한 6자회담이 실패하고, 즉 북한이 끝까지 핵 프로그램을 폐기하지 않을 경우 국제사회의 대북압력은 강화될 것이고, 북한이 이에 반발하거나 미국이 북한의 핵시설을 공격할 경우 한반도를 비롯한 동북아의 긴장은 고조될 것이다. 또한 동북아시아의 긴장은 대만이 독립을 추구할 때도 고조될 것이다.

끝으로 이 연구의 연구범위는 아니지만, 2020년 중국의 GDP가 미국의 76.9%인 점을 감안하면 2025년부터 2035년 사이 10년이 매우 불안정할 것으로 예상된다.[29] 적어도 2025년까지 미국의 패권은 유지될 것으로 전망되지만, 이후부터 2035년까지 중국의 국력이 미국의 80~120%가 되는 시점이 가장 안보환경이 불안정할 것으로 전망된다. 즉 이 시기에 중국은 새로운 국제질서를 창출하기 위해 미국에 도전할 가능성을 배제할 수 없기 때문이다.

---

29) 골드만삭스의 연구에 의하면 2040년 초반 중국에 의한 힘의 전이가 발생될 것으로 예상된다. Dominic Wilson and Roopa Purushothothaman, “Dreaming with BRICc: The Path to 2050,” Global Economic Paper No. 99, Goldman Sachs(October 1, 2003), p. 19.

2) 패권국(미국) 전략

2020년 미국의 패권질서는 비교적 안정적으로 유지될 것이라는 결론에 도달했지만, 미국은 현재와 같은 압도적 우위의 입장에서 국제적 리더십을 발휘하지는 못하고 여타 강대국들과의 협력에 의해 국제질서를 안정적으로 유지해나가는 노력을 할 것이다. 즉 위에서 말한 국제안보환경 불안정 요인을 제거하기 위해서 미국도 새롭고, 협력적인 국제질서를 수립할 것이다. 따라서 미국은 강대국들과 협력할 가능성이 매우 높다. 한편 미국은 강대국 중에서 불만족국가 수를 줄이는 노력을 할 것이다. 일종의 안전판으로 만족국가동맹(연합)으로서 압도적 힘의 우위를 유지할 것이다.

실질적으로 미국은 다른 강대국들과 협력을 통해 해결해야 할 많은 문제가 있다.[30] 그 이유는 유럽과 미국은 공동의 이익이 있기 때문이다. 첫째, 비록 유럽의 안전이 탈냉전과 함께 확보되었다고는 하지만 러시아와 동유럽의 민주화를 통해 더욱 확보할 필요가 있다. 그리고 중동의 안정과 민주화는 역시 에너지 자원의 원활한 흐름을 확보하기 위해 필요하며, 중앙아시아의 민주화도 같은 맥락에서 미국과 유럽이 공동으로 추진해야 하는 과제이다. 또한 반테러와 반확산을 추진하고 초국가적인 위협과 도전에 효과적으로 대처하기 위해서는 유럽연합과 협력해야 한다.

둘째, 러시아와는 전략무기감축, 반테러전, 지역갈등 해소를 위한 공동의 노력, 러시아의 에너지자원 개발 등의 분야에서 긍정적인 성과를

---

30) 데이비드 곰퍼트(David C. Gompert), "서론 : 미국을 위한 동반자," 데이비드 곰퍼트·스티븐 라라비 엮음, 이수형 옮김, 미국과 유럽의 21세기 국제질서(한울아카데미, 2002), 21~41쪽. 원제목은 *America and Europe: a Partnership for a New Era*이다.

거두고 있으나, 위험한 기술의 이전 문제에서는 아직 미진한 부분이 있음을 시인하고 있다. 또한 러시아를 NATO의 회원으로 받아들일 가능성이 전혀 없는 것은 아니다.

셋째, 미국은 중국과의 전략적 파트너십을 유지할 것이다. 미국은 반테러 및 반확산정책을 성공적으로 수행하기 위해 중국의 지원이 필요하고, 한반도를 비롯한 아시아 전역에서 위협을 감소시키는 노력에도 중국의 협력이 필요하다.[31] 동시에 미국은 중국의 시장경제화를 가속하는 방향으로 정책을 수립할 것이며, 민주주의 신장을 위해서도 많은 투자를 할 것이다. 이는 민주적 평화에 입각하여, 유사한 정권 간에는 전쟁을 하고자 하는 의지가 약하다는 논리가 적용될 수 있다.[32] 중국을 민주화시키고, 한미동맹과 미·일동맹을 통해 패권국으로 부상하는 것을 억제할 것이다.

넷째, 인도와의 관계를 강화할 것이다. 적어도 인도가 불만족국가가 되지 않게 하기 위해 경제협력을 증진시킬 것이다. 이러한 움직임은 이미 시작되었다. 2005년 6월 28일 미국은 인도와 상호방위조약을 체결하면서 군사협력에 박차를 가하기 시작했으며, 인도가 유엔 안보리 상임이사국 진출에 긍정적인 신호를 보내고 있다.[33]

---

31) 유럽연합과의 협력 분야는 테러와의 전쟁, 에이즈와의 전쟁, 무역갈등 해소를 통한 교역증대, 지역 갈등에 대한 협력 등이 포함된다. Ibid., p. 3.

32) Bruce M. Russett, *Grasping the Democratic Peace: Principles for a Post-Cold War World*(Princeton: Princeton University Press, 1993); James Lee Ray, *Democracy and International Conflict*(Columbia: University of South Carolina Press, 1995) 참조.

33) 이러한 미국의 적극적인 인도 끌어안기는 2005년 4월 11일 중국과 인도가 전략적 동반자 관계를 선언한 것에 기인한다. 중국과 인도는 정상회담을 통해 1962년 이후 43년 동안 지속되어온 국경문제를 공정하고 합리적으로 해결한다는 원칙을 포함해 11개 합의문에 서명했다. 특히 양국은 자유무역협정(FTA)을 추진하기로

다섯째, 불만족국가에 의한 대량살상무기 사용이 큰 문제로 대두되고 있다. 또한 2020년까지 테러를 근절시킬 수는 없기 때문에 미국은 이러한 대량살상무기가 테러집단으로 흘러들어가는 것을 적극적으로 차단할 것이다. 즉 미국은 확산방지안보구상(PSI)을 보다 적극적으로 추진하여 만족국가들에 대해 보다 확실한 안보를 제공함과 동시에 자국의 패권도 공고히 하는 것을 의미한다.

끝으로 미국은 국제기구를 통한 국제협력을 강화할 것이다. 앞서 언급했듯이 유엔 안전보장이사회의 확대를 통해 국제적인 협력을 유도할 것이며, 강력한 실행능력을 갖춘 다자안보협력체 구성에 적극적인 역할을 할 가능성도 있다.

3) 한국의 전략

그러면 미국의 패권도 유지되고 국제사회의 협력도 예상되는 2020년경 한국은 어떠한 전략적 선택을 해야 하는가를 살펴보자. 향후 15년 동안 국제위계체제에서 7위까지의 순위 변동은 없다. 즉 1위부터 7위까지의 순위 변동은 없지만 중국과 인도의 국력이 급격히 상승할 것으로 예상되며, 미국과 일본·프랑스·영국·이탈리아의 국력은 조금씩 쇠퇴하는 것으로 예측된다(<표 2-4>). 반면 한국의 국력 신장은 매우 높게 평가되고 있다. 향후 15년 동안 한국의 국력은 33.7%가 증가할 것으로 예상된다. 21세기를 시작할 때 한국의 국력은 세계 11위였으나, 2020년 한국의 국력은 이탈리아, 러시아, 브라질을 제치고 8위로 상승한다. 한마디로

합의함으로써 세계 최대의 FTA가 탄생될 것을 예고했다. 『조선일보』, 2005년 4월 12일.

〈표 2-4〉 주요국가의 국력지수 변화

2005년 국력지수	2005년 순위	국명	2020년 순위	2020년 국력지수
23.640	1	미국	1	21.350
11.210	2	중국	2	13.480
6.873	3	인도	3	7.550
6.473	4	일본	4	5.325
4.107	5	독일	5	4.172
3.330	6	프랑스	6	2.988
2.858	7	영국	7	2.622
2.347	8	이탈리아	11	1.811
2.249	9	러시아	10	1.894
2.228	10	브라질	9	2.112
1.658	**11**	**한국**	**8**	**2.217**
1.490	12	인도네시아	12	1.462
1.359	13	캐나다	13	1.581
1.305	14	스페인	14	1.280
1.237	15	멕시코	15	1.177
1.103	16	터키	16	1.134
0.964	17	사우디	17	1.238

출처 : International Futures Model.

2020년 한국은 당당히 세계 8위의 국력을 보유한 강국으로 발돋음할 것이 예상된다. 하지만 한국의 경우 동북아에서 역시 국력에 관한 한 약소국이다. 2020년 한국의 국력은 미국의 10.4%, 중국의 16.4%, 일본의 29.3%이다. 또한 앞서 지적했듯이 국력 면에서는 러시아를 조금 앞서고는 있으나 군사력 측면에서 결코 동등할 수 없는 관계이다.

따라서 2020년 세계 8위국이 되더라도 지역에서는 상대적으로 약소국인 한국은 동북아시아에서 영토적 야심이 없고 한국과 역사적 갈등이 없는 미국과의 동맹을 유지·강화하는 전략을 선택해야 한다. 비록 최근 한미동맹에 파열음이 발생하고는 있지만, 지난 50년 동안 동북아시아에서는 현상유지를 위해 한미 정책협조가 잘 이루어지고 있었다. 게다가 한미 양국은 동북아의 평화와 번영이라는 공동의 이익을 가지고 있으며, 민주주의와 시장경제라는 가치도 공유하고 있다. 미국도 동북아시아에서 현상을 유지하기를 원하고 있으며, 한국도 마찬가지다. 물론 최근 미국은 북한의 핵 문제를 해결하는 과정에서 현상을 타파하려는 모습을 보이고는 있지만, 북한이 핵 프로그램을 포기할 경우 북한의 체제안전을 보장하고 경제지원도 강화할 것임을 천명하고 있다. 따라서 북한이 핵 포기를 수용하면 미국도 더 이상 현상타파적인 정책을 실행에 옮기지는 않을 것이다.

이런 관점에서 공동의 이익과 현상에 대한 공유인식으로 설명되는 한미동맹의 안정성은 매우 크다고 할 수 있다. 따라서 강력하고 믿을 만한 한미동맹에서 현재 다소의 불이익이 있다고 해도 언젠가는 보상을 받을 수 있다고 판단된다. 즉 한반도의 통일과정이나 통일 이후 미국으로부터 많은 지원을 받을 수 있기 때문에 사소한 일로 동맹을 균열시켜서는 안 된다.

또한 적어도 2020년까지 중국이 미국에 도전할 가능성이 매우 낮은 상황에서 한미동맹을 약화시키고 독자적인 외교노선을 걷는다든가 또는 중국과의 협력을 강화하는 것은 지혜롭지 못하다고 판단된다. 중·일 갈등의 틈에서 한미동맹에 편승하여 중국과 일본의 지역패권국 등장을 동시에 억제하는 것이 한국의 전략적 선택이라고 판단된다.

하지만 한미동맹을 이유로 중국과의 관계를 소홀히 해서도 안 된다. 물론 한국이 중국과의 군사협력을 강화하는 것은 위험 부담이 크다. 한미동맹을 훼손시키는 일이기 때문이다. 따라서 한국의 전략은 중국과의 경제협력을 강화하는 것이다. 특히 경제 분야에서의 협력을 강화해야 한다. 예를 들면 중국으로의 수출을 증가시키고, 중국의 대한국 투자를 늘리는 방법을 생각해야 한다.

결론적으로 앞서 살펴본 바와 같이 전략적으로 미·영·일 관계가 악화되지 않는 한 한국은 한미동맹을 통해 만족국가연합에 편승하는 것이 유리하며, 상승하는 국력을 바탕으로 오히려 양안관계의 평화적 해결에 일조하는 것이 좋은 전략이라 판단된다.

▎참고자료

〈표 2-5〉 Goldman Sachs의 GDP 추계

	2000	2005	2010	2015	2020	2025	2030	2035	2040	2045	2050
프랑스	1311	1489	1622	1767	1930	2095	2267	2445	2668	2898	3148
독일	1875	2011	2212	2386	2524	2604	2697	2903	3147	3381	3603
이탈리아	1078	1236	1337	1447	1553	1625	1671	1708	1788	1912	2061
영국	1437	1688	1876	2089	2285	2456	2649	2901	3201	3498	3782
미국	9825	11697	13271	14786	16415	18240	20833	23828	27229	30965	35165
일본	4176	4427	4601	4858	5221	5567	5810	5882	6039	6297	6643
중국	1078	1724	2998	4754	7070	10213	14312	19605	26439	34799	44453
러시아	391	534	847	1232	1741	2264	2980	3734	4467	5156	5870
인도	469	604	929	1441	2104	3174	4935	7854	12367	18847	27803
브라질	762	468	668	952	1333	1695	2189	2871	3740	4794	6074
G6	2700	3330	5441	8349	12248	17345	24415	34064	47013	63596	84201
BRICs	19702	22548	24919	27332	29928	32687	35927	39668	44072	48940	54433

출처 : Dominic Wilson and Roopa Purushothothaman, "Dreaming with BRICc: The Path to 2050," *Global Economic Paper* No. 99, Goldman Sachs(October 1, 2003), p. 19.

〈표 2-6〉 Deutsche Bank Research의 GDP 추계

	2000	2005	2010	2015	2020
미국	9014	10337	12042	14028	16341
일본	5648	6129	6538	6974	7439
중국	1117	1652	2129	2743	3534
독일	2702	2827	3045	3281	3534
프랑스	1805	1966	2203	2468	2765
영국	1335	1497	1645	1807	1985
이탈리아	1225	1302	1410	1526	1652
인도	493	661	864	1129	1475
브라질	799	872	1001	1149	1319
한국	639	794	965	1098	1292

출처 : Stefan Bergheim, "Global growth centers 2020," Deutsche Bank Research (March 23, 2005), p. 4의 2006-2020년까지의 GDP 성장률을 사용하여 계산한 추전 GDP이다.

〈표 2-7〉 Per Capita GDP(PPP, Thousand Dollar)

	2000	2005	2010	2015	2020
미국	31.59	34.63	37.26	39.40	41.01
일본	24.47	27.50	33.30	39.61	43.55
중국	3.63	4.48	5.57	6.89	8.50
러시아	7.23	8.21	9.76	11.59	13.70
독일	23.06	24.63	28.60	33.58	38.46
프랑스	22.56	24.52	28.56	33.57	39.15
영국	21.72	23.99	25.62	28.01	31.12
이탈리아	21.55	22.83	26.36	30.94	36.03
인도	2.10	2.41	2.74	3.19	3.74
브라질	6.75	6.91	7.44	8.04	8.66
한국	15.99	17.98	21.30	25.22	29.36
북한	0.92	1.07	1.26	1.43	1.52

출처 : International Futures Model.

〈표 2-8〉 인구(100만 명)

	2000	2005	2010	2015	2020
미국	285.3	298.5	310.5	322.0	333.9
일본	127.0	128.7	129.9	130.3	129.4
중국	1272.0	1321.0	1365.0	108.0	1448.0
러시아	144.8	142.8	142.7	141.7	139.6
독일	82.3	82.7	82.7	82.6	82.4
프랑스	59.2	60.6	61.7	62.9	64.0
영국	58.8	59.9	60.5	61.3	62.2
이탈리아	58.0	58.1	57.8	57.4	56.9
인도	1032.0	1101.0	1169.0	1232.0	1289.0
브라질	172.4	182.9	191.9	199.6	206.4
한국	47.3	48.7	49.9	50.7	51.2
북한	22.4	23.2	23.5	23.7	24.1

출처 : International Futures Model.

〈표 2-9〉 지역별 GDP

	2000	2005	2010	2015	2020
세계	40975	47441	56476	67276	79720
미국	9014	10337	11569	12688	13696
EU25	8861	9807	11355	13045	14862
동아시아	9082	10999	13539	16842	20905
중동	1100	1288	1589	1966	2520
아·태지역	15311	18427	22560	27890	34443
남미	3275	3580	4035	4630	5275
아프리카	1365	1585	1846	2158	2566

출처 : International Futures Model.

〈표 2-10〉 중동 국가 GDP

	2000	2005	2010	2015	2020
이스라엘	107.0	123.3	151.6	199.9	278.3
팔레스타인 1	9.4	10.6	12.1	14.1	17.4
시리아 2	49.1	55.0	64.5	80.0	98.0
요르단 3	19.0	23.5	28.0	34.5	44.0
이집트 4	229.4	264.5	311.9	371.7	457.2
이란 5	359.5	434.3	543.1	674.2	861.8
이라크 6	56.3	70.1	86.2	104.7	133.6
1+2+3+4	306.9	353.6	416.5	500.3	616.6
1+2+3+4+5+6	722.7	858.0	1,045.8	1,279.2	1,612.0

출처 : International Futures Model.

〈표 2-11〉 중동국가 국력지수

	2000	2005	2010	2015	2020
이스라엘	0.5033	0.4628	0.4716	0.4877	0.5329
팔레스타인 1	0.0261	0.0266	0.0276	0.0289	0.0311
시리아 2	0.1411	0.1422	0.1455	0.1526	0.1589
요르단 3	0.0634	0.0658	0.0677	0.0703	0.0750
이집트 4	0.5752	0.5829	0.592	0.6030	0.6249
이란 5	0.8095	0.8362	0.8812	0.9211	0.9903
이라크 6	0.1709	0.1815	0.1896	0.1967	0.2099
1+2+3+4	0.8058	0.8175	0.8328	0.8548	0.8899
1+2+3+4+5+6	1.7862	1.8352	1.9036	1.9726	2.0901

출처 : International Futures Model.

제3장

탈냉전 이후 미국 안보정책 변화

1. 서론

한 국가의 외교(안보)정책을 분석하기 위해서는 국가와 주변환경(environment)의 관계를 이해하는 것이 중요하다. 여기서 환경이라 함은 정책결정과 관련이 있는 모든 현상을 의미하는 것으로, 한 나라의 국경 밖에서 일어나는, 그러나 그 국가에 직·간접적으로 영향을 끼칠 수 있는 여러 형태의 상황을 포함한다. 결국 한 국가의 정책은 단순히 그 국가의 자원으로부터 산출되는 것은 아니며, 국가의 환경과의 관계에서 비롯되는 것이라 할 수 있다. 물론 약소국들의 외교정책이 자신들이 하나의 구성원으로 속해 있는 국제체제와 강대국들 간의 관계 변화에 보다 큰 영향을 받지만, 강대국들도 예외일 수는 없다.

안보정책 연구에 주변환경 개념이 도입된 것은 오래된 일로서, 파파다키스(Maria Papadakis)와 스타(Harvey Starr)는 과거 환경과 외교정책의 상관관계에 대한 연구들[1])을 종합하여 만든 환경모델에서 한 국가의 외교

---

1) Sprout(1957)의 'milieu' 개념, Singer(1969)의 분석 단위(levels of analysis), Rosenau

정책은 국제체제(international system), 국제관계(international relations), 사회(societal), 정부(governmental), 역할(role) 및 개인(individual)의 영향을 받는다고 하였다.[2] 이러한 환경 요소들은 정책결정자 또는 한 국가에게 기회를 제공하기도 하며 제약을 가하기도 한다. 서로 다르게 환경의 변화를 인지하고 있는 외교정책결정자들은 대외정책결정 기구 또는 구조 내에서 토론을 벌이게 된다. 따라서 학자들은 국익을 최대한 달성할 수 있는 정책(output)을 산출해내는 과정(process)을 매우 중요시한다. 그러나 산출된 외교정책 자체가 환류(feedback)되어 다시 환경(투입변수)에 영향을 미치기보다는 정책집행을 어떻게 하느냐, 즉 외교행태(foreign policy behavior)가 국제체제 및 국가관계 등 주변환경에 직접적인 영향을 미친다.

외교행태는 그 성격과 대상에 따라 구분된다.[3] 우선 외교행태는 성격에 따라 공세적(offensive), 방어적(defense), 수용적(accommodative), 협력적(cooperative) 행태로 구분할 수 있다. 공세적 외교행태는 자국의 이익을 극대화하기 위해 국제규범이나 원칙을 무시하고 자국의 요구를 일반적으로 강요하는 것을 의미한다. 최근 미국의 대외정책이 공세적 행태를 보이고 있다. 방어적 외교행태는 외부의 압력에 저항하는 것으로, 미국의 정책에 대해 거부반응을 보이고 있는 프랑스와 독일의 외교행태가 좋은

(1966)의 예비이론(pre-theories)과 Starr(1978)의 기회와 의지(opportunity and willingness) 등의 개념을 종합하였다.

2) Maria Papadakis and Harvey Starr, "Opportunity, Willingness, and Small States: The Relationship Between Environment and Foreign Policy," in Charles F. Hermann, Charles W. Kegley, Tr., and James N. Rosenau(eds.), *New Directions in the Study of Foreign Policy*(Boston; Allen & Unwin, inc., 1987).

3) 문정인, "외교정책 이론 : 외교정책의 구성과 평가," 김달중 편저, 『외교정책의 이론과 이해』(도서출판 오름, 1998), 106~111쪽.

예라 할 수 있다. 수용적 행태는 주로 약소국의 외교행태로서 한국과 같이 미국의 대외정책에 적응하는 것을 의미하며, 협력적 행태는 국제규범이나 원칙에 자발적으로 참여하고 국제체제 형성에 능동적이고 주도적인 역할을 하는 것을 의미한다. 영국과 일본의 외교행태가 좋은 예이다.

한편 외교정책 대상에 따라 외교행태를 일방주의(unilateralism), 쌍무주의(bilateralism), 지역주의(regionalism), 다자주의(multilateralism)로 구분할 수 있다. 일방주의는 국제체제나 타국의 입장을 전혀 고려하지 않고 자국에 유리한 정책을 맹목적으로 추진하는 것을 의미한다. 역시 미국의 미사일 방어체제와 선제공격 독트린이 일방주의 외교행태에 속한다. 쌍무주의는 두 국가 간의 협력에 의한 정책 추진, 지역주의는 공동의 번영을 모색하기 위해 뜻을 같이하는 국가들 간의 협력을 통해 정책을 추진하는 것을 의미한다. 다자주의는 전 세계 대부분의 국가가 참여하여 국제적인 규범, 규칙 및 정책결정절차 등을 구축하여 그 틀 안에서 협력을 도모해 나가는 것을 의미한다. 미국을 제외한 강대국들은 국제질서 구축에서 다자주의를 선호하고 있다.

미국의 대외정책은 1990년 소련 및 동유럽이 붕괴됨에 따라 큰 전환점을 맞았다. 탈냉전의 시작과 함께 국제체제는 미소가 대립하던 양극체제에서 미국 주도의 단극체제로 변하였고, 러시아 및 동유럽 국가들과의 관계도 적대관계에서 협력관계로 변하였다. 이러한 국제환경 변화는 미국 대외정책 전반에 걸친 재검토를 요구했다. 그 결과 미국의 대외정책은 1990년대 조정기를 거치면서 서서히 자국의 영향력을 확대(패권의 유지·강화)하는 방향으로 전환되고 있다. 한편 9·11 테러가 발생하기 전까지 미국의 외교정책이 강화되기는 했지만 타국에 노골적으로 강요하지는 않았다. 그러나 테러 이후 부시 대통령은 부시 독트린을 발표하면서 아프간 전쟁을 시작하였고, 선제공격을 명문화한 후 이라크를 침공하였다.

결국 9·11 테러를 계기로 미국의 외교행태가 공세적 일방주의 성향을 보이게 된 것이다.

이런 상황에서 부시 대통령이 재선에 성공함으로써 미국 외교정책결정에 영향을 미칠 수 있는 변수들에 큰 변화가 발생하지는 않았다. 과거와 같이 미국 주도의 단극체제가 변한 것도 아니고, 재선으로 인해 일부 각료가 교체되기는 하겠지만 미국 사회, 정부, 개인(역할) 등의 변수에도 큰 변화는 없다. 다만 부시 행정부 1기 외교정책에 많은 영향을 미치고 이라크 전쟁을 주도했던 신보수주의자들의 퇴조가 나타남으로써 미국이 외교정책은 다소 온건한 방향으로 추진되고 있다.

반면 미국의 외교정책결정에 영향을 미칠 수 있는 강대국과의 관계는 다소 변하였다. 미국의 일방주의, 특히 이라크 전쟁에 반대했던 프랑스 및 독일과의 관계가 불편해졌으며, 러시아와 중국은 미국에게 적극적인 지지를 보내지 않고 있다. 이라크 전쟁에서 이들의 비협조는 미국인의 많은 희생으로 이어졌다. 즉 신속하게 이라크 안정화를 이루지 못한 데에 따른 희생이 발생한 것이다.

물론 강대국들과의 불편한 관계가 미국의 대외정책 자체를 변화시키지는 못할 것이지만, 미국의 일방주의적 외교행태에는 영향을 줄 것으로 예측되었다. 이라크 안정화 및 대테러전에서 그들의 협력이 필수적이고, 현재 그들과의 협력으로 구체적인 모습을 드러내고 있는 대량살상무기 확산방지안보구상을 실행하기 위해서도 협력은 필수적이기 때문이다.

따라서 미국은 패권의 유지를 위해 지속적으로 개입정책을 추구하고 있으며, 이를 통해 미국의 리더십을 강화하고 있다. 그러나 외교정책을 실행에 옮기는 과정에서 공세보다는 협력을, 일방주의보다는 다자주의를 선택할 가능성이 높다. 즉 부시 2기 행정부의 대외정책은 강경 속의 온건 또는 미국 주도의 강대국들의 협력을 유도하는 다자주의 관점에서 실행에 옮겨지고 있다고 판단된다.

물론 국가안보 확보, 지속적 경제번영 및 민주주의와 인권의 향상 등으로 대변되는 미국의 국가목표는 변하지 않았으며, 국제 평화 유지, 민주주의 확산, 지속적인 경제번영으로 요약되는 미국의 외교정책 목표도 탈냉전 및 9·11 테러와는 관계없이 변하지 않았다. 다만 이를 추구하는 실행방법에 차이가 있을 뿐이다. 특히나 9·11 테러사건을 계기로 미국은 일방주의에 가까운 안보정책을 추진하고 있다. 따라서 이 장에서는 탈냉전과 9·11 테러가 미국의 안보정책에 어떠한 변화를 가져왔는가를 검토해보고자 한다.

2. 미국 안보정책 변화

1) 조지 허버트 부시(George Herbert Bush) 행정부의 안보정책

1989년 말 베를린 장벽이 무너지고 탈냉전시대가 시작되면서 미국의 안보정책도 수정이 불가피해졌다.[4] 과거 미국의 주적으로 간주되었던 소련의 붕괴 그리고 동유럽의 붕괴는 미국을 유일 초강대국의 위치에 올려놓았고, 미국은 경제적 군사적으로 대적할 국가가 없는 상황에서 국제사회를 이끌 수 있는 새로운 대외정책이 요구되었다. 탈냉전 직후 미국이 발표한 안보정책은 포괄적인 외교정책이라기보다는 주로 아시아

4) 헌팅턴은 1990년의 대변혁은 미국이 냉전시대에 채택한 대전략(grand strategy)인 봉쇄정책과 이를 뒷받침하기 위한 군사전략인 억지전략은 더 이상 미국의 전략이 되지 못한다고 분석했다. Samuel P. Huntington, "America's Changing Strategic Interests," *Survival*, Vol. xxxiii, No. 1(January / February 1991), p. 3.

에서 미국의 역할 증대에 관한 것이었다. 즉 소련의 와해와 동유럽의 붕괴로 인해 유럽의 안보가 어느 정도 확보되었기 때문에 미국의 관심이 아시아로 집중되고 있음을 보여준다. 부시 행정부는 1990년과 1992년 각각 발표한 '동아시아 전략구상 I'[5]과 '동아시아 전략구상 II'[6]에서 1980년 이래 아시아와의 경제관계가 급성장했음을 지적하고, 미군의 전진배치방어태세(forward based defense posture)를 새롭게 평가해야 함을 주장했다. 비록 아시아 주둔 미군을 재편하는 과정에서 미군을 단계적으로 감축할 것을 시사했으나,[7] 이것이 이 지역에서의 완전한 미군 철수를 의미하는 것은 아님을 분명히 하면서 미국은 태평양 세력으로 남을 것을 천명했다. 즉 미국은 경제이익을 수호한다는 차원에서 적정 규모의 미군을 지속적으로 주둔시킬 것이라고 밝힘으로써 미국 군사력이 아시아 지역에 계속 주둔하는 것이 미국의 국익에 도움이 된다는 사실을 명백히 했다고 할 수 있다. 그리고 차기 패권에 도전할 수 있는 가능성이 가장

---

5) The Department of Defense, *A Strategic Framework for the Asia Pacific Rim: Looking Toward the 21st Century*(April 1990) 참조.

6) The Department of Defense, *A Strategic Framework for the Asia Pacific Rim, Report to the Congress*(1992) 참조.

7) 주한미군과 관련하여, 당시 미국의 주장은 한국의 경제력 신장으로 인해 군사력이 어느 정도 증강되었고, 미국의 안보비용을 절감하는 차원에서 주한미군 감축이 이루어진 것임을 밝히고 있으며, 미국의 대한국 안보공약이 확실하기 때문에 문제가 없다고 주장하고 있다. 그리고 1992년 보고서에서는 주한미군 철수계획의 보류를 강조했다. 보류는 철회와는 다른 것으로 언제든지 재개할 수 있다는 뜻으로 현재 진행 중인 주한미군 재배치 및 감축도 부시 행정부의 새로운 정책은 아니고, 이 보고서들의 연속선상에서 보아야 한다. 특히 당시 이 보고서를 만드는 데 중요한 역할을 담당했던 당시 국방장관 체니가 부통령으로 당선되었을 때 이미 예상되었던 주한미군 감축이다. 이대우, 『부시 행정부 출범과 주한미군 : 역할과 규모 변경을 중심으로』, 세종연구소 정책연구 2003-5(2003), 16~19쪽 참조.

높은 중국을 견제하는 것이 미국의 핵심전략임도 부정하지 않고 있다.

2) 빌 클린턴(William J. Clinton) 행정부의 안보정책

1993년 민주당의 클린턴 행정부의 출범과 함께 탈냉전 이후 가장 포괄적인 미국의 안보정책이라고 평가받는 '전면 재검토보고서(Report of Bottom Up Review)'가 발표되었다.[8] 이 보고서의 핵심은 미국이 두 개의 대규모 전쟁에서 승리하기 위해서는 군사력을 증강시켜야 한다는 것이다. 즉 동북아시아(한반도)와 중동에서 동시에 전쟁이 발발했을 때 미국이 모두 승리하기 위해 군사력을 증강해야 한다는 것이다. 이어 1994년 7월 '개입과 확대의 국가안보전략(A National Security Strategy of Engagement and Enlargement)'이 발표되었다.[9] 백악관은 이 보고서에서 우방국인 한국, 일본, 아세안, 그리고 남태평양 지역에 대한 미국의 지속적인 개입을 천명하였고, 중국과 러시아와의 관계를 확대해 나가겠다는 포용정책을 추진할 것임을 밝혔다. 결국 미국은 막강한 군사력을 지구 곳곳에 투사하여 자국의 이익을 수호하고, 각종 분쟁에 적극적으로 개입하여 미국의 영향력을 확대하려는 움직임을 보였다고 할 수 있다.

이 보고서의 연장선에서 1995년 2월 미국 국방부는 '아·태지역에서의 미국 안보전략(United States Security Strategy for the East Asia-Pacific Region)'을 발표하였다.[10] 이 보고서에서는 미국이 유일 초강대국임을 강조하면서, 아시아에 10만 명의 미군을 지속적으로 주둔시킴으로써 이

---

8) Les Aspin, *Report of the Bottom-Up Review*(1993) 참조.

9) The White House, *A National Security Strategy of Engagement and Enlargement*(1994).

10) The Department of Defense, *United States Security Strategy for the East Asia-Pacific Region*(February 1995).

지역의 미국 이익을 철저히 수호하겠다고 밝혔다. 이때부터 미국의 일방주의적 외교·안보정책이 수립되었다고 할 수 있다. 그리고 아시아 지역에서 도전세력(중국)이 등장하는 것을 방지하기 위한 전략으로 주한미군 및 주일미군을 존속시키겠다는 것으로 평가할 수 있다. 특히 1990년대 중반부터는 미·일동맹을 강화하려는 움직임을 기정사실화 하면서 일본의 군사력으로 중국을 봉쇄하고자 하는 의도를 드러냈다. 이러한 미국의 동맹강화 움직임은 책임 및 비용분담을 전제로 한 전략으로 보아야 하고, 미국과 동맹국들의 공동의 이익을 수호하기 위해 미국의 영향력 및 힘의 투사능력이 이 지역에서 중요한 역할을 할 것임을 시사했다. 특히 미국은 책임분담을 강조함으로써 과거의 패권국과는 다른 모습을 보이고 있다. 즉 '안보'라는 공공재를 미국이 혼자 부담하지 않고 강대국들과 분담함으로써 과도한 국방비 지출로 인한 패권의 쇠퇴를 피하겠다는 의지로 볼 수 있다.

클린턴 행정부는 1997년 '새로운 세기를 위한 미국의 국가안보전략'을 발표하였다.[11] 이는 21세기 미국이 원하는 세계질서를 구축하기 위해 어떠한 전략을 추진할 것인가를 전 세계에 발표한 것으로도 볼 수 있다. 보다 안전하고 번영된 미래를 위해 미국은 국제적으로 지도력을 발휘할 것을 천명했다. 즉 미국은 패권국으로서의 역할을 적극적으로 수행하겠다는 선언을 한 것이다. 이 보고서는 미국의 국가이익을 미국인의 생명보호와 안전, 주권 유지, 가치와 제도 및 영토 보존, 번영 증진 등을 꼽고 있다. 또한 미국의 국가이익을 수호하기 위해 미국은 효과적인 외교와 강한 군대를 통한 미국의 안보 증진(평화 유지), 경제적 번영, 그리고 민주주의 확산 등을 외교정책의 목표로 설정하였다. 이러한 목표를 달성하기

11) The White House, *A National Security Strategy for A New Century*(May 1997).

위해 다음과 같은 여섯 가지 전략을 수립하였다. 첫째, 유럽이 안정되고 평화롭고 번영할 때 미국도 안전하고 번영한다는 전제하에, 미국은 평화롭고 통일되고 민주적인 유럽이 되도록 노력해야 한다. 둘째, 미국은 아시아와의 관계를 강화한다. 셋째, 미국은 경제번영을 위해 무역장벽을 철폐함으로써 자유무역을 추구한다. 넷째, 미국은 세계평화를 유지하기 위해 지도력을 유지한다. 다섯째, 미국은 국제협력을 통해 대량살상무기, 테러, 국제범죄 등에 강력하게 대처한다. 끝으로 이를 위해 외교적·군사적 수단을 유지한다. 특히 강력하고도 잘 훈련된 군사력을 유지할 것을 강조했다.

또한 미국은 전 세계에 적극적으로 개입할 것을 강조하면서 미국이 지도력을 발휘할 수 있는 유일한 국가라고 자부하고 있다. 따라서 외교적·기술적·산업적·군사적 능력을 유지해야 미국은 다른 나라들과 함께 또는 단독으로 국제문제에 대처할 수 있을 것이라고 주장하고 있다. 특히 미국 및 세계의 안보 증진을 위해 대량살상무기 비확산을 강조했으며, 두 개 지역에서의 전쟁(중동과 한반도)에서 동시에 승리하기 위해 군사력을 증강해야 한다고 주장했다. 그리고 미래 원유공급원에 대한 접근을 확보해야 함을 강조하면서 중동으로부터의 원유수입을 줄여나가야 한다고 주장하고, 아프리카에 대한 지속적인 개입을 강조했다.

결국 미국은 1990년대 중반부터 미국의 패권적 지위를 유지·강화하기 위해 전반적인 개입정책을 채택하면서 해외주둔군 동결정책으로 선회하였고, 군사력 강화도 이때부터 시작되었다고 할 수 있다. 특히 미국의 군사력 증강은 레이건 시대를 거쳐 클린턴 시대에도 끊임없이 진행되었다. 이라크 전쟁에서 선보인 첨단무기들은 클린턴 행정부하에서 개발된 것들이다. 예를 들면 F-16 전투기, 에브람스 탱크(Abrams tank), 브래들리 장갑차(Bradley fighting vehicle) 등은 이미 레이건 시대에 개발된 것이고,

무인비행기(UAVs), 미사일 방어체제, 위성가이드무기 등은 클린턴 시대에 만들어진 것이다. 또한 신형 패트리어트 미사일(PAC-3)도 클린턴 시대에 개발된 것으로 1991년 제1차 이라크 전쟁에서는 정확도가 매우 빈약했으나, 개량형의 정확도는 제2차 이라크 전쟁을 통해 50% 이상의 방어율을 기록했다.12)

그리고 클린턴 행정부의 마지막 보고서라고 할 수 있는 '확산 : 위협과 대응(Proliferation : Threat and Response)'에서 불량국가들에 의한 대량살상무기 사용에 대한 위협을 강조했다.13) 특히 북한, 이란, 이라크 및 리비아의 대량살상무기 개발에 대해 큰 관심을 표명하였다. 게다가 미국 본토에 대한 테러의 가능성을 시사하면서 9·11 테러의 주범인 오사마 빈 라덴을 추적하고 있음도 밝혔다. 그리고 이 보고서에서 국방부 내의 반확산구상(Counterproliferation Initiative)에 많은 예산을 투입하여 불량국가나 테러단체가 핵무기 및 생화학무기(NBC Weapon)를 가지고 위협하거나 실질적으로 사용하는 것을 저지해야 함을 강조했다. 그러나 인도주의 차원에서의 개입에 너무 신경을 쓴 나머지 클린턴 행정부는 알 카에다와 같은 테러집단에 의한 위협에 적극적으로 대처할 여력이 없었고,14) 결과적으로 9·11 테러를 사전에 저지하지 못했다.

3) 조지 워커 부시(George Walker Bush) 행정부의 안보정책

---

12) Michael O'Hanlon, "Clinton's Strong Defense Legacy," *Foreign Affairs*(November / December 2003), p. 127.

13) The Office of the Secretary of Defense, *Proliferation: Threat and Response*(January 2001).

14) Dimitri K. Imes, "America's Dilemma," *Foreign Affairs*(November/December 2003), p. 96.

2001년 출범한 부시 행정부의 세계전략은 '냉전체제는 종식되었으나 강대국 간의 경쟁이 끝난 것은 아니다'라는 인식에서 시작된다. 부시 행정부는 미국의 군사력으로는 장거리 미사일 공격, 최첨단 순항미사일 및 생화학무기 등의 공격으로부터 미 국민을 효과적으로 방어할 수 없으며, 전자전 또는 정보전에도 효과적으로 대처할 수 없다고 판단하고 있다. 그 결과 미국의 패권적 지위는 수십 년 이내에 도전을 받을 것이라고 전제하고 있다. 미국은 자국의 패권에 도전할 수 있는 국가로 러시아와 중국을 지목하며, 심지어는 유럽과 일본까지도 미국의 외교정책 목표달성에 도전을 할 수 있는 능력을 가진 국가로 평가하고 있다.

게다가 21세기의 전반적인 안보상황은 1970년대의 그것과는 위협의 근원이 바뀌었기 때문에 완전히 다르다고 주장한다. 세계화의 영향으로 경제, 기술, 문화 및 정치적 통합이 가속화되는 가운데, 대량살상무기의 확산, 테러, 마약, 인종갈등, 불량국가의 등장 등이 세계평화 유지에 새로운 위협요소로 대두됨을 주시하고 있다. 또한 핵무기 및 이의 운반수단인 미사일을 개발하는 국가의 수가 증가했음을 강조하고, 주로 불량국가들이 개발에 박차를 가하고 있다고 주장한다. 한마디로 21세기의 위협은 러시아의 수천 기의 미사일이 아니고 불량국가들이 가지고 있는 소량의 핵무기, 생화학무기 및 미사일이라는 것이다. 즉, 부시 행정부의 불량국가 독트린(rogue state doctrine)은 억지(抑止)가 안 되는 국가들에 대해서는 다른 수단을 사용해야 한다는 주장이다. 여기서 부시 대통령이 강조했던 '다른 수단'은 미사일 방어체제를 의미했다. 과거 냉전시대에는 '억지의 개념'을 도입한 강한 보복을 강조함으로써 위협을 감소시켰으나, 부시 행정부는 소수 불량국가가 핵 및 미사일을 보유하는 유인을 제거하는 것, 즉 미사일 방어체제(MD)가 새로운 접근법이라고 판단했다. 물론 전 세계적인 미사일 방어체제에 대한 비판의 목소리를 줄이기 위해 미국은 우방국들과의 협력 및 군축 병행을 동시에 주장하고 있다.

부시 대통령은 2001년 5월 미국 해군사관학교 졸업식에 참석하여 새로운 군사전략에 대해 언급했다. 그는 미래의 기술에 바탕을 둔 새로운 군사전략이 필요하다고 언급한 후, 미군은 앞으로 규모는 현재보다 줄어들겠지만 첨단기술을 응용하고 고도의 정밀무기와 전략적 장거리 무기체계를 더욱 강조하게 될 것이라고 밝혔다. 그리고 미국의 국방정책은 향후 대량살상무기 비확산(non-proliferation), 대량살상무기 반확산(counter-proliferation), 미사일 방어체제(MD), 그리고 미국의 일방적인 핵무기 감축 등 네 가지 차원에서 전개될 것이라고 발표하였다.[15] 따라서 MD 사업은 이러한 미국의 거시전략 중 가장 가시적 선택으로 부시 행정부가 총력을 기울이고 있는 사안임을 알 수 있다.

그리고 2001년 7월 12일 미사일 방어기구(BMDO)의 카디시(Ronald T. Kadish) 국장과 폴 울포비츠(Paul Wolfowitz) 부장관은 각각 의회에서 MD 사업의 세부 실행계획을 보고했으며,[16] 7월 14일 요격미사일 실험발사 성공은 부시 행정부의 야심찬 미사일 방어계획에 중요한 정치적인 승리를 가져다주었다.[17] 비록 문제점이 모두 해결된 것은 아니지만,[18] 적어도 부시 대통령의 임기 중 미국은 미사일 방어체제에 더욱더 박차를 가할 것이 분명해졌다.

---

15) The Office of The Press Secretary, "Remarks by the President to Students and Faculty at National Defense University," 2001. 5. 1.

16) Vernon Loeb and Thomas E. Ricks, "Bush Speeds Missile Defense Plans," Washington Post, 2001. 7. 12.

17) Washington Post, 2001. 7. 15.

18) 당시 실험은 한 개의 탄두와 한 개의 디코이(decoy)를 격추시킨 것으로 실전에서, 즉 다탄두 미사일과 더 많은 디코이의 공격을 받을 때, 이들을 구별하여 모두 격추시킬 수 있는가에 대한 의문은 풀지 못했다.

그러면 부시 행정부가 MD 사업을 강력하게 추진하는 이유는 무엇일까? 비록 MD 추진의 이유를 일부 불량국가, 즉 북한, 이란, 이라크, 리비아, 시리아 등이 보유하고 있는 소수의 장거리 미사일로부터 오는 위협을 막기 위함이라고 주장하고 있으나, 미국의 목적은 중국의 미사일을 무력화시키는 데 있다. 또한 미국의 강력한 미사일 방어체제 추진에 대해 러시아와 중국 그리고 유럽이 반대의 목소리를 내고는 있으나, 미국의 독주를 막기 위해 군사력 증강을 할 수 있는 국가는 현재 없다고 볼 수 있다. 유럽은 기본적으로 미국의 우방이기 때문에 반대의 목소리는 어느 수준을 넘지는 않을 것으로 판단되며, 러시아의 경우는 당시 러시아가 처한 경제상황에서 군사력 증강에 쏟아 부을 예산이 없었다. 게다가 러시아는 보유한 핵탄두와 미사일을 관리하기도 버거운 실정이다. 중국의 경우도 현재 약 20년 동안 고도 경제성장을 이룩하고 있는 시점에서 군비 증강을 위해 예산을 사용하면 중국 경제의 고도성장은 여기서 막을 내릴 수 있기 때문에 쉽게 미국에 대항하여 군비경쟁에 뛰어들 수 있는 처지가 아니다. 따라서 미국은 지금을 여타 국가들이 미국의 패권을 넘보지 못하게 할 절호의 기회라고 판단하고 있다.

그러나 미국이 미사일 방어체제를 적극적으로 추진하던 중 안보정책에 큰 변화를 준 사건인 9·11 테러가 발생하였다. 테러리스트들의 공격으로 펜타곤의 일부가 파괴되어 수백 명의 사상자가 발생하였고, 미국 경제의 상징이라 할 수 있는 뉴욕 세계무역센터 건물 두 동이 완전 붕괴되어 2,000여 명의 인명피해를 입었다. 실로 제2차 세계대전 당시 진주만 피습 이후 최대의 참사였고, 미국의 본토가 공격을 당한 최초의 사건이었다. 9·11 테러는 미국으로 하여금 새로운 안보전략을 수립하는 계기가 되었으며, 가뜩이나 힘을 바탕으로 한 강경한 대외정책을 선호하는 부시 행정부의 대외정책은 거의 일방적이라고 할 수 있을 정도로 공격적

으로 변하기 시작했다.19)

테러사건이 발생하고 약 20일 후에 향후 미국의 국방정책의 지침서라 할 수 있는 4개년 국방보고서(Quadrennial Defense Review: QDR)가 발표되었다.20) 럼스펠드 국방장관은 머리말에서 이 보고서가 9·11 테러사건 이전에 거의 완성된 상태였음을 강조했다. 다만 이 테러사건이 미국 군사전략의 방향 및 계획원칙을 확인시켜주었다고 했다. 결국 9·11 테러는 미국의 새로운 국방정책의 실천을 가속화시키는 계기가 되었다고 할 수 있다.

이 보고서에 나타난 미국의 안보전략은 첫째, 미국은 동맹국과 우방국들에 한 안보공약을 충실히 이행할 수 있는 능력을 확보하고, 이를 그들에게 확인시키는 것이다. 둘째, 미국과 동맹국들을 위협할 수 있는 프로그램을 진행시키는 적들의 노력을 단념시킬 것을 강조하고 있다. 정확한 표현은 사용하지 않았으나 미사일 방어체제를 지속할 의도를 나타낸 부분이라 할 수 있다. 셋째, 적들의 공세를 억제하기 위한 방법으로 신속한 승리를 위해 미군을 전진배치시키며, 공격에 대한 대가를 확실히 치르게 할 것임을 강조했다. 끝으로 억제에 실패할 경우 적을 완전히 궤멸시킬 것임을 천명하고 있다. 이는 테러의 재발에 대해 경고하는 내용이라 할 수 있으며, 당시 진행 중인 대테러전쟁에 임하는 미국의 의지를 엿볼 수 있다.

이러한 전략을 충실히 수행하기 위해 미군의 구조변경이 불가피함을 주장했다.21) 사례별로 작전을 수행하기 위해 미국이 방어해야 할 목표를

19) 2001년 9월 20일 부시 대통령은 "Every nation in every region now has a decision to make, Either you are with us, or you are with the terrorists"라는 발언을 함으로써 일방주의 외교정책을 시작했다.

20) The Department of Defense, *Quadrennial Defense Review Report*(2001. 9. 30).

네 가지로 분류하였다. 우선 본토 방어를 위해 충분한 군사력이 유지되어야 하고, 지역방어를 위해 그 지역의 특성에 맞는 군대를 유지해야 하며, 두 개의 대규모전쟁을 대비한 군 전력도 확보해야 하며, 평화 시 발생하는 작은 무력충돌에 대비한 군대도 양성할 것을 발표했다. 이는 미국이 지도력을 발휘하여 세계 어느 전쟁에도 개입할 의사를 표시한 것으로, 향후 미군의 원거리 투사능력을 제고하고 해외주둔군의 재배치가 있음을 시사하는 내용이다. 비록 해외주둔군에 대한 구체적인 계획은 포함되지 않았으나 행정부와 의회는 해외주둔군의 역할과 규모에 변화가 있을 것임을 시사했다.22)

또한 미사일 방어체제를 통한 패권의 유지 및 강화라는 세계전략의

---

21) 이미 1999년 부시는 미군의 변혁을 주장했다. 거대한 미사일 방어체제 구축과 첨단무기를 확보해야 한다는 주장을 피력한 바 있다. 특히 부시는 미군을 분쟁지역에 신속히 배치시키는 것을 강조하였다. 21세기 미군은 빠르고, 치명적이고, 신속한 배치가 가능하며, 최소한의 군수 지원을 필요로 하는 군대로 바뀌어야 함을 강조했다. 더욱 유연하고 이동성이 강한 군대는 예측하기 어려운 탈냉전 시대의 다양한 도전을 이겨낼 수 있음을 강조했다. George W. Bush, "A Period of Consequences," Speech delivered at the Citadel, 23 September 1999, http://www.citadel.edu/pao/sddresses/pres_bush.html.

22) 예를 들면, 파월 국무장관은 2001년 초 취임 직후 해외주둔 미군의 재조정 작업은 유럽지역이 주된 대상이 될 것이나, 아·태지역에서도 한국과 일본의 지상군 병력을 중심으로 축소작업이 이루어질 가능성을 배제할 수 없다고 말했다. 그리고 토머스(Craig Thomas) 미국 상원 동아·태소위원장은 "당장 변화야 없겠지만, 주한미군을 포함하여 해외주둔 미군을 감축하라는 압력이 점증할 것이며, 지금처럼 미군의 기술이 여러 측면에서 발전한 상황에서는 과거와 같은 규모의 군대를 주둔시키는 것은 덜 중요하게 됐다"고 지적하였다. 김성한, "9·11 테러사태 이후 미국의 안보정책 변화와 한반도," 국방부, 『한반도 군비통제』 군비통제자료 32(2002. 12), 149쪽; 『조선일보』, 2001년 2월 10일, 정세진(2001), 31쪽에서 재인용.

연장선상에서, 아시아에서 패권국으로 부상할 가능성이 매우 높은 중국을 견제하는 것이다. 미국은 중국군의 현대화사업과 양안관계는 지역안정을 해치는 요인이 될 수 있다는 판단하에 중국의 군사력 증강에 신경을 쓰고 있으며, 중국이 보유하고 있는 300여 개의 핵탄두와 장거리 미사일에 우려를 표명했다.[23] 따라서 미국 국방예산의 삭감은 아시아에서 적절하고도 믿을 만한 군사력을 유지하는 데 문제를 야기할 것이라며 국방예산의 증액을 주장했다. 그리고 아시아의 안보와 안정에 중요한 역할을 하고 있는 미·일동맹을 강화하고, 한국, 호주, 필리핀, 태국 등과의 양자동맹을 강력히 유지해야 함을 강조했다. 특히 서태평양과 인도양에서 미군병력의 자유로운 활동을 위해 유럽과 동북아시아 이외의 지역(동남아 지역)에 미군의 기지를 확보할 것을 주장했다.[24]

---

23) 지난 수년 동안 중국은 러시아로부터 SU-27 전투기 48대, 킬로급 잠수함 4대, 그리고 8개 대대를 유지할 수 있는 수의 S-300 지대공미사일을 구입했다. 또한 중국은 러시아로부터 허가를 받고 SU-27 전투기를 생산하고 있는데 2010년경에는 최고 200기를 생산할 수 있다. 1999년에는 SU-30 전투기 60대를 구입했고, 각종 미사일을 러시아로부터 구입했다. 1999년 8월 중국은 5,000마일 사거리의 DF-31 실험발사에 성공했음을 발표했다. 그리고 미 국방부는 2000년 12월 중국이 또 다시 같은 종류의 미사일을 실험 발사했다고 발표했다. 이에 미국은 이 미사일이 2002년 실전에 배치될 것으로 전망하고, 7,500마일 사거리의 DF-41을 개발하고 있는데 이는 2003~2005 사이에 실전에 배치될 것으로 전망했다. The National Institute for Defense Studies, *East Asian Strategic Review 2002*(Japan, 2002), pp. 210~213.

24) 예를 들면 싱가포르의 창이해군기지(Changi Naval Base)에서는 대대적인 보수작업과 준사작업이 진행 중에 있다. 이는 항공모함을 수용할 수 있게 만들기 위함이다. 싱가포르 당국의 공식적인 설명은 없으나, 이 공사가 미국의 항공모함을 정박시키기 위한 것이라는 사실을 쉽게 짐작할 수 있다. 탄(Tony Tan) 싱가포르 부수상은 창이기지를 순회하던 중, "싱가포르에서 이 지역의 미군이 지역의 안정과 평화에 공헌하고 있다는 것은 더 이상 비밀이 아니다"라고 말했다.

미국 국방부는 QDR에서 언급된 대로 2001년 12월 31일 미국의 핵무기정책 변화를 총정리한 "핵태세검토보고서(Nuclear Posture Review Report)"를 의회에 제출했다.[25] 이 보고서는 탈냉전시대에 미국의 방어체제는 허술해졌고, 핵시설 역시 위축되었기 때문에 새로운 시대에 걸맞은 무기체계를 발전시키고 배치하기 위해 새로운 접근방법이 필요함을 강조했다. 미국의 전략적 전력을 냉전시대의 위협기준접근법(threat-based approach)에서 능력기반접근(capability-based approach)으로 전환함에 따라 미국의 핵태세도 변화해야 하기 때문에 냉전시대의 삼원전략을 새로운 삼원전략(a New Triad)으로 대체한다고 발표했다. 냉전시대 3원전략은 지상발사 대륙간 탄도미사일, 잠수한 발사 탄도미사일, 그리고 장거리 폭격기로 이루어지는 전략핵 억지력이다. 물론 과거의 3원전략을 폐기시키는 것은 아니고, 과거의 비핵전략능력(non-nuclear capabilities)[26]을 통합하여 새로운 전략에 접목시켜 핵무기까지를 포함한 공격적인 타격체제(offensive strike system)를 구축한다는 것이다. 그리고 핵무기와 미사일 방어의 중요성을 강조하면서 핵무기는 대량살상무기와 대규모의 재래식 군사력으로부터 오는 위협을 억제하는 데 큰 역할을 하고 있는 믿을 만한 군사적 선택으로 간주하고 핵선제공격 가능성까지 열어둠으로써 비핵공격과 함께 매우 광범위한 공격을 가능하게 만들었다.

그리고 미국은 공중방어 및 미사일 방어를 위한 명령체계 및 통제를 포함한 능동적이고 동시에 수동적인 방어개념(active and passive defense)을

Washington Post, 2001. 10. 19.

25) The Department of Defense, *Nuclear Posture Review Report*(Dec. 31, 2001), http://www.globalsecurity. org/wmd/library/policy/dod/npr.htm 참조.

26) 비핵전략능력은 최신의 재래식 무기체제, 공격적인 정보전, 그리고 특수작전부대(Special Operation Forces)를 의미한다. Ibid, p. 12.

도입했다. 능동적 방어는 탄도미사일 방어와 공중방어를 의미하며, 수동적인 방어는 공격으로부터의 노출을 감소시키는 조치를 의미한다. 특히 미사일 방어는 능동적인 방어의 개념으로 단거리 또는 중거리 미사일 공격을 분쇄하는 데 매우 효과적이기 때문에 적들의 공격을 억지하는 데 매우 중요함을 강조하였다. 또한 탄도미사일을 요격할 수 있는 방어체제는 적들의 핵무기 수요를 감소시키는 효과도 있음을 강조했다.[27] 이러한 방어개념의 도입은 미국의 공격적인 억지의 믿음을 강화시킬 수 있으며, 적시에 위협에 대처할 수 있는 능력을 갖추기 위한 방어체제를 재구축한다는 점에서 매우 중요하다. 아울러 핵무기 체계 정비에 있어 불필요한 핵탄두를 제거할 수도 있음을 강조하였다.[28]

27) 이 보고서에서 미국은 탄도요격미사일조약(ABM Treaty)을 폐기함에 따라 미사일 방어체제를 적극적으로 추진할 것을 강조하고 있다. 미사일 방어는 미사일 발사 이후 어느 시기에도 요격할 수 있다면 매우 효과적이기 때문에 미국은 소수의 장거리 미사일 공격뿐만 아니라 다수의 단/중거리 미사일 공격을 방어할 수 있는 효과적인 방어체제를 구축할 것을 주장한다. 미사일 방어체제는 100%라고는 할 수 없으나 억지력을 제고하고 억지가 실패했을 때에도 많은 인명을 구할 수 있다. 즉 피해를 최소화할 수 있다는 것에 초점을 맞추고 있다. 현재 미사일 방어체제는 PAC-3에 의존하고 있으나 가까운 장래(2003~2008)에 다음과 같은 역량이 개발될 것이다. 모든 사거리의 탄도미사일을 발사 직후 요격하기 위한 제한된 작전에 사용될 에어본(Airborne) 레이저가 개발될 것이다. 2008년경에는 2-3 Airborne Laser aircraft가 실전에 배치될 것이며, 지상요격체계가 몇 개 더 구축될 것이고, 4척의 중간요격을 위한 함정이 배치될 것이고, 마지막 단계에서 단거리 미사일을 요격할 수 있는 체계가 구축될 것이다. 2001년 이미 PAC-3가 실전에 배치되었고, 2008년에는 THAAD가 실전에 배치될 것이다. 또한 이러한 미사일 방어를 지원하기 위한 위성(SBIRS-Low satellites)이 띄워질 것이다. Ibid., pp. 25~26.

28) 미국은 2001년 11월 13일 실전에 배치된 전략핵탄두 수를 1,700~2,200개 수준으로 감축하기로 하였다. Ibid, p. 17.

끝으로 이 보고서는 공격력과 방어체제를 발전시키고 유지하기 위한 연구개발과 산업기반 육성을 강조한다. 또한 이 보고서는 대량살상무기의 사용 가능성이 포착되면 선제공격을 할 것을 선언하였다. 즉 미국은 국가안보에 충분한 위협이 된다고 판단되면 선제공격을 할 것이며, 적의 공격 장소와 시간이 분명치 않더라도 선제공격은 가능하다고 주장하였다. 또한 유사시 핵무기를 사용할 수 있는 대상으로 중국, 러시아, 북한, 이라크, 이란, 리비아, 시리아 등 7개국을 지목하였다. 미국의 이러한 핵전략은 2002년 국방부 연례보고서(Annual Report to the President and the Congress)에서 재차 확인되었다.[29)]

2002년 1월 부시 대통령은 국정연설을 통해 새로운 대테러전을 예고하였다.[30)] 즉 대테러전의 초점을 아프간에서 다른 지역으로 옮기겠다는 것이었다. 여기서 북한을 비롯하여 이란과 이라크를 테러리스트들의 동맹국이란 차원에서 '악의 축(Axis of evil)'으로 규정하였다. 이들은 테러리스트들에게 대량살상무기를 제공할 수 있으며, 이러한 무기들은 미국의 동맹국들을 공격하는 데 사용될 수 있고 미국을 위협하는 데에도 사용될 가능성이 있기 때문에 공격을 감행할 필요성을 제기하였다. 결국 이때 이미 이라크 공격은 결정되었다고 할 수 있다.[31)]

2002년 9월 발표된 미국의 새로운 국가안보전략(The National Security

---

29) The Department of Defense, *Annual Report to the President and the Congress*(2002), chapter 2 참조.

30) George W. Bush, "The President's State of the Union Address,"(January 29. 2002). http://www.whitehouse. gov/news/releases/2002/01/20020129-11.html.

31) 럼스펠드 장관은 CNN과의 인터뷰에서 "이라크를 공격하는 것은 당연하고, 문제는 언제 공격할 것인가이다"라고 언급했다. "We're taking him out," CNN.com, May 6, 2002, Aaron L. Freidberg, "United States," in The National Bureau of Asian Research, Strategic Asia 2002-03: Asian Aftershocks(2003) p. 30.

Strategy of the United States of America)은 기존의 안보전략보고서에 비추어볼 때 가장 포괄적이고 근본적인 안보정책의 변화를 반영하고 있으며, 미국의 압도적인 군사력을 바탕으로 한 공세적 군사개입, 선제공격, 불량국가 및 기타 적대세력에 대한 전향적인 반확산정책을 강조하고 있다.[32]

미국 세계전략의 핵심은 다음과 같다. 첫째, 미국은 인간 존엄성에 대한 열망을 수호하는 것이다. 둘째, 국제 테러리즘을 분쇄하고 미국 및 우방에 대한 공격을 막기 위해 동맹관계를 강화한다. 셋째, 지역 갈등을 완화하기 위해 협력한다. 넷째, 적이 대량살상무기로 미국 및 우방을 위협하지 못하도록 예방한다. 대량살상무기의 반확산 노력에 최선을 다할 것임을 밝혔다.[33] 다섯째, 자유시장과 무역을 통해 세계 경제성장을 주도한다. 여섯째, 사회개방과 민주주의 기초(반)강화를 통해 개발의 혜택을 확대한다. 일곱째, 각 지역의 국가들과 협력을 강화하기 위한 아젠다를 개발한다. 여덟째, 미국 국가안보기구들이 21세기의 새로운 도전과 기회에 대처할 수 있도록 변혁시킨다.

부시 대통령의 신안보전략의 핵심은 미국이 현 세계질서에서 필적할 세력이 없는 압도적 우위를 지님을 확인하고, 그 힘을 세 가지 목표, 즉 평화를 수호하고 유지하며 확대하는 데 사용해야 한다는 선언이다. 평화를 수호하기 위해서 미국은 독재국가와 테러집단을 제거하고 대량

---

32) The White House, *The National Security Strategy of the United States of America*(September 2002) 참조.

33) 이라크와 북한 등 불량국가들에 의한 WMD 개발 및 사용 가능성에 대비하고 이들이 후원하고 있는 테러집단에 의한 대량살상무기 획득 및 사용에 대한 방지책이 필요함을 역설하였다. 이러한 목적을 달성하기 위해 미국은 기존의 비확산체제를 강화하고, 적극적인 반확산 노력을 통해 위협 원인을 제거하며, 사후대책을 강화할 것임을 밝혔다.

살상무기의 확산을 방지해야 한다는 것이다. 평화를 유지하기 위해 미국은 국제사회와의 협력을 유지·강화해야 함을 강조하고 있다. 특히 러시아와 중국을 포함한 주변 강대국들(NATO)과의 협조는 필수적이라고 주장하고 있다. 평화를 확산시키기 위해서 미국은 불량정권 및 테러리스트들이 활동하지 못하도록 이들의 유혹을 받을 가능성이 있는 국가들을 지원함으로써 국제사회의 일원으로 복귀시키는 것을 의미한다.[34] 물론 세계평화를 유지하기 위해 대테러전을 지속하겠다는 명분을 내세웠지만, 실질적으로는 미국의 패권유지와 미래 에너지 자원 확보를 위해 대테러전을 빌미로 전 세계에 미군을 파견하겠다는 것으로 보아야 한다.

하지만 부시 대통령의 신안보정책의 내용에서 관심의 대상이 되는 것은 선제공격 독트린이다. 부시 대통령은 과거 냉전시대의 억지전략은 안보환경의 변화로 인해 효과를 거두지 못하기 때문에 보다 적극적인 선제공격이 필요함을 강조했다. 9·11 테러 이후 억제전략만으로는 미국을 방어할 수 없다는 판단하에 선제공격 독트린을 발표했다. 즉 미국은 테러리스트들이 머무는 지역이나 국가 및 대량살상무기를 보유한 국가들에 대해 선제공격을 할 권리가 있다고 주장했다. 그리고 선제공격을 효과적으로 수행하기 위해서는 정보수집 노력을 강화하고, 동맹국과의 긴밀한 협조를 유지해야 하며, 미국의 군사개혁이 이루어져야 한다고 주장했다. 물론 이 선언에 대해 세계의 언론은 큰 우려를 표명했고, 그러한 우려는 이라크 전쟁을 통해 현실로 나타났다. 미국은 대량살상무기 확산을 방지한다는 명분을 앞세워 유엔의 승인을 획득하지 못한 상태에

34) The Brookings Institute, "Brookings Scholars Evaluate and Analyze President's National Security Strategy Paper," A Transcript of Brookings Forum(October 4, 2002) 참조.

서 이라크를 공격했고, 약 4주일 만에 바그다드를 점령하면서 전쟁을 마무리 지었다. 이는 부시의 신안보전략에서 선제공격 독트린은 그저 독트린으로 끝나는 것이 아니고 실행에 옮겨졌다는 사실을 보여준 것이다.

그리고 2002년 말 발표된 '대량살상무기에 대한 전쟁 보고서'에서는 효과적인 WMD 차단조치를 강구해야 함을 주장하면서 군사력을 동원하여 잠재적 적이 WMD를 추구하거나 사용하는 것을 억제해야 함이 강조되었다.[35] 또한 2003년 2월 발표된 '테러와의 전쟁에 대한 국가전략'에서는 대테러전의 목표는 테러 근절임을 분명히 밝히면서 미국인과 이익을 수호하기 위해 끝까지 추적하여 궤멸시킬 것을 강조하고 있다.[36]

이렇듯 부시 행정부 출범 이후 발표된 안보 관련 문건들을 종합해보면, 부시 행정부의 안보정책이 시간이 흐를수록 강경해지는 모습을 발견할 수 있다. 부시 행정부의 출범과 함께 미사일 방어체제를 강력하게 추진함으로써 미국의 패권을 유지·강화하려는 의도를 드러냈으며, 9·11 테러 이후 발표된 QDR에서는 향후 미국 안보정책의 틀을 마련했으며, 구체적인 정책들은 핵태세보고서와 국방부 연례보고서를 통해 발표되었다. 특히 새로운 핵전략을 수립함과 선제공격 가능성을 열어둠으로써 일방주의적 안보정책을 추진하기로 결정했다고 볼 수 있다.

한마디로 부시 행정부의 안보정책은 매우 공세적이라 할 수 있으며, 그 특징은 테러 근절과 반확산, 아시아의 중요성 강조, 해외주둔군 재배치, 동맹 또는 국제연대 강화, 그리고 선제공격 불사 등으로 요약할 수 있다. 특히 테러의 위협을 제거한다는 차원에서 동맹국들의 반대가 있더

35) The White House, *National Strategy to Combat Weapons of Mass Destruction*(December 2002).

36) The White House, *National Strategy for Combating Terrorism*(February 2003).

라도 미국만의 독자적인 군사행동도 불사하겠다는 의지가 확고하다.[37)]

물론 부시 행정부의 강경한 대외정책에 대한 우려의 목소리도 높지만,[38)] 문제는 현실적으로 이에 대항할 국가는 없다는 것이다. 최근 이라크 전쟁을 계기로 프랑스와 독일을 비롯한 여러 국가들이 미국에 반대했지만, 전쟁이 끝난 후에는 일정한 선에서 미국과 타협을 하려고 노력하는 것으로 판단된다.

4) 부시 2기 행정부의 안보정책

세계의 선거(global election) 또는 선거의 어머니(mother of election)라는 표현이 말해주듯이 2004년 미국 대통령 선거에는 전 세계의 이목이 집중되었다. 2001년 집권과 함께 '불량국가 독트린'을 발표하면서 미사일 방어체제를 강력하게 추진함으로써 강대국들과의 마찰을 빚기 시작한 부시 행정부는 9·11 테러 이후 '부시 독트린', '선제공격 독트린', '럼스펠드 독트린' 등을 발표하면서 안보정책을 매우 공세적으로 수행함으로써 국제사회로부터 일방주의라는 비난을 받았다. 특히 많은 유럽 국가와 중동 국가들의 반대에도 불구하고 미국은 대량살상무기를 제거한다는

---

37) 김성한, "9·11 테러사태 이후 미국의 안보정책 변화와 한반도," 국방부, 『한반도 군비통제』, 군비통제자료 32(2002. 12), 130~131쪽.

38) 불량국가의 정권교체까지도 염두에 두고 있는 미국의 정책은 자칫 내정간섭이 될 수 있음을 잊어서는 안 된다. 또한 문제는 미국이 규범이나 제도 같은 법치의 틀을 저버림으로써 자유주의에 입각한 국제주의(liberal internationalism)을 스스로 포기하고 있다는 것이다. 특히 부시 행정부가 세계를 다루는 방식은 반다자주의(anti-multilateralism), 신군국주의 및 외교의 평가절하, 그리고 도덕적 절대주의(moral absolutism) 경향을 강하게 드러내고 있다는 비판을 받는다. Tom Barry, "Hegemony to Imperialism," *Foreign Policy in Focus*(September 26, 2002).

명분을 가지고 이라크를 공격했지만, 이라크에서 대량살상무기를 발견하지 못했다. 이는 이라크 조사그룹(Iraq Survey Group)의 보고서에서 재차 확인됨으로써 부시 행정부의 이라크 전쟁 정당성 주장을 무색하게 만들었다.[39)]

그러나 이러한 사실은 대선에 큰 영향을 미치지 못했다. 대선 기간 내내 미국 국내는 물론 국외에서도 미국 대선에 대한 여론은 완전히 양분되어 있었기 때문이다. 즉 부시 행정부의 일방주의 외교행태를 못마땅하게 여기던 미국인과 국가들은 부시가 재선에 실패하기를 은근히 기대했고, 부시의 정책수행을 지지하는 미국인과 국가들은 부시의 재선을 원하고 있었다. 결국 부시 대통령과 케리 후보의 지지율은 오차 범위 내에서의 차이를 보여 누구도 대선 결과를 자신 있게 예측하지 못했다.

그러나 예상과는 달리 부시 대통령은 비교적 쉽게 재선에 성공하였다. 일방적인 승리라고는 할 수 없으나 3%의 지지율 격차(300여만 표)는 무시할 수 없는 차이이다. 2004년 미국 대통령선거에서 나타난 현상은 예상했던 바와 같이 '테러와의 전쟁'이 큰 비중을 차지했다.[40)] 특히 선거를 며칠 앞두고, 아랍 TV에 빈 라덴이 등장해 미국인들에게 경고 메시지를 보낸 것이 미국인들에게 대테러전의 중요성을 다시 한 번 부각시키는

---

39) 2004년 10월 발표된 일명 듀얼퍼 보고서(Duelfer' Report)에서 미국이 이라크를 공격할 당시 이라크에는 대량살상무기가 없었음을 확인하였다. 그러나 사담 후세인은 대량살상무기를 획득하기 위해 많은 노력을 했음도 확인시켜주었다.

40) 그 밖의 특징으로는 미국의 전통적인 가치 또는 보수주의적 가치라 할 수 있는 종교적 신념과 결혼관에 대한 위협에 노년층의 선거참여를 독려한 결과를 낳았다. 젊은이들의 급격한 변화보다는 점진적인 변화를 선호하고 있음을 반증한 것이다. 여기에 괄목할 만한 경제성장이라고는 할 수 없지만 그나마 회복세를 유지하고 있는 미국 경제에 대한 불확실성을 제거하려는 노력과 170만 개에 달하는 새로운 일자리 창출이 한몫을 했다고 볼 수 있다.

계기가 되어 부시 대통령의 재선을 도왔다. 게다가 대선과 같이 실시된 상/하원 선거에서 공화당이 선전하여 과반수 의석을 확보하게 됨으로써 부시 행정부 2기의 정책수행 능력이 한층 더 강화되었다. 이는 부시 행정부는 의회의 눈치를 보지 않고 원하는 정책을 수립하고 집행하게 되었음을 의미한다. 언론보도에 의하면, '미국인은 강한 리더십을 선택했다', '강경파에 날개를 달아준 것 아닌가', '예방적 선제공격 독트린을 미국 국민이 추인해준 것이다' 등 부시 2기 행정부는 1기 때보다 더욱 공세적으로 그리고 일방적으로 외교정책을 수행해나갈 것이라는 우려의 목소리가 커졌다.

그러나 우려와는 달리 부시 2기 행정부의 대외정책은 1기 때보다 다소 유연해졌다. 물론 미국이 추진하고 있는 대테러전과 대량살상무기 확산방지 노력을 '인류에 대한 미국의 봉사'로 간주하는 부시 대통령의 안보철학이 변한 것은 아니다. 따라서 세계평화와 미국의 안보를 위협하는 국제테러를 근절한다는 안보목표를 달성하기 위해 힘의 우위에 기초한 공세적인 대외정책은 지속되고 있다. 그러나 이라크 전쟁이 제국주의적 침략전쟁이라는 비난을 극복하기 위해 이라크 안정화 사업을 추진하는 과정에서 유럽과의 화해를 모색하고 있으며, 선제공격 독트린도 엄격한 기준하에서 적용될 것으로 예상된다. 즉, 미국 대외정책 기조에는 변화가 없지만 정책을 집행하는 과정에서 미국은 일방주의보다는 국제협력을 강조하고 있다.

우선 2003년 8월 미국 국무부와 국제개발기구(U. S. Agency for International Development)는 보다 안전하고 민주적이며 번영하는 세상을 만들기 위해 향후 5년 동안 미국이 추진해야 할 정책과제로 중동평화(아랍-이스라엘 평화 유지), 이라크 안정화, 이슬람 세계의 민주주의 확산과 경제자유, 안정적이고 민주적인 아프간 건설, 북한 핵 문제 해결, 인도-파키스탄 긴장 완화, 남미 지역의 마약 제거, 동맹 및 파트너십 강화(특히 NATO, 러시아, 중국), 보다 효율적이고 책임 있는 유엔 건설, 에이즈 퇴치, 기아 퇴치, 개발원조, 외교와 원조 연계 등을 제시하였다.[41] 그리고 이러한 과제를 해결하기 위해서, 특히 안보 분야에서의 성공을 위해서는 전통적인 동맹을 강화해야 하고 새로운 파트너십도 형성해야 하며, 다자기구에서의 활동을 강화해나가야 한다고 주장했다.

둘째, 2004년 8월 말 발표된 공화당의 정강정책에서는 새로운 정책을 낸 것은 없었고, 4년 동안의 부시 행정부 안보정책 성과를 강조하고 있다.[42] 공화당은 정강정책의 40%를 안보에 할애함으로써 안보의 중요성을 강조하면서 더 많은 자유·기회·번영이 있는 세계를 만들기 위해 미국은 지도력을 유지해야 하며, 미국의 지도력은 보다 나은 세상(민주적 정부와 자유시장)을 위해 필수적이라 강조했다. 주목할 대목은 공화당은 대테러전 승리를 통해 세계평화를 증진시킬 것을 강조하면서 대테러전 결과 공고화를 강조한 대목이다. 미국은 아프간과 이라크의 민주화 및 안정화 지원을 위해 지속적으로 미군이 주둔시킬 것이며, 이라크 정부의 자율성을 보장하고, 중동 및 북아프리카의 개혁을 지원할 것을 천명했다. 결국 이라크에서 쉽게 손을 놓지는 않을 것임을 시사한 것이다. 그리고 국토안보부 강화 및 애국법 강화를 통해 국내적 위협에 대해 공격적인 자세를 유지할 것이며, 테러리스트들과의 협상은 없을 것임을 분명히 했다.

또한 정강정책에서는 대량살상무기 확산 방지를 현재 가장 급박한 문제로 간주하면서 국제협력 강화를 통해 WMD 확산을 방지하겠다고

---

41) The U. S. Department of State and U. S. Agency for International Development, *Strategic Plan Fiscal Years 2004-2009*(August 2003).

42) The Platform Committee, *2004 Republican Party Platform: A Safer World and a More Hopeful America*(August 28, 2004).

강조되었다. 이를 위해 확산방지안보구상(Proliferation Security Initiative: PSI) 실행을 주도하고, 6자회담을 통해 북한 핵 문제를 해결할 것을 강조했다.

정강정책에서는 유럽과의 관계개선을 겨냥하여 동맹강화도 강조되고 있다. 미국의 대테러전에 많은 국가들이 동참하고 있으며, NATO를 가장 성공적인 동맹으로 간주하고 있다. 또한 책임 있는 정부와 국제기구들과 협력하여 북한과 이란의 핵무기 개발 포기를 설득할 것이라 했다. 나아가 태평양 지역의 중요성을 강조하면서 호주, 일본, 한국, 태국, 필리핀과의 동맹이 미국의 아시아 정책의 출발점임을 강조했다. 이러한 동맹은 미국의 우방국인 싱가포르, 인디아, 대만, 뉴질랜드와의 강력한 관계를 유지함으로써 더욱 활성화될 것이라 했다.

이러한 대테러전 강화, 대량살상무기 확산방지 및 동맹강화 의지는 부시 대통령이 재선에 성공한 후 가진 라디오 연설과 기자회견에서도 강력하게 표출되고 있다. 당선이 확정된 후 가진 기자회견에서 대테러전을 지속할 뜻을 분명히 밝히면서 테러리스트 네트워크를 끝까지 추적하여 분쇄할 것을 강조했다.[43] 부시 독트린을 언급하면서 미국인의 안정과 세계 평화를 유지하기 위해서 이라크 전쟁은 불가피한 선택이었다는 주장과 이라크 임시정부와 협력하여 2005년 1월의 총선을 무사히 실시하는 것임을 강조하였다. 그리고 미군은 이라크에 계속해서 주둔할 것임도 밝혔다. 부시 대통령은 현재 30여 개 국가가 이라크안정화 사업을 지원하고 있으며 유엔도 독자적인 선거관리위원회 구성과 활동을 지원하고 있다고 밝히면서, 이라크 총선의 실시를 위해 국제적 지원이 필수적임을 강조하였다.[44] 그리고 미국을 장기적으로 보호하기 위해서는 세계

---

43) The White House, "President Holds Press Conference"(November 4, 2004).

에 민주주의를 확산시키는 것임도 강조하면서 동맹과 우방국들에게 더 가까이 다가가겠다고 밝힘으로써 동맹관계 회복을 시사했다.

이스라엘과 팔레스타인 두 개의 국가를 약속하는 구상도 추진할 것을 밝히면서 전반적인 중동 평화 프로세스에 대한 관심을 표명하였다.[45] 국민통합을 위해 노력할 것을 밝히면서 차기 행정부 내각에 민주당 인사를 참여시키는 것도 고려하고 있음을 시사했다.

그러나 부시 대통령은 강경한 대외정책을 지속적으로 추진할 의사도 표명했다. 테러범은 물론 테러범을 숨겨주는 나라도 유죄라는 부시 독트린이 일부에서는 동의를 얻지 못하고 있지만 미국 국민을 보호하기 위한 조치였음을 강조함으로써 지속할 의지를 보여주었다. 게다가 부시 대통령은 기자회견에서 “내 갈 길을 가겠다” 또는 “나는 이번 선거를 통해 정치적 자산(capital)을 얻었으며 그것을 사용하겠다”는 발언을 통해 9·11 테러 이후 추진했던 일방주의 외교행태를 지속할 뜻을 밝혔다.

하지만 한편으로 부시 대통령의 이러한 발언은 선언적 의미를 내포하고 있다고 판단된다. 앞서 지적했듯이 부시 재선에 결정적인 영향을 미친 미국인들의 안보불안을 해소하기 위한 언급이며, 동시에 미국의 대테러전에 국제사회는 적극적으로 동참해야 함을 강조한 것으로 보아야 한다.

요약하면, 부시 2기 행정부는 1기 행정부 때와 같이 대테러전, 해외주둔군 재배치, 대량살상무기 확산 방지, 이라크 안정화 등은 지속적으로 추진해나가고 있지만 유럽, 특히 프랑스와 독일과의 관계를 개선하면서

---

44) 『조선일보』, 2004년 11월 15일.

45) 이스라엘과 팔레스타인 국가가 공존하는 것을 의미한다. 균형 있는 정책을 실현하고, 중동 지역의 안보와 안정을 정착시키고, 팔레스타인 문제의 공정한 해결을 모색할 것이라고 이집트 주재 미국 대사 데이비드 웰치가 밝혔다. 『연합뉴스』, 2004년 11월 8일.

협력적으로 대외정책을 추진하고 있다.

3. 미국의 안보정책: 완전한 패권 추구

미국 안보정책의 변화를 살펴본 결과, 미국의 국가이익이나 안보정책은 정권이 바뀐다고 해서 크게 변하는 것이 아님을 알 수 있다. 물론 국제안보환경의 변화에 따라 강조하는 바는 다르게 나타난다. 이미 레이건 행정부 시절부터 미국의 군사력 증강은 이루어지고 있었으며, 탈냉전 시대에도 민주당 클린턴 행정부도 미국의 패권유지를 위해 군사력 증강을 꾸준히 진행시켰음을 알 수 있다. 게다가 클린턴 행정부도 불량국가나 테러리스트들의 비대칭 위협에 대해서도 경계를 하고 있었다. 따라서 부시 행정부 출범 이후 발생한 9·11 테러가 반테러전이나 반확산 정책을 강화시키는 계기를 마련해준 것은 분명하지만 테러 이후 이러한 정책이 새롭게 구상된 것은 아니다.

결국 미국은 본토 방어를 목적으로 군사력 증강을 도모하면서 패권을 강화하고 있다. 그리고 반테러전을 명분 삼아 전 세계에 미군을 주둔시킴으로써 자국의 영향력을 확대함과 동시에 민주주의를 확산시키려 한다. 물론 이 과정에서 미국의 패권은 자연스럽게 강화될 것이다.

1) 반테러 정책을 통한 패권강화

테러리즘은 새로운 것은 아니며 오래전부터 있어왔다. 다만 지난 수십 년 동안 기술의 확산(democratization of technology)으로 인해 테러리스트들은 더욱 치명적인 무기를 획득할 수 있고, 이들의 행동은 매우 민첩해졌다. 이러한 추세는 앞으로도 오랫동안 지속될 것이며, 테러는 미국인뿐만 아니라 전 세계인의 생활을 변화시킬 정도의 영향력을 행사하고 있으며 국제정치에서도 중요한 부분을 차지하고 있다. 따라서 미국 주도의 대테러전은 과거 서방세계를 단결시켰던 냉전시대의 반공정책을 대체하면서,[46] 많은 국가의 지지를 받고 있다. 그 결과 2001년 10월 7일 아프간 전쟁을 시작으로 반테러전은 악에 대한 중단 없는 전쟁이라는 점을 부각시키면서 미국의 국방비 증액을 정당화시켜주고 있으며, 이는 미국 패권의 강화에 결정적인 도움을 주고 있다.

첫째, 아프간 전쟁을 계기로 미국은 중동과 중앙아시아 그리고 동남아시아 지역에서의 영향력을 확대해나가고 있다. 우선 중앙아시아에 미군을 주둔시킴으로써 군사적 교두보를 확보하고 영향력 확대를 도모하고 있다. 9·11 테러가 발생한 직후 아프가니스탄을 공격하기 위해 미국과 유럽 동맹국들은 서둘러서 우즈베키스탄, 키르기스스탄, 타지키스탄 등과 군사기지 및 영공사용 협약을 체결하였다. 그리고 미국은 우즈베키스탄에는 약 1,000명의 미군을 주둔시켰으며, 키르기스스탄에는 약 2,000명의 미군을 주둔시켰다. 비록 타지키스탄은 미군의 주둔을 거절했으나, 미국은 역사상 처음으로 러시아 및 중국 국경지역에 군대를 배치할 수 있게 되었다. 그리고 잠정적인 군사기지였던 우즈베키스탄과 키르기스스탄의 미군기지를 반영구적인 기지로 변환시키기 위해 원조를 증가시키고 있다. 2002년 미국은 우즈베키스탄에 대한 원조를 3배 늘려 1억 7,300만 달러를 지원했으며, 타지키스탄에도 1억 2,500만 달러를 지원하

---

46) Tom Barry, "How Things Have Changed," in John Feffer(ed.), *Power Trip: U. S. Unilateralism and Global Strategy After September 11*(New York, Seven Stories Press, 2003), pp. 30~31.

였다. 또한 각국의 정국을 안정시키기 위해 개혁을 강조하면서 민주주의를 정착시키기 위해 노력하고 있다.47)

같은 맥락에서 미국은 아프간 전쟁을 성공적으로 수행하기 위해 아프간과 국경을 맞대고 있는 파키스탄과의 협력을 강화하고 있다. 미국은 국제금융기관으로부터의 부채로 인한 어려움을 해소해주기 위해 노력하고, 많은 원조를 제공하면서 관계를 강화하고 있다. 그 결과 15년 전 아프가니스탄으로부터 소련 군대가 철수한 이후 가장 좋은 관계를 유지하고 있다.

또한 알 카에다와 또 다른 테러조직의 준동을 차단하기 위해 미국은 동남아시아 국가들과의 연대를 강화하고 있다. 즉 대테러작전을 명분으로 미군이 다시 필리핀 수빅 만(Subic Bay)과 클라크 공군기지에 주둔하게 되었으며, 싱가포르는 물론 지금까지 원만한 관계를 유지하지 못했던 말레이시아와의 관계개선도 모색하고 있다. 2002년 5월 부시 대통령은 마하티르 말레이시아 총리를 초청하여 대테러전 지원에 대해 감사의 표시를 하였다. 인도네시아에게도 금융지원을 약속하면서 인도네시아 군부와 연대를 강화하려 하며, 베트남과도 미국 전함의 캄란 만(Cam Ranh Bay) 정박을 위한 협상이 진행 중인 것으로 알려졌다. 그리고 인도와의 관계도 개선되어가고 있다.48)

이렇듯 미국은 효과적인 대테러전 수행을 위해 그동안 관계가 소홀했던 국가들과의 관계개선에 적극적으로 나서고 있으며, 가능한 지역에는

---

47) 사실 중앙아시아 5개국에 대한 미국의 원조는 클린턴 행정부의 중앙아시아 국경안전구상(Central Asian Border Security Initiative)에 의해 수백만 달러의 원조를 제공하였다. Ahmed Rashid, “The Archipelago of Evil, Central Asia,” in Feffer (ed.), *Power Trip*(2003), p. 123.

48) Aaron L. Friedberg(2003), pp. 32~33.

미군을 주둔시키고 있다. 그 이유가 테러 근절을 위한 것이라고는 하지만 미국의 패권 강화와도 깊은 관계가 있다. 우선 미국은 이들과의 관계개선을 통해 미국에 우호적인 국가로 변환시킴으로써 영향력 확대는 물론 미국의 가치라고 할 수 있는 민주주의와 시장경제를 뿌리내리고자 한다. 또한 최근 미국이 강조하고 있는 이른바 순환동맹(rotating coalition)을 실험하고 있다. 순환동맹은 미국의 단기적인 군사정책 수행을 위해 관련국들에게 경제 및 군사지원을 함으로써 그들의 협력을 얻어내는 것이다. 이는 미국의 동맹 재조정 정책과 맞물려 미국 주도의 신국제질서에 동참하지 않는 동맹은 버리고 이에 동참하는 국가들을 새로운 동맹국으로 대접하겠다는 의지를 표명하고 있다.

둘째, 미국은 이러한 동맹 재조정을 바탕으로 중국을 견제하고 러시아의 영향력을 약화시키려 한다. 중앙아시아에 미군이 주둔한 것은 처음 있는 일로서, 비록 그 규모는 크지 않지만 이들이 아라비아 해역에 주둔하고 있는 두 개의 항공모함 전단의 지원을 받고 있다는 점을 감안하면 막강한 전략을 유지하고 있다고 보아야 한다. 따라서 이는 중앙아시아에서의 힘의 역학구도에 큰 변화를 초래할 수 있다. 즉, 중국과 러시아의 영향력하에 유지되어오던 중앙아시아 안보체제에 변화가 일기 시작했다. 과거 이 지역은 러시아와 중국의 영향력하에 있는 지역으로 1996년 상하이협력기구(Shanghai Cooperation Organization)의 발족과 함께 주변국들과의 안보협력이 증진되고 있는 터였다. 그러나 미국의 군사기지가 이 지역에 설치되면서 러시아와 중국의 영향력은 감소될 수밖에 없다. 러시아의 영향력은 이미 감소추세에 있다고 치더라도, 부상하고 있는 중국의 영향력을 감소시키는 것은 미국의 패권강화에 결정적인 도움이 될 것이 분명하다. 주지하다시피 미국은 1990년대 중반 이후 중국 위협론을 내세우면서 군사력 증강을 기정사실화하고 있다.

셋째, 미국은 중앙아시아에서의 영향력 강화를 바탕으로 카스피 해 연안(Caspian Sea basin)의 에너지 자원을 확보하려 한다. 앞서 지적했듯이 에너지 자원 확보에 대한 미국의 관심은 클린턴 대통령 재임기간에도 강조되었고, 에너지 자원이 풍부한 카스피 해 지역에서 미국의 영향력을 확대하기 위한 조치로 아제르바이잔, 그루지야, 카자흐스탄, 우즈베키스탄 등에 대해 군사원조와 훈련지원을 함으로써 유대를 강화하고 있었다.[49] 부시 대통령도 취임 직후 원유의 안정적 공급을 강조한 바 있다. 2001년 5월 국가에너지정책개발그룹(National Energy Policy Development Group)이 발표한 보고서에 의하면 가까운 장래에 미국의 저가 원유공급을 확실히 하기 위해서는 페르시안 걸프 이외 지역인 중앙아시아, 아프리카 사하라 지역의 앙골라와 나이지리아, 그리고 남미의 콜롬비아, 멕시코, 베네수엘라 등지의 원유를 확보해야 한다고 주장했다.[50] 체니 보고서라고도 부르는 이 보고서에 의하면 향후 25년 동안 미국의 증가추세의 에너지 사용을 원활히 하기 위한 청사진을 제시하면서, 미국에서 에너지 수요가 급증하고 있기에 외국으로부터 원유를 수입하는 것은 불가피하다고 전제하고 있다.[51] 미국의 수입석유 의존도는 1980년 37%에서 1991년 걸프전 당시 45%로 증가했으며, 2002년에는 55%로 상승하였고, 2020년에는 그 의존도가 66%에 육박할 것으로 분석하고 있다. 이는 다른 국가들과는 달리, 즉 제1차 석유위기 이후 영국, 독일, 프랑스 등의 중동 석유의존도는 20% 정도 감소했지만, 미국은 석유소비량의 지속적

---

49) Michael T. Klare, *Resource Wars: The New Landscape of Global Conflict*(New York, Metropolitan Books, 2001), pp. 1~5 참조.

50) Michael Klare, “Global petro-politics: the foreign policy implication of the Bush administration’s energy plan,” *Current History*(March 2003) 참조.

51) Michael T. Klare, “The Policies” in John Feffer(ed.)(2003), p. 52.

인 증가로 의존도가 오히려 높아졌기 때문이다. QDR에서도 이러한 부분을 언급하고 있다. 미국은 중동지역과 다른 원유생산지역에서의 이익을 보호하기 위한 능력, 즉 힘의 투사(power projection), 즉 군사적 개입능력이 필요함을 강조하고 있다.[52] 즉 미국의 군대를 이들 지역에 주둔시킴으로써 보다 안정적으로 원유 수입을 관리하겠다는 것이다.

따라서 미국은 단기적으로는 세계 원유 부존량의 67%를 차지하는 중동의 석유자원 확보에 주력을 하면서 중기적으로 카스피 해의 석유와 천연가스를 확보하고자 노력하고 있다. 장기적으로는 전 세계 천연가스의 33%를 차지하고 있는 시베리아 지역의 자원을 확보하는 것이다.

그러나 미국의 이러한 중앙아시아 전략이 성공을 거두기 위해서는 중국과 러시아의 반발 내지는 저항을 잠재우기 위해서는 이 지역의 에너지 자원 개발에 이들도 참여시킬 필요가 있다. 특히 자원개발을 위해서는 지역의 안정이 확보되어야 하기 때문에 중국과 러시아와의 협력은 필수적이다.

2) 반확산 정책을 통한 패권강화

앞서 지적했듯이 미국의 대량살상무기 확산 방지 노력은 탈냉전 직후부터 시작되었다. 1993년 전면검토보고서에서 애스핀 국방장관은 탈냉전 종식 이후 새롭게 나타난 위협 중 핵무기 및 생화학무기의 확산을 첫 번째로 꼽았으며, 이러한 무기들의 사용 위협이 증가하고 있음을 지적했다. 특히 과거 소련이 보유하고 있던 핵무기, 관련 물질, 장비, 노하우

---

52) The Department of Defense, *Quadrennial Defense Review Report*(Washington D. C., 30 September 2001), p. 4, 43.

들이 국경 밖으로 유출될 가능성이 또 다른 위협이라고 주장했다. 따라서 비확산(nonproliferation)을 위한 노력과 함께 반확산(counter proliferation)도 주도해나갈 것임을 확인하면서 당시 진행 중이던 비확산 프로그램(NPT)을 강화할 것과 구소련과의 기존 핵무기 제거를 위해 공동 노력할 것을 주장했으며, 아울러 반확산 정책을 새롭게 구사할 것을 강조했다.[53] 그리고 이러한 정책의 성공을 위해 미국은 자국군대를 세계에서 가장 잘 훈련되고 무장된, 그리고 준비된 군대로 유지시킬 것을 천명했다.[54] 또한 반확산 정책을 군사력 증강의 합리화를 위해 추구했다.

9·11 테러 이후 부시 행정부는 2002년 12월 발표한 대량살상무기에 대한 전쟁 보고서에서 불량국가나 테러집단이 WMD 위협 또는 사용에 대처하기 위해 다양한 작전능력을 보유해야 함을 강조하면서 효과적인 차단조치를 강구해야 함을 주장했다.[55] 즉 반확산 정책을 보다 구체화시킨다는 차원에서, 효과적인 군사력을 동원하여 잠재적 적이 이를 추구하거나 사용하는 것을 억제해야 하기 때문에 정보, 감시, 차단, 국내법 집행능력 강화를 통해 억지능력을 향상시켜야 한다고 주장했다.

---

53) 또한 정보망을 강화하고, 대량살상무기 제거를 위한 활동을 강화하며, WMD에 의한 공격에 대비하여 군사력을 증강시키고, 전진배치된 미군을 보호하고 본토 방위력을 강화하기 위해 발전된 전역미사일 방어를 구축하며, 생화학전에 대비한 수동적인 방어망을 강화하고, WMD 공격에 대비한 장비·능력·전략을 발전시키며, 테러를 목적으로 미국과 다른 지역으로 무기가 이전되는 것을 찾아내기 위한 보다 나은 군사기술을 개발해야 함을 주장하고 있다. Les Aspin, "National Security in The Post-Cold War," in Report on the Bottom-Up Review(October. 1993) http://www.fas.org/man/docs/bur/part01.htm.

54) Les Aspin(Oct. 1993), http://www.fas.org/man/docs/bur/part02.htm.

55) The White House, *National Strategy to Combat Weapons of Mass Destruction*(December 2002) 참조.

이렇듯 구체화된 반확산 정책과 2002년 9월 문서화된 선제공격 독트린을 근거로 2003년 3월 미국은 이라크가 보유하고 있는 대량살상무기 제거를 명분으로 이라크 전쟁을 개시했다. 그러나 미국이 주장했던 이라크의 대량살상무기는 전쟁이 종식된 지 8개월이 지난 2003년 말까지도 발견되지 않음으로써 이라크 전쟁도 미국의 에너지 정책과 무관하지 않다는 의심을 받고 있다. 사실 미국이 이라크를 공격한 주된 이유는 사담 후세인이 가지고 있는 대량살상무기 파괴라고 해도, 이라크 전쟁은 페르시안 걸프로부터 미국까지 원활한 에너지 흐름을 구축하기 위해서였다는 것을 부정할 수는 없다. 즉 대테러전을 계기로 미국은 원유시장 및 흐름을 통제하고자 하는 전략적인 이익을 추구하고 있기 때문에 이라크 전쟁을 자원전쟁(resource war)이라고도 부른다.[56] 이라크 석유가 미국의 통제하에 들어가면 석유수출국기구(OPEC)의 결속력을 약화시킬 수 있으며 나아가 미국의 의도대로 유가를 안정화시킬 수도 있다. 즉 이라크의 석유개발과 증산을 통해 사우디[57] 및 OPEC을 견제할 수 있게 되는 것이다.

그리고 지정학적으로 중동의 중심부에 위치한 이라크에 친미 정부를 수립하고 미군이 주둔함으로써 미국은 중동 전체에 영향력을 행사할 수 있게 되면 중국을 견제하기에도 용이해진다. 미국은 이라크 전쟁을 통해 중앙아시아 - 아프가니스탄 - 파키스탄 - 이라크 - 발칸 반도를 잇는 방대한 안전벨트를 구축하였다. 그리고 미국은 유라시아 대륙 쪽에서 중국을 초승달 모양으로 포위할 수 있게 되었다. 따라서 대테러전을 계기

56) Mary Kaldor, "American power: from 'compellance' to cosmopolitanism," *International Affairs* 79, I(2003), p. 16.

57) 미국은 원유 수입의 14%를 사우디에 의존하고 있다. 과거 70년간 미국과 사우디의 관계는 석유와 안전보장을 교환하는 특수한 상호의존관계를 유지했다.

로 동남아시아 및 중앙아시아에 미군을 주둔시키고 기존의 한미동맹과 미·일동맹을 유지함으로써 중국을 완벽하게 포위할 수 있게 되었다. 미국으로서는 21세기 최대의 도전국인 중국에 대해 확실한 견제를 할 수 있게 된 것이다. 그리고 새롭게 자원의 보고로 등장하고 있는 아프리카로 영향력을 확대할 교두보를 마련했다는 것도 큰 성과라고 할 수 있다. 특히 미래 자원확보 차원에서 북아프리카의 원유개발에 영향력을 확보할 수 있으며, 무한한 잠재력을 가진 미래 시장인 아프리카를 공략할 준비를 갖춘 것이다.

이라크 전쟁을 종식시킨 후, 미국의 안보 및 세계평화에 위협이 되고 있는 대량살상무기의 보유 및 이전을 차단하기 위해 미국은 반확산 노력을 국제법화하기 위한 행동에 들어갔다. 2003년 5월 31일 부시 대통령이 폴란드 크라코우(Krakow) 시에서 주장한 확산방지안보구상(PSI, Proliferation Security Initiative)이 그것이다. 그 내용은 우려국가 또는 우려집단(북한, 이란, 시리아, 쿠바 및 테러집단)에 의한 대량살상무기 및 미사일 관련 장비, 물자, 기술에 대한 국제적인 이전을 차단해야 한다는 것이었다. 그리고 다음날 프랑스 에비앙에서 개최된 G8 정상회담의 주요 의제로 또다시 거론되었다. G8 정상들은 공동선언을 통해 각국 차원과 국제적 차원에서 대량살상무기 비확산을 위한 필요한 조치들을 강화해나가기로 합의하였다.[58] 특히 공동성명에서 북한의 우라늄농축과 플루토늄 생산계획, 국제원자력기구(IAEA) 안전조치협정 위반은 비확산체제를 손상시

58) 대량살상무기 반확산에 대해서는 Global Partnership Against the Spread of Weapons and Materials of Mass Destruction, a G8 Action Plan, Non Proliferation of WMD, a G8 Declaration, Non Proliferation of WMD Securing Radioactive Sources, a G8 Statement, a G8 Action Plan 등 단일 주제에 대한 다수의 문건들이 채택되었다.

키는 행동이며 명백한 국제의무 위반에 해당한다고 지적하고, 어떠한 핵무기계획도 명백하고 검증 가능하며 불가역적인 방법으로 해체하길 요구하고 있다. G8 정상들은 미국이 '악의 축'으로 규정한 북한과 이란에 대해 국제 핵안전조치를 준수할 것을 강력하게 촉구하는 공동성명을 발표함으로써 미국의 입장을 지지했다.

그리고 본격적으로 PSI를 추진하기 위한 회의가 2003년 6월 12일 스페인 마드리드에서 처음으로 개최되었다. 이 회의에는 미국을 비롯한 영국, 독일, 프랑스, 이탈리아, 스페인, 네덜란드, 폴란드, 포르투갈, 호주, 일본 등 11개국이 참석하여 의장성명을 채택함으로써 대량살상무기와 그 운반수단 등의 이동을 통제하기 위해 효율적인 절차와 수단을 마련하자는 미국의 제안인 확산방지안보구상(PSI)을 문서화했다. 주요 내용은 참여국들이 WMD 및 관련물자의 확산 및 테러리스트들에 의한 유입 위험에 대해 깊은 우려를 표명하고, 이러한 위협이 국제안보의 가장 큰 도전임을 천명했으며, 이러한 무기들의 국제적 흐름을 차단하기 위해 더욱 적극적인 조치가 필요함을 인정하고, 실질적인 조치를 이행할 수 있는 국내기관에 대한 평가를 하기로 합의한 것이다. 또한 이러한 위험한 거래방지에 역할을 할 수 있고, 적극적인 화물의 차단조치에 기여할 수 있는 국가들을 포함하여 PSI 참여에 대한 지지확대를 희망하고 있음을 표명하였다.[59] 한마디로 PSI는 대량살상무기나 관련 물자가 선적되어 있을 가능성이 있는 선박이나 항공기를 강제 정선 또는 착륙시켜 수색할 수 있는 국제법적 근거를 마련하기 위한 조치라 할 수 있다.

특히 마드리드 PSI 회의 이후 백악관은 북한과 이란의 무기밀매를 차단하기 위해 동맹국들에 자국 영해나 영공에 진입한 의심 선박과 항공

---

59) 『중앙일보』, 2003년 6월 13일.

기에 대해 승선검색 및 강제착륙 등의 국내법에 따른 조치를 취하도록 요구하면서 선제적 선제(preemptive preemption)라는 표현을 사용했다. 이는 개별 동맹국의 국내법에 따른 조치로 민간 선박에 대해 공해상의 자유항해를 보장하고 있는 현행 국제법의 제약을 뛰어넘을 수 있기 때문이다.[60] 현행 국제법은 지명 수배된 테러리스트가 타고 있다든가 또는 국제적으로 금지된 물자가 실려 있는 선박에 대해서는 탑승해서 조사할 수 있는 권한을 부여하고 있다.[61]

제3차 파리 PSI 회의(2003. 9. 3~4)에서는 회원국들 간의 PSI 행동원칙에 대한 합의가 있었다. 우선 회원국들은 모든 대량살상무기 확산은 국제평화와 안전에 위협이 되고, 유엔 회원국들에게 확산을 방지하기 위한 노력을 강조한 1992년 1월 유엔 안보리 의장성명과 2003년 6월 G8 정상회담과 EU 정상회담에서도 대량살상무기 확산을 방지하기 위한 보다 일관되고 합의된 노력이 필요하다는 데 공감한 것에 근거를 두고 있음을 강조했다.[62] 그리고 PSI 대상 국가나 단체들은 생화학무기, 핵무기 그리고 운반수단을 개발하거나 습득하려고 노력하는 집단과 국가로 규정했다. 합의된 행동원칙에는 참여국들은 독자적으로 혹은 다른 국가들과 협력하여 WMD 이전을 차단하기 위한 효과적인 조치를 취하며, 신속하게 정보를 공유하고, 관련 국내법을 재검토하고 강화시키며, 국내법이 허용하는 범위 내에서 그리고 국제법이나 규범에 의한 책임을 다하는 차원에서 차단을 위한 적절한 행동을 취할 것 등이 포함된다. 한마디로 PSI를

---

60) *New York Times*, 2003. 6. 15.

61) Benjamin Friedman, "The Proliferation Security Initiative: The Legal Challenge," The Bipartisan Security Group, *The Policy Brief*(September 2003) 참조,

62) The White House, "Principles for the Proliferation Security Initiative"(Sept. 4, 2003) 참조.

보다 제도화시켰다고 할 수 있다. 그리고 런던 회의(2003. 10. 9~ 10)에서는 회원국 확대에 대한 논의와 PSI 훈련에 대한 계획이 수립되었으며,[63] 북한에 대한 압력을 가중시키는 차원에서 일본과 호주의 역할이 강조되었다.[64] 그리고 워싱턴에서 개최된 작전전문가회의(operational experts' meeting)에서는 대량살상무기, 운반수단, 그리고 관련 물질에 대한 실질적이고 구체적인 차단작전이 논의되었다. 회의가 개최되기 전 볼턴 차관보는 PSI는 부시 행정부가 불량국가들의 확산활동에 제약을 가하고 대량살상무기가 테러그룹이나 이들을 지원하는 국가들로 유입되는 것을 차단하기 위한 새로운 틀임을 강조했으며,[65] 회의가 끝난 후 이 회의가 매우 성공적이었다고 평가하면서 중국의 참여를 강력히 희망했다.[66]

---

63) 이미 실시된 다섯 차례의 해상 및 공중 훈련 외에 2004년 3월까지 다섯 차례의 훈련을 추가적으로 실시하기로 합의하였다. 2004년 3월까지 미국 주도의 아랍해에서 해상훈련(2004. 1), 폴란드 주도의 육상훈련(2004년 초), 지중해에서 이탈리아 주도의 해상훈련(2004년 봄), 프랑스 주도의 공중훈련(2004년 봄), 그리고 독일 주도의 국제공항에서의 훈련(2004. 3) 등이 예정되어 있다. "Chairman's Conclusion," PSI: London, 9~10 October, http://www.dfat.gov.au/globalissues/psi/

64) 한편 PSI 추진과는 별도로 아시아 지역에서는 대량살상무기 확산방지를 위한 일본의 노력이 지속되고 있다. 특히 일본은 매년 '아시아 수출통제 세미나' 및 '아시아 수출통제 정책대화' 개최를 통해 아시아지역의 WMD 관련 물자 비확산 분야에서 적극적인 역할을 수행하고 있다. 또한 일본은 2003년 11월 13일 동경에서 "아시아 고위 비확산대화(ASTOP, Asian Senior-level Talks on Non-proliferation)"를 개최하여 아시아 국가들을 상대로 PSI를 설명하고 차단 노력에 동참해줄 것과 아시아 지역의 WMD 확산 현황 및 테러 위협, 비확산 체제 강화를 위한 협조방안 등을 논의했다. 이 회의에는 한국을 비롯해 일본, 중국, 호주, 브루나이, 캄보디아, 인도네시아, 라오스, 말레이시아, 미얀마, 필리핀, 싱가포르, 태국, 베트남 그리고 미국이 참여하였다.

65) John Bolton, "U. S. To Host 5th Meetinf on Proliferation Security Initiative," The United States Mission to the European Union(December 2, 2003), http://www.useu.be.

이렇듯 PSI가 실시된 지 불과 1년이 못 된 상황에서 5차례의 회의와 10차례의 훈련이 실시된다는 것은 대량살상무기 확산방지에 대한 참여국들의 강력한 의지를 표출하는 것으로 보아야 한다. 이후 2007년 말까지 수십 차례의 훈련과 전문가 회의가 개최되었다.[67] 물론 PSI가 불량국가들의 대량살상무기 보유를 우려하고 있는 서방 선진국들의 협력을 지속적으로 얻을 수 있는 기재임에는 틀림이 없으나, 이를 완전한 '국제법'으로 만들기 위해서는 시간이 필요하다는 우려도 존재한다.[68]

3) 정책성공을 위한 해외주둔군 재배치

물론 미국은 탈냉전 이후 꾸준하게 해외주둔군 재배치를 추진하고 있었으나, 특히 9·11 테러 사건 이후 자국의 대테러전과 대량살상무기 확산방지정책을 성공적으로 수행하기 위해 해외주둔군 재배치를 가속화하고 있다.

럼스펠드 국방장관은 취임 초기 첨단기술의 발달로 인해 전쟁의 형태가 바뀌었기 때문에 미국의 해외주둔군도 여기에 맞춰 재배치되어야

---

66) 볼턴은 부시 대통령의 목표는 매우 확실하며, 미국은 완전하고 검증 가능하며 되돌릴 수 없는 북한의 핵 프로그램 해체를 원하고 있음을 분명히 했다. 또한 북한 핵 문제는 미국과 북한의 양자적 문제가 아닌 지역안전에 대단한 도전이며 범세계적인 핵 확산방지 레짐에 대한 도전임을 분명히 했다. 또한 중국은 미국회의에 불참했고, 미국은 지속적으로 중국의 참여를 요구할 것이라고 발표했다. Department of State, *Washington File*(12/17/03).

67) 미국 국무성 웹사이트, http://www.state.gov/t/isn/c12684 참조.

68) 예를 들면, 북한을 겨냥한 편협한 조치라는 견해도 있다. Dan Smith, "A Challenge Too Narrow: The Proliferation Security Initiative," *Foreign Policy In Focus*(October 16, 2003).

한다고 주장하면서 해외주둔군 재배치를 강력하게 시사했고, 2003년 초 해외주둔군 이전의 주목적은 21세기 새로운 위협인 테러에도 신속히 대응하는 능력을 강화하기 위해서라는 발표와 함께 유럽(과 한국)에 주둔하고 있는 미군 병력의 감축 및 이전을 고려하고 있다는 발표가 있었다. 물론 미국의 이라크 전쟁에 대한 반대 때문에 주독미군을 철수하는 것은 아니지만 주독미군[69]을 동구권, 즉 폴란드, 헝가리, 루마니아 및 불가리아로 이전하는 것을 공식화하였다. 그리고 해외주둔군을 오키나와에 있는 해병대와 코소보의 본드스틸 기지에 있는 미군처럼 최소의 규모로 높은 기동성을 갖춘 군대로 육성해나갈 것임도 밝혔다.[70] 이는 미국의 동맹 재조정 신호탄으로 볼 수 있다.

미국의 해외주둔군 재배치는 외교적인 사안보다는 미래 전략적 요구와 기회에 초점을 맞추고 있다. 따라서 해외주둔군 재배치는 미국의 국제적 공약을 축소하거나, 고립정책 또는 일방주의 정책을 의미하는 것은 아니고, 안보동맹과 파트너십의 전략적 가치에 의해 진행되는 것이며, 미국의 공약을 보다 효율적으로 수행하기 위한 능력을 향상시키는 목적을 가지고 있다.[71] 즉 일방주의라는 비난이 있지만, 미국은 동맹국들과

---

69) 냉전이 종식된 이후 주독미군은 그 규모가 크게 감소했지만, 아직도 90여 개의 기지에 7만여 명의 미군이 독일에 주둔하고 있다. 4만 2,000명의 육군과 785대의 탱크를 보유하고 있는 미국 육군 유럽사령부가 하이델베르크에 주둔하고 있다. 그리고 1만 5,000명의 공군과 60여 대의 F-16 전투기, A-10 비행중대 등이 포함된 미국 공군 유럽사령부 예하부대가 람슈타인과 프랑크푸르트에 주둔하고 있다. 『중앙일보』, 2003년 2월 18일.

70) 『한국일보』, 2003년 3월 5일.

71) 그 이유는 ① 미군이 주둔하고 있는 지역의 작전에만 투입되는 것이 아니고 다른 지역의 분쟁에도 신속하게 대응할 수 있는 체제를 갖추는 것이며, ② 동맹국들의 역할과 능력에 대한 변화도 유도하며, ③ 군대의 사용에서 지역적 차원보다

파트너들을 미국의 중요한(핵심적인) 전략적 자산을 인정하고 있음을 강조하고 있다.[72] 그리고 21세기 새로운 위협으로 등장하고 있는 불량국가와 테러집단의 비대칭위협에 보다 신속하고 효과적으로 대응하기 위해 미군을 신속기동군 체제로 전환시키고 있다.

2004년 부시 대통령은 확정된 해외주둔군 재배치 계획을 발표하면서 미군은 과거에 비해 더욱 민첩해지고 유연해졌기 때문에 해외보다는 본토에 주둔해도 큰 무리가 없음을 강조하였다. 미국은 예상 밖의 위협에 빠르게 대처하기 위해 해외주둔군의 일부를 새로운 지역으로 이동시킬 것이며, 첨단기술로 증강된 전투력을 빠르게 전개시킬 수 있다고 주장했다. 그리고 부시 대통령은 향후 10년에 걸쳐 우방국들과의 협력하여 약 42만 명의 해외주둔군 중 6~7만 명을 감축할 것이며, 이로 인해 10만 명의 군속 및 가족들도 본국으로 돌아오게 될 것이라고 발표하였다.[73]

이렇듯 확정된 미국의 해외주둔군 재배치 계획은 즉각적으로 실행에 옮겨졌고, 그 대상은 주한미군이었다. 예상했던 바와 같이 주한미군의 일부가 이라크 교체병력으로 투입되고, 이후 한국으로 돌아오지 않음으로써 자연스럽게 주한미군의 감축이 이루어졌으며, 이와 동시에 주한미군의 후방(평택) 배치가 확정되었다(제5장 참조).

는 범세계적 차원에서 실행되며, ④ 군대의 숫자보다는 능력이 중요하기 때문이다. Douglas J. Feith, "Transforming the U. S. Global Defense Posture," speech at the Center for Strategic and International Studies(December 3, 2003); Douglas J. Feith, "Defense, Democracy and the War on Terrorism," Remarks by Feith in Harvard University(April 22. 2004).

72) Douglas J. Feith, "U. S. Strategy for War on Terrorism," Speech at the University of Chicago(April 14, 2004).

73) The White House, President's Remarks to Veterans of Foreign Wars Convention(August 16, 2004).

4) 이라크 안정화

2004년 3월 8일 연합임시정권(Coalition Provisional Authority)과 이라크 통치위원회(Iraq Governing Council)가 합의한 과도행정법(Transitional Administration Law)에 2005년 1월 31일까지 선거를 실시하고, 2005년 8월 15일 헌법초안을 완성하고, 12월 31일 새로운 헌법에 의해 구성된 이라크 정부에 정권을 이양할 것이 명시되어 있다.[74] 그러나 정권을 이양한 이후에도 이라크의 민주화를 돕기 위해 많은 요원이 잔류할 것임도 밝혔으며,[75] 미군도 안정을 위해 잔류할 것임을 분명히 했다.

이러한 정책은 예정대로 추진되었으나, 미국이 원하는 대로 이라크 안정화는 이루어지지 않았다. 특히 최근 이라크에서 사망한 미군 수가 4,000명을 돌파함에 따라 미국에서 철군의 목소리가 커지고 있다. 그러나 부시 행정부는 이라크 정국을 안정화시킬 때까지 미군을 주둔시킬 것을 분명히 했으며, 국익을 위해서도 미군은 이라크에 지속적으로 주둔해야 함을 강조했다. 즉 이라크 및 카스피 해 연안의 에너지자원 확보에 문제가 없을 정도의 미군을 주둔시키겠다는 것이다.

또한 이라크 안정화를 계기로 미국은 선제공격 독트린 적용에 보다 신중을 기할 것이다. 미국의 이라크 공격은 유럽을 비롯한 많은 국가들로부터 비난을 받았으며,[76] 미국도 국제사회의 적극적인 지원이 없는 상황

74) Marc Grossman, "The Iraq Transition: Obstacles and Opportunities," Testimony before the Senate Foreign Relations Committee(April 22, 2004).

75) 국무부를 제외한 12~15부처에서 차출된 350~400명의 요원이 이라크의 민주정부 수립에 기여할 것임을 밝혔다.

76) 2003년 2월 22일 비동맹국(the Nonaligned Movement)의 외무장관들이 말레이시아 콸라룸푸르에 모여 이라크에 대한 무력사용을 반대한다는 선언을 하였다.

에서의 전쟁은 매우 어렵다는 것을 깨달았을 것이기 때문이다. 게다가 이 전쟁을 계기로 제2차 세계대전 이후 형성된 국제법을 파괴시킬 가능성이 대두되고 있으며, 강대국들의 침략전쟁의 선례가 될 수 있음도 경고하고 있다.[77] 예를 들면 중국이 대만을 침공한다든지, 러시아가 그루지야를 공격할 수 있는 빌미를 제공할 수 있다는 것이다. 따라서 향후 미국의 선제공격 독트린은 보다 엄격한 전제조건하에서 실행에 옮겨질 것이다.

5) 강대국과의 관계개선

2004년 현재 12개 유럽 국가들이 미국의 이라크 전쟁을 지지하고 있으며, NATO가 아프간에서 질서를 유지하고 있다.[78] 그러나 강대국 중 영국과 일본은 적극적으로 미국의 이라크 안정화 사업을 지원하고 있는 반면, 프랑스, 독일, 러시아 및 중국은 적극적인 지원을 하지 않고 있다. 그러나 앞서 지적한 바와 같이 자국 주도로 국제질서를 보다 안정적으로 유지해나가기 위해서는 강대국들과의 협력을 강화해야 한다. 실질적으로 미국은 다른 강대국들과 협력을 통해 해결해야 할 문제가 많다.[79]

참여국은 주로 개발도상국들이며, 이들은 114개국으로 세계 인구의 55%를 대표하고 있다. Michael F. Glennon, "Why the Security Council Failed," *Foreign Affairs* (May/June 2003), p. 21.

77) Adele Simmons, "Iraq: who's leading the protest?" *Chicago Sun Times*(13 Oct. 2002).

78) 외교안보 연구원의 김성한 교수도 미국과 유럽의 관계 회복을 점치며, 나아가 부시 행정부의 신보수주의적 성향은 다소 완화될 것으로 기대하고 있다. 김성한, "Bush와 Kerry의 외교안보정책 비교," 『주요국제문제분석』 외교안보연구원 (2004. 8. 18) 참조.

우선 유럽과의 화해가 필요하다. 그 이유는 유럽과 미국은 공동의 이익이 있기 때문이다. 비록 유럽의 안전이 탈냉전과 함께 확보되었다고는 하지만 러시아와 동유럽의 민주화를 통해 더욱 확보할 필요가 있다. 그리고 중동의 안정과 민주화는 역시 에너지 자원의 원활한 흐름을 확보하기 위해 필요하며, 중앙아시아의 민주화도 같은 맥락에서 미국과 유럽이 공동으로 추진해야 하는 과제이다. 또한 반테러와 반확산을 추진하고 초국가적인 위협과 도전에 효과적으로 대처하기 위해서는 유럽연합과 협력해야 한다.

그리고 러시아와는 전략무기감축, 반테러전, 지역갈등 해소를 위한 공동의 노력, 러시아의 에너지자원 개발 등의 분야에서 긍정적인 성과를 거두고 있으나, 위험한 기술의 이전문제에서는 아직 미진한 부분이 있음을 시인하고 있다. 나아가 반테러 및 반확산을 위해 중국의 지원이 필요하고, 한반도를 비롯한 아시아 전역에서 위협을 감소시키는 노력에도 중국의 협력이 필요하다.[80] 대만 문제의 평화적 해결을 위해서도 중국과는 긴밀한 관계를 유지해야 한다.

게다가 이라크 안정화 사업은 물론 아라파트 사후 중동의 평화를 유지하기 위해서도 강대국들과의 협력은 필수적이다. 최근 발표된 듀얼퍼 보고서에서 이들 4개국은 후세인으로부터 값싼 원유를 공급받은 사실이 밝혀졌다. 게다가 이들 국가는 이라크로부터 회수해야 하는 수십억 달러

---

79) 데이비드 곰퍼트(David C. Gompert), "서론 : 미국을 위한 동반자," 데이비드 곰퍼트·스티븐 라라비 엮음, 이수형 옮김, 미국과 유럽의 21세기 국제질서(한울아카데미, 2000), pp. 21~41. 원제목은 *America and Europe: a partnership for a new era*임.

80) 유럽연합과의 협력 분야는 테러와의 전쟁, 에이즈와의 전쟁, 무역갈등 해소를 통한 교역증대, 지역 갈등에 대한 협력 등이 포함된다. Ibid., p. 3.

가 있다. 미국이 이들의 이라크에서의 이익을 확보해주지 않았기 때문에 이라크 전쟁을 지지하지도 않고, 안정화 사업을 지원하지도 않는 것이다. 따라서 이들에 대한 미국의 양보가 있다면 언제든지 이들은 미국의 입장을 지지할 것이다. 미국으로서는 부담이겠지만 피할 수 없는 현실임을 미국도 잘 알고 있기 때문에 적당한 선에서 합의가 이루어질 것이다.

— 제2부 —

한미동맹 재조정

제4장

남북 정상회담과 한미관계

1. 서론

한미관계는 지난 50여 년 동안 혈맹의 관계로 유지되어왔다. 그러나 2001년 부시 행정부 출범 이후 양국 관계는 그다지 원만하게 유지되지 못했다. 특히 정상회담(2001. 3. 8)을 전후하여 양국의 갈등이 표출되었다. 갈등의 이유는 북한을 어떻게 다루어야 하는가 하는 문제를 놓고 양국의 견해가 전혀 달랐기 때문이다. 김대중 정부는 북한을 협력의 대상으로 간주하고 대규모 경제지원을 통한 대북 포용정책(햇볕정책)을 추진해야 한다고 주장하는 반면, 부시 행정부는 대북정책에서 철저한 상호주의를 적용해야 하며 북한의 대량살상무기 및 그 운반수단인 미사일 개발을 중단시키기 위해 '당근'보다는 '채찍'을 사용해야 한다고 주장했다. 게다가 부시 행정부 출범과 함께 강력하게 추진되던 미국의 국가미사일 방어체제(NMD) 구축에 한국이 동참할 것을 요구했으나, 한국은 북한의 반응을 고려해 불참을 선언했다. 양국 간에 불협화음이 발생하는 것은 필연적이었다 할 수 있다. 비록 2001년 6월 발표된 부시 정부의 대북정책은 다소 한국을 이해하는 방향으로 변화하고는 있으나 양국 관계가 과거와 같은 긴밀한 관계로 복원되었다고는 볼 수는 없는 상황이었다.

하지만 한미 간의 갈등은 2000년 남북 정상회담 이후 남북관계의 급진전에 따른 미국의 위기의식에서 시작되었다고 할 수 있다. 물론 미국이 남북 정상회담을 반대한 것은 아니나, 정상회담 이후 회담 결과에 대해 양측의 반응이 엇갈리면서 한미관계는 약간의 갈등을 보이기 시작했다. 예를 들면, 남북 정상회담 이전인 2000년 3월 15일 한미 외무장관회담을 통해 한반도 평화와 안정에서 남북관계의 핵심적 중요성에 대해 인식을 공유하고 한·미·일 대북정책조정그룹회의(TCOG) 및 한미 양자협의를 통해 고위급 실무 차원의 대북 공조방안을 협의하였다. 그리고 김대중 대통령은 6월 8일 오부치 전 일본 총리 장례식에 참석하였을 때 클린턴 대통령과 만나 남북 정상회담에 대한 미국 측의 적극적인 협력과 지지 입장을 정상 차원에서 확인하였다.

그러나 막상 정상회담이 성공적으로 개최되자 미국은 한반도에 대한 독점적인 영향력이 축소될 가능성에 대해 우려를 하게 되었다. 특히 남북 화해 분위기로 인해 한미동맹이 약화될 것에 대한 인식이 확산되었으며, 그 결과 주한미군의 존재 이유가 소멸되는 것에 깊은 우려를 나타냈다. 한편 한반도에서 미국의 영향력이 중국과 러시아의 영향력 확대로 인해 상대적으로 감소할 가능성을 경계하였다.[1] 사실 남북 정상회담을 전후하여 북·중관계와 북·러관계가 긴밀해졌으며, 이는 곧바로 양국의 한반도에 대한 영향력 확대로 비춰졌다. 환언하며, 한반도에서 미국의 독점적인 지위가 손상을 입게 되었다.

보다 구체적으로 살펴보면, 남북 정상은 정상회담 이후 공동선언문을

---

1) 김국신, "남북 정상회담이 대외관계에 미치는 효과," 『평화논총』, 제4권 2호(2000, 가을 / 겨울), 125쪽.

통해 다섯 개의 합의사항을 발표하였다. 그 내용은 통일문제의 자주적 해결, 남북 간 통일방안의 공통성에 기초한 한반도 통일 지향, 이산가족 상호 방문 실현 및 비전향 장기수 문제 해결, 경제협력 및 교류 활성화, 당국 간 대화재개 등이다.[2] 남북공동선언의 의의는 여러 가지가 있겠으나, 김대중 정부는 그중에서도 한반도 문제 해결의 당사자 원칙을 구현했다는 것에 큰 의미를 부여했다. 남북 정상은 "남과 북은 나라의 통일문제를 그 주인인 우리 민족끼리 서로 힘을 합쳐 자주적으로 해결해나가기로 합의하였다"(공동선언문 1항). 한국의 입장에서는 한반도 문제는 남북한이 당사자가 되어 대화와 협상을 통해 풀어나가지 않으면 안 될 문제로 남북 정상회담에서 남북이 이를 공동으로 재천명함으로써 우리 민족의 운명과 장래를 자주적으로 해결해나갈 것임을 내외에 약속했다고 볼 수 있다.

그러나 미국은 한미동맹의 핵심 축인 주한미군의 장래가 남북한 정상에 의해 결정되는 것을 원치 않았다. 게다가 한국 정부가 남북관계를 저해할 수 있다는 우려에서 한국전쟁 기념행사를 취소하고, 한미 군사훈

---

2) 6·15 공동선언문 전문에 나타난 남북 정상의 합의사항은 ① 남과 북은 나라의 통일문제를 그 주인인 우리 민족끼리 서로 힘을 합쳐 자주적으로 해결해나가기로 하였다. ② 남과 북은 나라의 통일을 위해 남측의 연합제 안과 북측의 낮은 단계의 연방제 안이 서로 공통성이 있다고 인정하고 앞으로 이 방향에서 통일을 지향시켜 나가기로 하였다. ③ 남과 북은 올해(2000년) 8·15에 즈음하여 흩어진 가족, 친척 방문단을 교환하며 비전향 장기수 문제를 해결하는 등 인도적 문제를 조속히 풀어나가기로 하였다. ④ 남과 북은 경제협력을 통해 민족경제를 균형적으로 발전시키고 사회, 문화, 체육, 보건, 환경 등 제반분야의 협력과 교류를 활성화하여 서로의 신뢰를 다져나가기로 하였다. ⑤ '남과 북은 이상과 같은 합의사항을 조속히 실천에 옮기기 위하여 빠른 시일 안에 당국 사이의 대화를 개최하기로 하였다 등이다. 외교통상부, 『외교백서』(2001. 7), 149쪽.

련 참여 미군 수를 축소하고 훈련 자체를 취소한 것에서 나타났듯이 안보문제에 대한 한미 간의 견해 차이가 발생하고 있었다.[3] 따라서 미국은 한국의 안보정책(대북정책)에 의구심을 갖기 시작하였다.

또한 남북 정상회담을 계기로 주변 4강의 상호견제 및 한반도에 대한 영향력 확대를 위한 경쟁이 치열해졌다. 남북 정상회담을 전후하여 북한의 외교적 행보도 매우 분주해졌다.[4] 정상회담이 있기 직전인 2000년 5월 김정일 위원장은 중국을 방문하였다. 이는 1991년 김일성 주석의 중국 방문을 끝으로 단절되었던 양국의 정상외교가 부활한 것임을 시사했다. 중국은 김정일 위원장이 북한의 현안에 대한 의견을 청취하기 위해 중국을 방문했다는 사실을 자국의 실질적인 대북 영향력이 확대되었음을 상징하는 것으로 간주했다. 이러한 중국의 대북 영향력 강화는 2001년 1월 김정일 위원장의 비공식 중국 방문으로 더욱 분명해졌다.[5]

한편 2000년 7월 19일과 20일 푸틴 러시아 대통령이 김정일 위원장과 정상회담을 가졌다. 정상회담을 통해 북·러 양국은 미국의 미사일 방어

---

3) Kurt M. Campbell, "The Future of the Korean Peninsular in the wake of the North-South Sunnit: Next Steps and Strategic Challenges," paper presented at the 2000 KINU-CSIS Exchange on the Theme of the Dynamics of Change on the Korean Peninsular in the New Century, Seoul, November 16-17, 2000, p. 9.

4) 남북 정상회담을 전후하여 북한은 많은 서방국가들과 외교관계를 수립하였다. 2000년에는 이탈리아(1월), 오스트레일리아(5월), 필리핀(7월) 및 영국(12월)과 외교관계를 수립했으며, 2001년에도 네덜란드(1월), 벨기에(1월), 캐나다(2월), 벨기에(2월), 그리고 3월에는 독일·룩셈부르크·그리스·브라질·뉴질랜드와 국교를 수립했으며, 그 밖에 중동의 쿠웨이트(4월)와 바레인(5월)과 대사급 외교관계를 수립하였다.

5) 이종석 외, 『남북 정상회담 이후 주변 4강의 대북정책 변화와 우리의 대응방향』(세종연구소, 2001), 84쪽.

체제에 대한 반대 입장을 확인하였고, 광범위한 분야에서 상호협력을 천명한 11개항의 공동선언을 발표하였다. 정상회담 이후 주목을 받고 있는 부분은 북한의 위성을 제3국에서 발사해주면 미사일 개발계획을 포기할 수 있다는 김 위원장의 의사를 푸틴 대통령이 대신해서 밝힌 것이다. 다분히 미국을 의식한 발언이라 할 수 있다. 그리고 2001년 8월에는 김정일 위원장이 러시아를 방문하여 주한미군 철수에 대한 북한의 입장을 러시아는 충분히 이해하고 있다고 선언함으로써 양국 간의 유대는 더욱 강화되는 모습을 보여주었다.[6] 이를 통해 러시아는 북한과 밀접한 관계를 과시하며 한반도 안정을 위해 자국의 역할이 필수적임을 부각시키고 있으며, 북한과의 유대관계를 외교적 카드로 사용하여 동북아지역에서 위상강화를 모색하고 있다.

결국 남북 정상회담 이후 한미관계는 남북관계와 북·미관계의 진전에 영향을 받았다. 한국 정부의 지속적인 대북 포용정책으로 남북관계가 개선되었고, 남북관계 개선은 다시 포용정책 강화라는 정책으로 표출되었다. 이렇게 강화된 한국의 대북 포용정책은 미국의 한반도정책에 영향을 주게 되어 과거에 비해 매우 강경한 대북정책을 구사하게 되었다. 그 결과 한미관계는 물론 북·미관계도 악화되었다.

이번 장에서는 남북 정상회담이 미국의 대한반도정책에 어떠한 변화를 가져왔으며, 이러한 변화가 한미관계에 어떠한 영향을 미쳤는가를 살펴보고자 한다.

---

6) 이종석 외(2001), 90~92쪽.

2. 남북 정상회담 이후의 한미관계

클린턴 행정부와 김대중 행정부하에서의 양국은 매우 긴밀한 협력체제를 구축했다고 할 수 있다. 두 정상은 여섯 차례나 정상회담을 가졌으며, 특히 남북 정상회담이 있었던 2000년에는 세 차례의 정상회담, 네 차례의 외무장관회담과 여섯 차례의 대북정책조정그룹회의(TCOG)가 개최되어 한미관계가 매우 긴밀했음을 알 수 있다. 그 결과 역대 김대중 정부는 역대 한국정권 중에서 미국과 가장 좋은 관계를 유지하고 있다는 평가도 받았다.[7] 그러나 남북 정상회담 이후 미국은 한국 정부의 대북포용정책에 의구심을 품게 되었고, 이러한 의구심은 클린턴 행정부에서 대북관계가 급진전하는 것으로 나타났으며, 이는 부시 행정부의 대북정책에 영향을 미쳤다.

1) 남북 정상회담에 대한 미국의 입장

그러면 남북 정상회담에 대한 미국의 반응은 어떠했는가? 앞서 지적했듯이 미국은 남북 정상회담을 적극적으로 지지하였다. 남북 정상회담을 통해 한반도의 평화와 안정이 증진되면 미국도 손해 볼 것이 없기 때문이다. 그러나 미국은 남북 정상회담 이후 발표된 공동선언문에 문제점을 제기한 것을 시작으로, 이후 한국의 대북 포용정책이 강화되면서 김대중 정부의 햇볕정책 자체에 문제점을 제기하였다.

우선 남북 정상이 합의한 '통일문제의 자주적 해결'의 의미에 대해 경계하는 분위기가 감지되었다. 여기서 '자주'라는 표현은 1970년대 중

7) 이승철, "한·미 정상회담의 득실 : 평가와 전망," 『외교』, 제57호(2001. 4), 19쪽.

반부터 북한이 사용한 단어로, '자주는 곧 미군 철수'라는 논리에 입각한 대남 정치공세에 사용되었다. 따라서 이는 북한 측이 주장해온 미군철수를 뜻할 수도 있기 때문에 미국이 경계했던 것이다.[8)] 그리고 1990년대 중반부터 북한은 핵 문제를 해결하기 위한 차원에서의 한·미·일 공조를 파기하라는 주장을 하는 논거로 자주원칙을 거론해왔다. 미국은 남북 정상회담이 북한의 핵 및 미사일 문제를 해결하기 위한 페리 프로세스의 골격과 이를 추진하는 데 결정적인 역할을 하는 한·미·일 공조체제에 부정적인 영향을 미칠 가능성에 대해 우려했던 것으로 파악된다.

또한 미국 정부는, 한국의 대북 포용정책으로 인해 남북관계가 급속도로 진전된다면 한미동맹의 원래 목적인 북한으로부터의 위협 제거가 힘과 군사력에 의존하기보다는 대화와 경제협력 등의 수단으로 대체될 가능성을 배제하지 않고 있다. 즉 미국은 남북 정상회담에 따른 남북 화해 및 협력의 분위기 고조가 한미동맹의 약화를 초래할 가능성에 대해 우려를 표명하였다. 이러한 우려는 주한미군의 존재 이유와 직결된 문제로 미국의 아시아 전략에 큰 걸림돌로 작용될 가능성이 매우 높다. 이는 남북 정상회담 직후 미국의 고위관리들이 주한미군의 필요성을 잇달아 강조한 사실이 입증하고 있다.[9)] 특히 매들린 올브라이트(Madeleine

---

8) Dough Struck, "Two Korea Sign Conciliatory Accord," The Washington Post(June 15, 2000), 김국신(2000, 가을 / 겨울), 110쪽에서 재인용.

9) 케네스 베이컨 미국 국방부 대변인은 6월 16일 "주한미군은 한반도 통일 후에도 안정세력으로 남을 것"이라 밝혔으며, 리처드 바우처 국무부 대변인은 6월 19일 "주한미군은 한국과 미국의 문제이며 양국이 필요로 하는 한 주둔할 것"을 강조하였다. 매들린 올브라이트 국무부 장관은 6월 24일 "주한미군 철수나 감축은 시기상조이며, 이를 고려하고 있지 않다"고 언급했으며, 스티븐 보스워스 대사도 6월 28일 "북한의 위협이 존재하는 한 주한미군이 계속 주둔할 것"이라 발표했다. 박영규, "미국의 대한반도정책 : 한반도 문제 해결을 중심으로," 『국제문제』(2000.

Albright) 국무장관은 김대중 대통령과의 회담에서 동북아시아의 균형자(stabilizing force)로서 주한미군의 지속적인 주둔의 필요성을 역설하였다.[10]

이러한 의구심을 해소하기 위해 '통일문제의 자주적 해결'이란 한반도 문제를 남북한이 당사자가 되어 해결한다는 것을 의미한다고 설명했으며, 김대중 대통령은 김정일 국방위원장에게 주한미군은 동북아에서 안보균형자 역할을 맡고 있기 때문에 철수할 수 없다고 설명했음을 강조하였다.[11] 또한 한국 정부는 독자적으로 대북정책을 수립하기보다는 대북정책에 관한 한·미·일 공조체제를 지속적으로 유지할 것을 강조하였다. 그러나 이러한 노력이 미국의 의구심을 해소시키기에는 충분하지 않았던 것 같다.[12]

게다가 한국에서는 남북한이 남북문제의 주도권을 갖고 남북관계를 보다 진전시킴으로써 북·미 간 외교적 협상이 성공할 수 있는 조건을 마련하고 미국으로 하여금 대북 강경책을 사용할 여지를 애초에 제공하지 않아야 한다는 주장도 있었다. 즉 북·미관계에 의해 남북관계가 규정되던 과거와 달리 이제 남북화해의 시대에 남북관계에 의해 북·미관계가 영향을 받아야 하는 상황이 조성되고 있었다.[13]

---

10), 27쪽에서 재인용.

10) 이와 같은 의지는 이정빈 외무장관과의 회담에서도 강하게 주장하였다. 『조선일보』, 2000년 6월 24일.

11) 『한겨레신문』, 2000년 6월 26일.

12) 이 문제에서 미국이 한국 주도의 대북협상에 긍정적인 반응을 보이게 된 것은 북한이 주한미군을 묵인하는 태도를 보이며 미사일 협상에도 타협적으로 나옴으로써 어느 정도의 의구심은 해소되었다고 할 수 있었다는 견해도 있다.

13) 김근식, "정상회담 이후 남북관계 : 평가와 전망," 『평화논총』, 제5권 1호(2001, 봄 / 여름), 41쪽.

둘째, 정상회담에서 한반도 평화체제구축, 즉 군사적 대결구도를 완화시킬 수 있는 군비통제에 대한 언급이 전혀 없었다는 것이다. 남북 정상회담에서 이와 같은 논의가 있었을 가능성을 배제할 수는 없지만, 적어도 공동선언문을 통해 발표되지는 않았다. 국내의 많은 북한 문제 및 안보 문제 전문가들은 이를 남북공동선언의 취약점으로 간주하고 있다. 이 문제에 대해 이서항 교수는 한반도에서의 군사적 대결구조를 실질적인 평화체제로 전환시키는 데 공헌할 수 있는 다양한 신뢰구축조치의 이행과 지난 수년간 한반도 긴장조성의 원인이 되었던 핵 및 미사일을 포함한 대량살상무기 문제에 대해서는 아무런 합의사항이 없었던 사실을 지적하였다. 이런 점 때문에 정상회담에 응한 북한의 의도는 간혹 부정적으로 해석되고 있으며 향후 지속될 장관급회담에서 반드시 논의되어야 할 의제로 제기되고 있다고 주장하였다.14)

게다가 미국은 남북 정상회담에 매우 긍정적인 반응을 보이고 있었으면서도 남북관계 개선이 자국이 추진하고 있는 미사일 방어체제에 부정적인 영향을 미칠 것을 우려했다. 즉, 남북관계의 개선으로 인해 북한의 미사일 문제가 희석되는 것을 꺼려하고 있었다. 그래서 미국 정부는 한국에 남북 정상회담에서 북한의 핵 및 미사일 문제를 논의할 것을 요구하였던 것이다. 그러나 남북 정상회담에서 대량살상무기에 대한 논의는 없었던 것으로 알려졌다. 미국의 입장에서는 매우 섭섭했을 것이다.

셋째, 미국은 대북 경제지원이 북한의 군비 증강에 사용되고 있음을 주장하고 있다. 미국의 정보에 의하면 북한은 남한으로부터 얻어낸 재원을 군비로 전용했을 가능성이 높다고 했다. 1998년 금강산 관광협정이

---

14) 이서항, "남북 정상회담 이후의 국제환경 변화와 새 패러다임," 『국가전략』, 제6권 3호(2000, 가을), 10쪽.

체결된 이래, 북한은 총 2억 달러에 달하는 MIG-21전투기 34대를 카자흐스탄으로부터 구입하였다. 2000년에는 북한의 3군 연합훈련이 1993년 이래 최대 규모로 이루어졌으며, 북한이 러시아로부터 SA-18 지대공 미사일 3,000기를 구입했다는 의혹도 제기되었다. 따라서 지속적인 마이너스 성장을 하고 있는 북한이 어떻게 이러한 무기구입과 대대적인 훈련을 단행할 수 있는가에 대한 의문이 제기되었고, 미국은 금강산 관광 대가로 현대가 2년 동안 지불한 3억 4,200만 달러에 혐의를 두고 있다.[15) 이러한 의구심은 부르킹스 연구소의 조엘 위트(Joel Wit) 연구원도 지적한 바 있다. 그는 북한의 경제회복에 따라 군사력이 증강되고 있으며, 훈련량도 경제적인 곤경을 겪던 수년 전과는 차이가 있다고 주장했다. 따라서 미국의 입장에서는 이러한 남북관계 개선이 주는 여러 가지 부정적인 측면을 고려해 신중하고 섬세한 전환기 관리가 필요하다는 주장이다.[16)]

이 문제는 미국이 원하는 북한의 태도변화와도 직결된 문제이다. 우선 미국은 북한이 정상회담을 수락한 것은 북한의 근본적인 정책변화에 의한 것이 아니라 남한으로부터 보다 많은 경제지원 또는 남한과의 관계를 활용하여 미국의 추가적인 양보를 획득하려는 전술적인 태도변화의 결과로 보았다. 따라서 한국의 포용정책의 실효성에 의문을 제기했다.

아울러 미국은 한반도에 대한 영향력 감소 및 북한과의 협상에서 자국의 대북 협상력이 약화될 수 있다고 판단하고 있는 것 같다. 즉 미국은 북한이 남한으로부터 실리를 추구하며 핵 및 미사일 문제 등에 관한

15) 이승철, 앞의 글, 24쪽.

16) “A Brookings Press Briefing : the Korea Summit”(June 7, 2000), 홍규덕, “한미동맹의 미래와 주변국의 입장,” 『국방연구』, 제43권 2호(2000. 12), 52쪽.

미국과의 협상을 등한시할 가능성과 남한의 대규모 경제지원 및 경제협력으로 인해 미국의 대북 협상지렛대가 약화될 가능성 등에 유의하고 있다. 미국이 남북 정상회담 직후(6월 19일) 9개월 이상 끌어오던 대북 경제제재조치의 일부를 해제한 것은 미·북 주도로 움직이던 한반도 문제 해결 과정이 남북 주도로 진행되더라도 미국의 영향력이 감소되는 것을 저지하기 위한 포석으로 볼 수 있다.

끝으로 미국은 남북 정상회담의 결과로 동북아 역내에서 패권국가의 출현이나 미국의 이해관계에 근본적인 변화가 일어날 것으로 보고 있지 않으나, 향후 중국의 한반도 영향력이 증대될 가능성에 주목했다. 즉 미국은 남북관계 개선과 함께 중국이 북한과의 관계를 복원하고 북한에 대한 특수지위를 회복시켜나감에 따라 한반도에 대한 영향력이 증대될 것에 대해서도 우려를 나타냈다.[17] 이러한 미국의 우려는 한국의 여론조사에서도 입증되었다. 2000년 8월 14일 『중앙일보』에 발표된 여론조사 결과에 의하면, 한국인들은 통일에 가장 도움이 될 나라로 중국(30.0%)을 생각하고 있으며, 미국(26.5%)과 일본(14.1%)이 그다음이다. 그리고 통일을 가장 반대할 나라로 일본을 제1위(39.3%)로 생각하고 있으며, 그다음이 미국(28.1%)과 중국(9.2%)순으로 나왔다.[18] 이러한 국민감정에 대해 미국은 촉각을 곤두세우고 있었다.

2) 북·미관계 진전

미국 행정부 일각에서는 북한의 변화에 대한 의구심을 감추고 있지

---

17) 이서항, 앞의 글, 15쪽.

18) 박영규, 28쪽에서 재인용.

않은 상황에서, 클린턴 행정부는 북한에 대한 가시적인 정책변화를 보여주었다. 미국은 동북아 지역에서의 영향력 감소를 막기 위해 매우 적극적으로 대북외교정책을 구사했고, 이로 인해 남북 정상회담 직후 북·미 간에는 큰 관계 진전이 있었다.

미국은 2000년 6월 19일 북한에 취해진 경제제재조치의 일부를 완화하는 조치를 취했다. 그리고 다음날에는 그동안 북한을 지칭한 '불량국가(rogue state)'라는 명칭을 대신하여 '우려국가(state of concern)'로 표현하기로 했다고 발표하였다. 그리고 6월 21일에는 북한의 미사일시험발사 유예조치 등 연이은 긍정적인 신호가 양측을 오갔다. 또한 미국 의회는 북한이 핵동결 약속을 지키려고 노력을 하고 있다는 전제하에 대북중유지원 분담금 2000달러를 승인하였다.[19] 이런 조치들은 정상회담 이후 미국이 북한을 보는 인식이 조금씩 바뀌고 있음을 증명한 것이고, 북한도 어느 정도의 노력하고 있었던 것으로 평가된다.[20]

그리고 양국 간에는 비록 큰 성과는 거두지 못했으나 양국의 현안을 해결하기 위한 회의가 활발히 진행되었다. 2000년 7월 콸라룸푸르에서 북·미 간에는 제5차 미사일 회담이 개최되었다. 이 회담에서 북한은 미사일 개발을 자주적인 일로서 다른 국가가 개입할 문제가 아님을 강조하고 미사일수출 중단으로 오는 피해액을 10억 달러라 주장하며 보상을 요구하였다. 이 회담은 양국의 입장 차이를 확인한 채 끝났으나, 2000년 11월 1일 말레이시아 콸라룸푸르에서 개최된 미사일 회담에서는 어느 정도의 진전이 있었다. 이 회담에 참석했던 로버트 아인혼(Robert Einhorn)에 의하면, 당시 협상에서 북한은 미국사찰단이 두 번 방문을 허용하고, 핵시

---

19) 『세계일보』, 2000년 7월 1일.

20) 이인호, "북·미관계의 주요 현안과 전망," 『극동문제』(2000. 10), 27~28쪽.

설에 대한 영구적인 감시를 할 수 있는 공동 벤처산업을 설치하고 싶다는 의사를 보였다. 또한 되풀이되는 북한의 10억 달러 요구에 대해 미국은 1년에 2~3억 달러의 보상을 생각하고 있었으며, 현금이 아닌 다른 방법으로의 보상, 즉 농업 지원, 전력 지원, 북한의 부채 탕감을 고려하고 있었다.[21] 보상 문제는 2000년 10월 김정일 위원장과 올브라이트 국무장관 회담에서 거의 합의에 이른 것으로 알려졌다.

또한 북한은 2002년 7월 27일 아세안 지역안보 포럼(ASEAN Regional Forum; ARF)의 정식회원이 되었다. 백남순 북한 외무상은 ARF 회의를 전후하여 9개국 외무장관들과 연쇄적으로 접촉하여 국제사회 일원으로서의 복귀를 예상케 했다.[22] 그는 이정빈 장관과도 회의를 하여 6·15 공동선언을 바탕으로 국제무대에서 서로 협력해나가기를 다짐했다.[23] 그리고 28일에는 올브라이트 국무장관과의 회담에서 백남순 외상은 '양국 관계개선을 위한 협력'이라는 기본적인 원칙을 재확인해주었다.

8월에도 북·미 간에는 북한의 테러지원국 해제와 관련한 회담이 평양에서 열렸다. 이 회담에 김계관 외무성 부상과 미셸 쉬한(Michael Sheehan)

---

21) 레온 시갈, "부시 행정부의 대북정책," 『평화논총』, 제5권 1호(2001, 봄 / 여름), 28~29쪽.

22) 한편 북한과 일본의 수교교섭도 활발히 진행되었다. 양국의 제10차 수교교섭이 2000년 8월(21~24일)에 동경에서 개최되었다. 북한은 과거사 사죄와 보상을 우선적으로 요구하였고, 일본은 핵 및 미사일 문제와 일본인 납치문제를 우선적으로 해결해줄 것을 요구하였다. 북·미교섭에서 나타난 양상과 같이 양국은 입장 차이만 확인한 회담이었다.

23) 양측은 북한이 아시아개발은행, 국제통화기금, 세계은행, APEC 및 ASEM 등 국제기구 가입과 미국 및 일본과의 관계개선에 서로 협력하기로 합의하였다. 또한 뉴욕, 베를린, 북경 등 남북한 재외공관이 상주하는 지역에서 외교협의 채널을 구축하는 데 합의하였다.

국무부 테러조정관이 참석하였다. 미국은 테러지원국 해제 조건으로 테러반대 공개선언, 유엔 테러방지협약 등 국제조약 가입, 과거 테러행위에 대한 설명, 일본 적군파 요원 추방 등 네 가지를 제시하였다. 그러나 예상대로 이러한 제안은 당시 북한으로서는 받아들이기 힘든 조건이라 할 수 있다. 특히 과거 행위에 대한 설명은 지금까지 북한이 주장해온 사실을 뒤집는 것으로 북한이 받아들일 수 없다. 결국 양국은 입장차이만 확인한 채 회담을 마쳤다.

10월에는 조명록 국방위 제1부위원장이 특사자격으로 김정일 국방위원장의 친서를 가지고 미국을 방문하였다. 조명록 차수의 방미는 '준수뇌회담의 성격'을 띤 회담이었다.[24] 이 회담에서 조명록 차수는 북한은 북·미관계가 우호적인 관계로 발전하기를 희망하였다. 물론 김정일 위원장의 의지를 대신 표명한 것이었다. 양측은 더 이상 '적대적인 의도'를 품지 않을 것을 약속하였다. 2000년 10월 12일 발표된 양국의 공동 코뮈니케에 의하면, 첫째, 북한은 사실상 장거리 미사일 개발 포기선언을 함으로써 미사일 문제 해결의 실마리를 찾았으며, 둘째, 상호 적대관계를 포기하고 경제교류협력을 확대하기로 함으로써 북한은 미국으로부터 체제보장 및 경제지원을 약속받았고, 셋째, 정전협정체제를 평화체제로 전환하기 위해 4자회담을 비롯한 여러 가지 방안을 활용할 것을 합의하였다.

중요한 것은 당시 양국 간의 핵심 현안이 미사일 문제였음을 알 수 있다. 미사일 문제 해결이 양국 간의 근본적인 관계개선과 아·태지역의 평화와 안전에 필수적으로 기여할 것이며, 북한은 미사일 회담이 계속되

---

24) 백학순, "미국의 대북정책과 우리의 대응방향," 세종연구소 편, 『남북 정상회담과 한반도 평화』(세종연구소, 2001), 106쪽.

는 동안에는 모든 종류의 장거리 미사일을 발사하지 않을 것을 밝혔다. 당시 미국인들은 "미사일 문제 해결은 미사일 수출이나 시험발사, 생산, 배치 등을 하지 않음"을 의미하는 것으로 이해하고 있었다. 그러나 북한은 '기본적인 북·미관계 개선'은 미국이 미사일 문제 처리에서 전면적인 외교관계를 형성하는 데 전념할 것이라는 것으로 이해했다. 그리고 북한은 "1953년 휴전협정을 지속적인 평화협정으로 대체함으로써 한반도의 긴장을 완화하고, 한국전을 공식적으로 종결하기 위해서는 4자회담을 포함한 가능한 다양한 방법이 있다"라는 데 동의함으로써 재래식 무기에 대한 합의를 위한 협상을 할 준비가 되어 있음을 시사했다.

이에 답례하는 형식으로 올브라이트 장관이 평양을 방문하여 김정일 위원장과 두 차례 회담을 가졌다. 여기서 올브라이트는 북·미관계가 개선으로 방향을 잡아가고 있음을 피력했다. 회담의 내용이 밝혀지지는 않았으나, 올브라이트 장관은 기자회견에서 양국의 현안에 대한 진지한 토의가 있었음을 밝혔다. 특히 클린턴 대통령의 방북이 심도 있게 논의되었음을 밝혔다. 이는 미국과 북한과의 핵심 쟁점사안인 핵과 미사일 문제가 거의 해결되었음을 의미하기도 했다. 이렇듯 남북 정상회담 이후 북·미관계는 매우 빠른 속도로 진전되었다.

3) 한미관계

이러한 클린턴 행정부 말기 북·미관계의 급진전은 곧바로 한미관계의 진전으로도 이어졌다. 특히 1999년 구성된 한·미·일 3국 대북정책조정감독그룹(Trilateral Coordination and Oversight Group)이 중요한 역할을 하였다. 남북 정상회담 이전 한·미·일 공조체제는 미국이 주도적으로 한반도 문제를 북한과 해결해가는 과정에서 남한과 일본의 지원을 받고 3국

입장을 조율하는 기능을 하였다. 그러나 정상회담을 계기로 3국 공조체제는 미국과 일본의 입장을 한국을 통해 북한에 전달할 목적으로 가동되었다. 남북 정상회담이 개최되기 직전에도 이 회의를 통해 3국은 자신들의 입장을 전달하였다. 또한 정상회담 이후에도 한미 간의 대북정책 협력은 TCOG를 통해 강화되었다. 한·미·일 3국은 조명록 부위원장의 방미에 앞서 TCOG 회의를 개최하여 3국 간의 입장을 사전 조율하였다. 즉 이 그룹은 북한 문제 해결을 위한 공조사항이 있을 때마다 수시로 회합을 가졌다.

2000년 9월 7일 유엔 천년정상회의를 계기로 개최된 한미 정상회담에서 양국 정상은 '6·15 남북공동선언'의 충실한 이행상황을 평가하고 남북관계 개선과 북·미관계 진전의 상호보완적 이행을 위해 긴밀히 협조하기로 합의하였다. 또한 미국이 우려를 나타내고 있는 주한미군 문제에 대해 한국 정부는 '지속적인 주둔' 의사를 확실히 표명하였다. 또한 올브라이트 국무장관의 방북 직후인 10월 25일에도 3국 외무장관회의를 개최하여 방북결과를 협의하는 등 긴밀한 관계를 유지하였다. 긴밀한 한미관계는 11월 15일 APEC 정상회담에서도 느낄 수 있었다.

비록 미국이 정상회담에 대해 섭섭한 감정이 있었을 것이나, 남북 정상회담 직후 한미관계에서 큰 불협화음은 없었다. 다만 정상회담 이후 올브라이트 장관의 방북과 클린턴 대통령의 방북 추진에서 나타났듯이, 미국은 북한과의 관계개선을 위해 서두르는 인상을 주었다. 클린턴 대통령은 자신의 업적, 즉 대량살상무기 확산을 저지한다는 미국의 외교정책의 일부를 성공적으로 수행했다는 업적을 남기기 위해 역시 대북접촉을 활발히 진행하였다. 북한으로서도 지속적으로 북한을 불량국가로 지목하고 대북 강경정책을 피력하고 있는 부시 후보가 당선되면 모든 노력이 수포로 돌아갈 가능성이 있음을 간파하고 대미협상을 매우 빠르게 진행시켰다. 그러나 이 시기 미국은 대통령선거의 막바지에 있었기 때문에 클린턴 대통령의 방북은 무산되었다. 자칫 클린턴 대통령의 방북이 차기 대통령에게 짐이 될 수 있기 때문이다. 그리고 대북 강경정책을 주장한 부시 후보가 대통령으로 당선되었다. 이러한 민주당 정부의 대북 온건정책은 공화당 정부에게는 그리 좋은 인상을 주지는 못했다. 기본적으로 북한을 불신하고 있는 부시 행정부의 외교안보팀은 대북정책의 전면 재검토를 선언하였다.

결국 부시 행정부가 출범하기 전까지 한미관계는 매우 원만한 것으로 평가할 수 있다. 그러나 남북 정상회담을 계기로 남북관계가 매우 빠른 속도로 개선되는 것에 대한 미국의 우려와 공화당 정부의 등장이 맞물리면서 대북 포용정책을 구사하는 김대중 정부와의 갈등이 수면 위로 부상한 것으로 분석할 수 있다.

3. 부시 행정부의 한반도정책

2001년 1월 출범한 부시 정부의 안보전략이 서서히 윤곽을 드러냈다. 과거 클린턴 정부와는 대조적으로 상당히 강경한 정책이 나오고 있다. 이는 이미 대통령선거 과정에서 예상되었던 일이다. 미국의 한반도정책을 분석하기 전에, 미국의 세계정책 및 아시아 정책을 짚어볼 필요가 있다. 이는 미국의 한반도정책은 세계 및 아시아 정책의 하위정책이기 때문이다. 또한 여기서 우리가 주목해야 할 부분은 부시 행정부의 세계전략이 수립되는 과정에서 대아시아 전략 및 대북정책에 변화를 면밀히 검토하여 이것이 한반도 안보환경에 미칠 영향을 분석하고 이에 대응책을 마련한다는 차원에서도 매우 중요하다. 제3장에서 이미 미국의 세계

전략에 대해 살펴보았으므로 이 절에서는 미국의 아시아정책부터 살펴보고자 한다.

1) 부시 행정부의 아시아 정책

미사일 방어체제를 통한 패권의 유지 및 강화라는 세계전략의 연장선상에서 미국의 아시아정책은 패권국으로 부상할 가능성이 매우 높은 중국을 견제하는 것이다. 부시 대통령은 선거전에서부터 아시아의 중요성을 과거에 비해 더욱 부각시키고 있다. 비록 가까운 장래에 미국에 심각하게 도전할 국가는 없는 것으로 판단하고 있으나, 미국의 국익에 매우 중요한 지역의 안전을 위협할 수 있는 충분한 능력을 보유한 지역강대국의 등장을 배제하지 않고 있다. 특히 아시아에서는 막대한 자원을 보유한 군사경쟁국이 나타날 가능성이 있다는 표현은 다분히 중국을 의식한 것이라 할 수 있다. 또한 아시아에서의 인도·파키스탄의 핵무기경쟁 및 남중국해의 영유권분쟁 등 대규모 무력충돌이 발생할 가능성이 높다고 지적하고 있다.

따라서 미국은 중국군의 현대화사업과 양안관계는 지역안정을 해치는 요인이 될 수 있다는 판단하에 중국의 군사력 증강에 신경을 쓰고 있다.[25] 특히 중국이 보유하고 있는 300여 개의 핵탄두와 장거리 미사일에 우려를 표명했다. 미국 국방예산의 삭감은 아시아에서 적절하고도 믿을

25) 지난 수년 동안 중국은 러시아로부터 Su-27전투기 48대, 킬로급 잠수함 4대, 그리고 8개 대대를 유지할 수 있는 수의 S-300 지대공미사일을 구입했다. 또한 중국은 러시아로부터 허가를 받고 Su-27전투기를 생산하고 있는데 2010년경에는 최고 200기를 생산할 수 있다. 1999년에는 Su-30 전투기 60대를 구입했고, 각종 미사일을 러시아로부터 구입했다.

만한 군사력을 유지하는 데 문제를 야기할 것이라며 국방예산 증액을 주장했다. 그리고 아시아의 안보와 안정에 기본인 미·일동맹을 강화하고, 한국·호주·필리핀·태국 등과의 양자동맹을 강력히 유지해야 함을 강조했다. 특히 서태평양과 인도양에서 미군병력의 자유로운 활동을 위해 유럽과 동북아시아 이외의 지역(싱가포르)에 미군기지를 확보할 것을 주장했다.[26)]

이러한 정책목표를 달성하기 위해 미국은 아시아에서 동맹을 강화하고 동맹공약을 성실히 수행할 것이며, 중국의 대대만 압력을 예의주시할 것이며, 아시아 국가들이 건전한 경제정책을 수행하도록 유도할 것이며, 아시아에서 미국의 무역기회를 증진시키고, 북한으로 하여금 제네바 합의를 이행하도록 종용할 것임을 강조했다.

랜드 연구소(RAND)가 2001년 발표한 한 보고서(The United States and Asia: Toward a New U. S. Strategy and Force Posture)[27)]에서는 보다 구체적인 아시아 군사정책을 제안하고 있다. 이 보고서는 21세기 미국의 대아시아 안보전략에 대한 심층적인 연구를 담고 있으며, 이 연구보고서의 책임자인 잘메이 카릴자드(Zalmay Khalilzad)는 부시 행정부의 국가안보회의 국장으로 임명되었고, 딕 체니(Dick Cheney) 부통령의 주장[28)]과도 일치하는 부분이 많기 때문에 주목할 필요가 있었다.

---

26) *Washington Post*, 2001. 10. 19.

27) Zalmay Khalilzad, et. al., The United States and Asia: Toward a New U. S. Strategy and Force Posture(Santa Monica, CA: RAND, 2001) 참조.

28) U. S. Department od Defense, *A Strategic Framework for the Asia Pacific Rim: Looking Toward the 21st Century*(Washington D. C.; U. S. G. P. O., April 1990) 및 U. S. Department of Defense, *A Strategic Framework for the Asia Pacific Rim, Report to Congress 1992*(Washington D. C.: U. S. Department of Defense, May, 1992) 참조.

이 보고서에서도 아시아에서 지역패권국의 등장이 미국에게 큰 도전이 될 것이므로 저지해야 함을 매우 강조한다. 특히 이로 인해 미국이 아시아에 대한 정치·경제·군사적 접근에 방해를 받지 않기 위해 자원이 한 국가(중국)로 집중되는 것을 막아야 한다고 주장하고 있다.

따라서 미국이 실질적으로 취할 수 있는 전략은 이 지역에서 지도력을 발휘하면서 미국 동맹국들과 책임을 분담하는 것이라고 주장했다.[29] 이들이 제시한 첫 번째 정책은 일본의 보통국가화 노력을 지원함으로써 일본의 방위를 자국의 영토를 넘어 타 지역에서의 안보협력에 도움을 줄 수 있게 해야 하며, 일본으로 하여금 미국의 연합작전을 지원할 수 있는 적절한 능력을 보유하게 해야 한다는 것이다. 한마디로 일본의 군비강화를 지원해야 한다는 것이다.

둘째, 미국은 이 지역에서 중국, 인도, 러시아의 세력균형을 유지시켜야 한다. 이는 한 국가가 다른 국가의 안보를 위협하지 못하게 해야 하며, 이들의 연합이 미국에 도전이 되는 것도 막아야 한다. 셋째, 어느 국가도 무력을 사용해서는 안 된다는 사실을 주지시켜야 한다. 예를 들면, 중국이 무력으로 대만을 통일해서는 안 되며, 남중국해 문제도 평화적으로 해결해야 한다는 것이다. 끝으로 이 지역에서의 안보대화를 촉진시켜야 한다. 이 안보대화는 지역 갈등에 대한 논의의 장이 되어야 하고, 궁극적으로 미국이 주도하는 다자적 틀에 이들을 편입시켜야 한다. 즉, 보다 넓은 협력체제를 구축하기 위해 미국은 양자 안보동맹을 심화시키고

---

29) 이 보고서는 미국이 취할 수 있는 다섯 가지 시나리오를 제시하고 있다. 첫째, 필요하다면 다른 국가의 경제 및 군사력 증강에 제약을 가하기 위해 아시아에서의 미국 군사력을 증강시킨다. 둘째, 아시아 강대국들, 즉 인도, 일본, 중국과 권력을 분점한다. 셋째, 다극체제를 구성하여 미국은 균형자의 역할을 한다. 넷째, 이 지역에 집단안보체제를 구축한다. 다섯째, 아시아에서 철수한다.

확대해나가면서 다자주의를 강화해야 한다는 것이다. 이 체제에는 미국, 일본, 한국, 호주를 포함시켜야 하고, 싱가포르, 필리핀, 태국의 포함을 고려해야 한다고 주장한다.

또한 이 보고서 중 군사전략적 의미에서 주목할 점은 미군의 기존 동북아 중심의 전력배치를 동남아시아로 확대한다는 것이다. 아시아의 안보환경의 변화로 인해 중국과의 관계와 동남아시아의 안정, 그리고 인도와 파키스탄 간의 핵무기 경쟁 등이 미국이 풀어야 할 주요 과제로 부상하고 있기 때문에 서태평양에 주둔하고 있는 미군의 재배치를 고려해야 한다는 것이다. 그 결과 남중국해와 동남아지역에서 해군과 공군이 기동성 있게 움직일 수 있도록 괌을 아시아의 중추기지로 활용하고 일본 남단 류큐 열도에 군사력을 배치하는 방안을 제시하고 있다. 그리고 오키나와, 필리핀, 그리고 베트남에까지 근거지를 확대하여 장차 있을지도 모를 한반도와 대만에서의 사태전개에 대비해야 한다고 주장한다.

이는 미국의 세계전략이 21세기에는 유럽 중심에서 아시아 중심으로 이동하면서 중국을 가상 적국으로 상정하는 동시에, 일본을 아시아·태평양지역의 중심으로 부상시킬 가능성과 주한미군 역할 및 위상에도 상당한 변화가 있을 수 있음을 시사한다. 우선적으로 일본에 주둔하는 미국 해병대 병력을 괌이나 하와이로 이동시킴으로써 미·일 간의 갈등을 해소하는 데 도움을 줄 수 있으며, 이는 아시아에서 전쟁이 발발했을 때 신속히 대응해야 하는 미군의 전력에도 손실을 주지 않는 방안임을 강조하는 것이다.

그리고 한반도의 전쟁 위협이 감소됨에 따라 주한미군의 규모를 축소하는 것이 한미 양국에 도움이 될 것이라는 판단하에, 한국에 주둔하고 있는 미국 육군과 공군의 재배치도 고려해야 한다고 주장했다. 물론 현재 한국에 배치되어 있는 4개의 미 공군 전투기편대(fighter squadron)를 한반도에 평화가 온다고 해도 미국의 전략상 그 유지는 필요하지만, 궁극적으로 한 개의 기지, 즉 2개의 편대는 괌으로 이동시키는 것을 고려해야 한다고 주장했다.

그러나 미국은 다른 지역의 소규모 전쟁에 신속하게 미군을 파견할 수 있도록 동북아시아 주둔 미군, 즉 주한미군 및 주일미군을 유지할 것을 결정하였고, 오히려 서태평양 지역에 항공모함 전단을 증가시키고 공군력도 강화할 것을 결정했다. 그리고 국지전에 대비하여 해병대를 증원할 것도 결정하였다. 중요한 사실은 이러한 RAND 연구소의 정책제언이 대부분 부시 행정부에 의해 실행에 옮겨졌다는 사실이다(제5장 참조).

2) 부시 행정부의 한반도정책

부시 행정부 출범 이후 한미관계는 순탄하지 못했다. 부시 행정부의 세계정책이 과거 클린턴 행정부와는 많은 차이가 있고, 그 결과 미국의 아시아정책 및 한반도정책, 특히 대북정책에서의 많은 변화는 한미관계를 경색시켰다. 특히 부시 대통령의 대북정책의 전면 재검토 발언 이후 한미관계는 급속히 냉각되었다.

기본적으로 부시 행정부는 한반도 정세를 '불안정'으로 인식하고 있다. 그리고 불안정 요인으로는 북한의 미사일 개발을 첫 번째로 꼽으며, 이를 한국과 37,000 미군의 안전에 큰 위협으로 간주하고 있다. 예를 들면, 울포비츠(Paul Wolforwitz) 국방부 부장관은 상원 인사청문회에서 한반도에서 전쟁 발발 시 북한의 미사일은 한국의 인구밀집지역 및 미군기지에 집중적으로 발사될 것이라고 주장하면서, 이를 막기 위해서는 미사일 방어체제는 추진되어야 한다고 주장했다. 그리고 부시 행정부는 북한이 남한과의 대화에 소극적이고, 1991년 남북기본합의서 이행에도 매우 불성실하며, 1994년 제네바 합의 이행에 있어 북한의 사찰거부로 인해 공정이 늦어지고 있다고 판단했다.

미국의 한반도전략 또는 정책을 예측하기 위해서는 부시 행정부의 외교·안보진용의 인물들에 대한 분석이 필요하다. 당시 미국의 한반도정책은 국방부(강경),[30] 백악관(중도),[31] 국무부(온건)[32]의 의견이 혼재되어 나타나고 있으나,[33] 기본적으로 부시 행정부의 외교·안보진용의 인물들은 강경한 국제주의적인 외교 이념을 갖고 있기 때문에 한국 정부와의 마찰이 예상되었다.

강경한 국제주의를 주장하는 인물들은 한반도정책을 대일정책과 대중정책의 하위개념으로 간주하고, 한미동맹 강화를 주장하고 있다. 특히 그들은 동맹국으로서 한국은 미국의 정책을 지지해야 한다고 생각하는 경향이 있다. 따라서 미국의 미사일 방어체제에도 한국의 지지와 기술참여를 요구하고 있다. 그리고 이들은 한국의 안보와 직결된 주한미군 규모

---

30) 체니(Dick Cheney) 부통령을 비롯 럼스펠드(Donald Rumsfeld) 국방장관, 울포비츠(Paul Wolfowitz) 국방부 부장관, 데이비드(Mac David) 국방부차관보, 테닛(George Tenet) CIA국장 등이며, 그 밖에 헤리티지재단(Heritage Foundation)의 풀너(Edwin J. Feulner) 이사장과 워첼(Larry M. Wortzel) 소장이 강경한 입장을 보이고 있다.

31) 파월(Colin Powell) 국무부 장관, 아미티지(Richard Armitage) 국무부 부장관, 켈리(James A. Kelly) 아·태 담당 차관보 등을 들 수 있다.

32) 중도적인 국제주의자들은 라이스(Condoleezza Rice) 안보보좌관, NSC 아시아 담당 선임보좌관 패터슨(Torkel Patterson) 등을 꼽을 수 있으며, 부르킹스 연구소도 비교적 중도적인 성향이다.

33) 세종연구소, "부시 행정부 외교·안보팀 성향분석," 『정책보고서』, 통권 제34호(2001. 6) 참조.

의 축소를 주장하며, 향후 주한미군의 역할은 한국을 방어한다는 것보다는 동북아의 지역균형자로서의 역할을 담당해야 한다고 주장하고 있다. 또한 이들은 대북정책을 수행함에서 '북한은 불량국가이다'라는 가정하에 엄격한 상호주의를 요구하고 있다. 따라서 1994년 북·미 간의 제네바 합의는 재검토되어야 하며, 북한의 미사일 문제는 MD 사업으로 무력화시켜야 함을 주장한다.

반면 상대적으로 온건한 국제주의자로 분류되는 인사들의 대한반도정책의 기본방향으로 한반도 통일정책 우선, 한반도정책의 독립성 유지, 그리고 한미 간의 의견조율 등을 강조하고 있다. 주한미군에 대한 그들의 입장은 북한억제 측면을 강조하고, 그 규모도 유지되어야 함을 강조하고 있으나, 단계적 철수에 대한 입장도 가지고 있다. 그들은 MD 사업에 대한 한국의 유보적인 입장도 충분히 이해하고 있다. 대북정책에서 이들은 북한이 불량국가임에는 틀림이 없으나 그 독자성은 인정해야 한다고 주장한다. 따라서 엄격한 상호주의보다는 포괄적인 상호주의를 선호하며 북한을 포용하는 데 관심이 있다고 볼 수 있다. 북한의 핵 및 미사일 개발에 대한 입장도 MD 사업 추진으로 무력화시키는 것보다는 사찰과정의 투명성을 요구하며, 1994년 제네바 합의도 존중되어야 함을 강조한다.

그러나 당시 한국과의 마찰을 빚고 있는 대북정책은 강경파에 의해 형성되었다. 당시 미국의 대한반도정책은 상대적으로 온건한 인물로 평가되고는 있으나 대북정책에서는 결코 온건하지 않은 아미티지 국무부 부장관에 의해 주도되고 있는 듯했다. 그 이유는 미국의 대북정책이 1999년 발표한 일명 아미티지 보고서, 즉 대북한 포괄적 접근(A Comprehensive Approach to North Korea)[34]과 유사하기 때문이다. 이 보고서는

34) Richard L. Armitage, "A Comprehensive Approach to North Korea," *Strategic Forum,*

기본적으로 북한은 붕괴하지 않을 것이라는 가정하에 쓰였다. 또한 북한의 핵 개발 및 미사일 개발은 한반도는 물론 일본과 미국의 안보에도 위협이 된다고 주장했다. 페리 보고서와는 달리 주한미군 증강, 북한미사일 해외수출용 선박 해상 나포, 북한 핵시설에 대한 사전 공격 가능성 등 힘의 우위에 입각한 대결상황을 상정하고 있는 것이다. 미국의 대북정책 목표는 북한의 핵, 미사일, 생화학무기 및 재래식 무기에 의한 군사위협 제거이다. 북한이 핵 투명성을 제고하고, 미사일의 개발 및 수출을 중단하고, 재래식 무기 감축에 대해 긍정적으로 나올 경우 경제지원을 하겠다는 것이다. 이는 당시 부시 행정부의 대북정책과 일치한다. 만약 외교적 노력이 실패할 경우, 북한의 미사일 수출을 공해(公海)상에서 저지하고, 핵시설에 대한 선제공격도 배제하지 않고 있다. 이들은 포용정책의 한계를 설치할 것을 주장하고, 새로운 대북 억지력 강화에 중점을 둘 것을 건의했다.

이 보고서에는 대북협상에서 무엇을 강조해야 하는가도 명시하고 있다. 첫째, 미국의 목표는 금창리를 포함한 핵 개발 의혹시설에 대한 투명성 확보, 북한의 과거 핵활동에 대한 국제원자력기구(IAEA) 사찰, 사용후 연료봉의 조기제거이다. 둘째, 북한은 단기적으로 미사일 실험과 수출을 중지하고 장기적으로 MTCR에 가입시키는 것이다. 북한이 지속적으로 미사일을 수출한다면 미국은 이를 중단시켜야 한다. 미국은 유엔헌장의 자위권에 따른 행동임을 명백히 할 것이다. 셋째, 미국은 남북 간 상호 재래식 전력 감축을 위한 신뢰구축조치를 제안한다. 새로운 평화체제는 재래식 위협 감소와 연계되어야 한다. 넷째, 미국은 배분의 투명성 증대를 단서로 인도주의에 입각한 대북 식량 및 의료지원을 지속한다.

National Defense University, No. 159(March 1999).

그러나 북한 경제의 구조조정을 지원하는 데 중점을 둔다. 북한 경제의 개방을 지원하고, 북한의 변화를 조건으로 경제제재를 추가 완화하며 국제금융기구 가입을 지원한다. 북한이 필요한 조치를 취하면 미국은 우방과 함께 세계은행이나 아시아개발은행 내에 한국재건기금 창설을 검토한다. 좀 더 협력적 관계를 향한 단계적 로드맵으로서 북한의 위협감소 조치를 이행하는 데 따라서 인도적 지원 이상의 경제적 혜택을 증가시킨다. 다섯째, 미국은 한국, 일본과 함께 북한의 안보를 다룰 6자회담을 제안한다. 북한의 안전보장에 대한 다자적 공약은 불가침보장, 북한의 주권 및 영토보존 존중 등을 포함한다. 끝으로 북한이 미국의 안보관심사를 만족시킨다면 미국은 완전한 관계정상화를 준비한다.[35)]

당시 부시 행정부의 대북정책은 이 보고서 내용과 매우 흡사했다. 2001년 6월 7일 발표한 부시 대통령의 '북한과의 대화재개 선언'도 보고서 내용과 일치했다. 부시 성명의 핵심은 북한 문제 해결을 미국의 최우선 순위로 두고 있으며, 한국과의 협의를 통해 북한 문제를 해결할 것이며, 조건 없는 북·미대화를 재개한다는 것이다. 그리고 북한 핵동결, 미사일 개발 및 수출 중단, 및 재래식 무기 감축 등 3개항의 북·미 대화의제를 발표했다. 미국이 핵 문제를 거론한 것은 1994년 북·미 간의 제네바 합의의 이행에 관한 것으로, 미국이 주장하는 철저한 상호주의에 입각하여 북한의 핵에 대한 검증을 확실히 하겠다는 의미로 해석할 수 있다. 미사일 문제에 대한 언급은 앞서 지적했듯이 미국의 MD 사업과 직결된 문제로 미국의 입장에서는 별로 잃을 것이 없다고 판단하는 것 같다. 즉 북한이 미사일 개발 및 수출을 포기한다면 미국이 주장하는 '대량살상무기

---

35) 대북정책에 대한 미국의 주요 연구기관들의 견해는 박영호, 『미국의 국내정치와 대북정책 : 지속성과 변화』, 통일연구원, 연구총서 2000-12 참조.

확산 방지' 노력에 대한 성공으로 간주할 수 있으며, 북한이 포기하지 않을 경우 MD 사업 추진의 강력한 명분을 제공해주는 것이기 때문에 미국으로서는 잃을 것이 별로 없는 제안이다.

결국 이 선언을 통해 미국은 '한국과의 협의'를 강조함으로써 소원했던 한미관계를 정상화시키겠다는 의지를 보여주었으며, 북한에게는 한국의 대북 포용정책은 유지하되 좀 더 엄격한 상호주의가 적용될 것과 북·미 간의 제네바 합의가 유지될 것임을 밝혔다.

그러나 2002년 1월 부시 대통령은 국회 국정보고에서 북한을 '악의 축(Axis of evil)'의 일원으로 분류함으로써 대북정책에 변화가 없음을 예고했다. 그리고 한 걸음 더 나아가, 비록 직접적으로 북한을 거론한 것은 아니나 불량국가들에 대해 선제공격을 할 수 있음을 미국 육군사관학교 졸업식 연설에서 천명하였다. 결국 북한이 가시적으로 변하지 않는 한 북·미관계의 진전은 기대하기 힘들며, 한미관계에도 먹구름이 끼었다.

2006년 북한의 핵실험을 계기로 미국의 북한 핵에 대한 입장은 더욱 단호해졌으며, 미국의 의중이 그대로 반영된 유엔 안보리 결의안 1718호(대북결의안)가 만장일치로 채택되어, 미국은 대북정책을 실행에 옮길 수 있게 되었다.

여기서 우리가 간과해서는 안 되는 부분은 미국의 입장에서 북한의 핵(및 미사일) 개발은 미국 주도의 세계질서에 반기를 든 행동이라는 점이다. 탈냉전 이후, 특히 9·11 테러 이후 미국의 세계전략의 핵심은 대량살상무기 확산 방지와 대테러전이라 할 수 있는데, 북한이 핵 및 미사일 개발을 통해 세계질서 구축의 주역인 미국에게 도전을 하고 있는 것이라 할 수 있다. 게다가 미국이 가장 우려하는 상황은 대량살상무기가 테러집단에게 이전되는 것으로 북한이 미국 우려의 중심에 있다는 사실이 중요하다.

따라서 북한 핵 문제에 대한 미국의 기본입장은 CVID와 PSI(확산방지안보구상)로 요약할 수 있으며, 미국은 이 문제가 북·미 또는 남북한 양자 문제가 아닌 다자문제로 간주하고 있다. 주지하다시피 CVID는 북한은 모든 핵무기와 핵 프로그램을 완전하고 검증 가능하며 돌이킬 수 없는 방법으로 제거해야 한다는 것이다. 그리고 북한은 즉시 NPT에 복귀하고 IAEA 안전규정상 의무를 엄격히 준수해야 한다는 것이다. PSI는 북한의 대량살상무기와 관련 물질들이 제3국으로 이전되는 것을 차단하는 것이다. 미국은 해상에서 북한의 대량살상무기가 확산되는 것을 저지하기 위해 2003년 7월 이후 20여 차례의 합동훈련을 실시할 정도로 공을 들이고 있다. 그러나 미국은 줄기차게 북한 핵 문제를 외교적으로 풀 것임을 천명하고 있다. 즉 북한은 6자회담에 즉각적으로 복귀해야 하며, 9·19 공동성명을 성실히 이행할 것을 촉구하는 것이다.

2006년 10월 14일 만장일치로 채택된 유엔 안보리 대북결의안에도 이러한 내용이 고스란히 담겨 있다. 제3항에는 CVID가, 제8항에는 PSI에 대한 구체적인 사례가, 제13항에는 북한의 6자회담 복귀와 9·19 공동성명 이행이 명문화되었다. 특히 결의안 12항에서는 회원국들이 결의안 이행을 감시할 수 있는 임시위원회(ad hoc committee)를 설치할 것을 명기함으로써 국제사회에서 더 적극적이고 일관성 있는 대북 압력 행사를 가능케 했다.

따라서 미국은 안보리 대북결의안을 근거로 대북 압박정책을 강화할 것으로 예상되며, 그 내용은 다음과 같다. 첫째, 미국은 북한의 대량살상무기가 제3국으로 이전되는 것을 막기 위해 PSI를 강화할 것이다. 부시 대통령은 금지선(red line)이라는 용어는 사용하지 않았지만, 북한이 핵무기나 관련 물질을 제3자에게 이전하는 것은 용납할 수 없음을 재차 강조했다. 게다가 이미 미국은 10월 17일부터 시작되는 라이스 장관의 한·중·

일 3국 순방에서 이 문제를 집중적으로 논의할 것임을 강조했으며, 한국의 동참을 요구할 것이 자명하다.

둘째, 미국은 미사일 방어체제(MD)를 강력하게 추진할 것이다. 북한 핵실험 이후 이미 미국의 MD체제가 가동되기 시작했으며, 북한이 핵무기의 경량화를 추구할 것이라는 선언이 있었기 때문에 미국 내에서의 MD 반대 목소리가 작아질 것이 자명한 상황에서 부시 행정부는 MD 사업에 많은 예산을 투입할 것이다. 나아가 한국에게도 MD 사업 동참을 강력하게 촉구할 것이다.

셋째, 미국은 북한을 핵보유국으로 절대 인정하지 않을 것이다. 북한의 기대와는 달리 미국은 북한이 핵실험을 했다고 해도 북한을 핵보유국으로 인정하지 않을 것임을 분명히 하고 있다. 그 이유는 북한을 핵보유국으로 인정할 경우, 북한은 안정적으로 핵무기를 보유할 수 있을 뿐만 아니라 핵에너지 개발의 전기를 마련할 수 있게 된다. 그러면 북한은 핵 연구에 박차를 가할 수 있으며, 더 많은 핵무기를 보유할 수 있게 될 것이기 때문에 미국은 북한을 핵보유국으로 인정할 수 없다. 또한 북한이 핵을 보유하게 되면 일본의 핵무장 및 대만의 핵무장을 부추길 가능성이 있기 때문에 핵 확산방지를 위해 전력을 기울이는 미국의 대외정책은 큰 타격을 입을 것이기 때문이다.

넷째, 기본적으로 미국은 북한 핵 문제를 다자적 틀 속에서 해결할 것이다. 이는 북한이 주장하는 북·미 양자회담을 성사시키지 않을 것임을 의미한다. 물론 북한이 6자회담에 복귀할 경우, 6자회담 틀 내에서 북·미 양자회담은 가능하다. 하지만 이 문제도 미국은 신중한 입장을 견지했다.

끝으로 북한이 추가 핵실험을 강행할 경우, 유엔헌장 7조 42항을 적용하는 군사적 조치가 포함된 새로운 안보리 결의안 채택을 위해 노력할 것이다. 이러한 결의안이 채택된다면 이는 대북 군사조치를 국제사회의 승인하는 것을 의미하므로 미국이 대북 군사적 취할 가능성은 한층 높아질 것이다.

4. 부시 행정부하의 한미관계

이미 예상했던 대로 부시 행정부 출범 이래 한미관계는 원만하지 못했다. 파월 장관은 한미관계를 '딸꾹질(hiccups)' 관계로 표현했다.[36] 즉 딸꾹질할 때의 불편함을 그대로 표현한 것이다. 그럼에도 불구하고 부시 대통령 취임 후 아시아 국가 중에서 처음으로 김대중 대통령을 정상회담 상대자로 정했다는 것은 그만큼 한반도 문제 해결에서 한미 공조가 중요했음을 의미한다.

그러나 당시의 한국의 여론도 김 대통령의 대북포용정책에 비판적이었고, 김 대통령도 북한 문제에서는 무조건적으로 미국의 입장을 따르지는 않을 것이라는 자세를 취하고 있었기 때문에 정상회담은 순조롭지 않을 것이라고 예상했다. 게다가 김대중 대통령은 방미 직전 열린 한·러 정상회담에서 미국의 미사일 방어체제와 관련하여 러시아의 입장을 지지하는 것으로 비추어지는 발언을 했기 때문에 순탄한 한미 정상회담은 이루어지지 않을 것이라 예상했다.

미국 시간으로 2001년 3월 7일에 열린 정상회담에서, 최소한 겉으로는, 양국 정상은 한미동맹을 강화하는 동시에 대북정책에서 긴밀한 공조체제를 발전시켜나간다는 데 대해서 합의하였다. 김대중 대통령은 부시

---

36) *Washington Post*, 2001. 7. 14.

대통령에게 그동안 한국이 추진해온 대북포용정책의 목표와 내용에 대해 자세하게 설명을 했고, 미국의 미사일 방어체제에 어떠한 이견이나 반대의사를 가지고 있지 않음을 명백히 했다. 이에 부시 대통령은 대북 포용정책의 기조에 대해서 지지입장을 밝히고, 남북문제를 해결하는 데에 한국이 주도적인 역할을 해야 한다는 사실에도 동의하였다. 그러나 예상대로 부시 대통령은 김정일 위원장에 대한 회의감과 북한의 대량살상무기 개발에 대한 의혹을 솔직히 표현함으로써 한국과의 시각차를 드러냈다. 그럼에도 불구하고 한미 간의 안보동맹관계를 강화하는 동시에 대북정책에서 긴밀한 공조체제를 발전시켜나간다는 데 대해서 의견의 일치를 보았다. 이는 비록 양국 정상이 양국관계의 기본 틀에는 합의를 했다고 해도 향후 한미 양국 간에는 대북정책의 실천에서 많은 조율이 필요하다는 것을 시사한 것이다. 결국 이 정상회담은 한미 갈등이 모습을 드러내는 계기가 되었다고 할 수 있다.

한미 정상회담 이후 그나마 양국의 관계는 다시 협력관계로 복원되는 모습을 보여주었다. 김대중 대통령은 꾸준히 북한을 대화의 장으로 끌어내기 위한 노력을 했고, 아미티지 부장관도 서울을 방문하여(2001년 5월 9일) 미사일 방어에 대한 미국의 입장을 설명하였고, 가까운 장래에 북한과 대화를 재개할 것을 밝혔다. 그리고 미국은 지속적으로 한국의 햇볕정책, 북·미 기본합의서, 3국 대북정책 공조를 지지할 것이라고 밝혔다.

결국 2001년 6월 7일 미국은 북한과 대화를 재개할 것을 선언하였다. 앞서 지적했듯이 광범위한 의제를 가지고 북한과의 대화를 재개할 것을 선언하였다. 전 정권과 다른 점은 단계적으로 문제를 해결해나가는 것이 아니고, 포괄적인 접근을 하겠다는 것이다. 즉, 여러 현안에 대해 동시에 협상을 하고 문제를 해결하겠다는 것이다.

그러나 북·미 대화의 의제로 '북한의 재래식 무기 감축'을 넣은 것은 한국 정부를 당황하게 만들었다. 성명이 발표되기 얼마 전, 한·미·일 3국 간의 대북정책조정그룹회의(TCOG)에서 주한미군의 안전을 위해 북한의 재래식 무기가 감축되어야 한다는 것은 확인했으나 구체적인 토의가 진행되지는 않았기 때문에 의외의 제안이라 할 수 있다.[37] 한반도 문제 해결의 주도권을 장악하기 위한 미국의 정책이라고는 할 수 있으나, 이 문제는 역시 남북 간에 풀어야 할 문제이다. 그러나 이 문제를 해결하기 위해서는 미국과 한국은 북한과 군비통제 및 신뢰구축에 대한 더욱 효율적인 토의를 필요로 하고 있다.

2001년 6월 22일 양국의 국방부 장관은 한미동맹의 중요성을 재확인하였고, 주한미군의 장기적인 주둔과 동맹관계의 미래지향적인 발전의 필요성에 합의하였다. 특히 럼스펠드 장관은 한국에 대한 미국이 안보공약에는 전혀 변화가 없음을 강조하였다. 또한 부시 대통령이 발표한 대북정책에서 북한의 재래식 무기 감축에 대한 부분은 "남북 기본합의서의 정신에 따라 추진하되 한국이 주도적인 역할을 해나가기로 합의하였고, 남북대화와 미·북대화는 한미 간의 긴밀한 공조를 바탕으로 상호보완적으로 이루어져야 한다"는 데 합의하였다. 이 합의를 통해 한미관계는 어느 정도 정상화되었다고 볼 수 있다.

그러나 문제는 미국이 북한을 보는 시각에 전혀 변화가 없다는 것이다.

---

37) 당시 임동원 장관은 제임스 켈리 아·태 담당 차관보에게 이 문제는 주한미군의 철수와 관련되어 있기 때문에 미국이 직접적으로 해결하려는 것에 대한 우려를 표명하였다. 비록 이 문제가 한반도 평화는 물론 동북아 평화에 필수적인 것은 사실이지만 이는 남북 간에 풀어야 할 문제임에는 틀림이 없다. 따라서 우리는 이러한 미국의 의도는 북한을 압박하기 위한 카드이거나 재래식 무기 감축협상에서 미국이 어떠한 역할을 해야 한다는 정도로 해석할 필요가 있다.

부시 대통령은 APEC 정상회의(2001년 10월)에 앞서 북한에게 경고성 메시지를 보냈다. 미국이 대테러전쟁을 치르는 와중에 미국의 동맹국인 한국에 대해 북한은 어떠한 행동도 취하지 않을 것을 경고했다. 즉, 미국이 대테러전쟁을 치르고 있다고 해서 한국과 맺은 안보조약의 목적을 달성할 능력이 감소되는 것이 아님을 강조했으며, 남북대화의 재개를 종용하였다.[38] 그리고 APEC 회의에서 부시 대통령은 한국 정부의 햇볕정책이 북한과의 관계 개선에 기여했음을 강조했다. 또한 김정일 위원장에게 '한반도에 평화적인 관계를 진전시킬 기회를 놓치지 말고 조속한 시일 내에 북·미회담을 개최할 것'을 재차 요구하였다.[39] 또한 2002년에 들어와서도 북한을 악의 축의 일부로 간주하는 발언을 했으며, 선제공격도 배제하지 않음을 전 세계에 알렸다.

이렇듯 미국이 북한을 보는 시각에 변화가 없었기 때문에 이는 북한을 자극하여 남북관계까지도 소원하게 만들었으며, 한국의 입장에서는 지금까지의 남북관계 개선이 수포로 돌아가지 않을까 하는 의심을 갖는 것은 당연하다고 할 수 있다. 결국 한미관계도 어느 정도 냉각되는 것은 당연한 결과라 할 수 있다. 그러나 이러한 한미관계 및 남북관계를 본궤도에 올려놓기 위해 김대중 대통령은 지속적으로 제2차 남북 정상회담을 김정일 위원장에게 요구하고, 북·미 대화를 촉구했다.

결론적으로 부시 행정부의 대한국 군사정책의 핵심은 주한미군의 유지라고 할 수 있다. 1990년대 초부터 끊임없이 주한미군의 규모 및 역할 변화에 대한 논의가 진행되어왔으나, 당분간은 현재의 수준으로 유지하겠다는 것이다. 그 이유는 주한미군 문제는 주일미군 문제와 직결되어

---

38) *Washington Post*, 2001. 10. 17.

39) *Washington Post*, 2001. 10. 20.

있기 때문이다. 한국에서의 미군 감축은 주일미군의 유지 또는 강화의 명분이 될 수 없다. 즉 한국에서의 대폭적인 감군은 일본에서의 감군을 불가피하게 만들 것이고, 이는 미국의 아시아 전략에 큰 차질을 초래할 가능성이 높기 때문이다.

이러한 주한미군 유지 결정은 북한의 미사일 문제와도 직결되어 있다. 미국은 현재 북한이 보유한 SCUD, FROG 및 노동미사일이 미 공군의 전쟁수행 능력을 감소시킬 수는 없을 것이나, 이 미사일에 화학 및 핵탄두를 장착할 경우 미군에 큰 타격을 가할 수 있다고 판단하고 있다. 또한 북한의 특수부대의 공격으로 공군기지가 타격을 받을 수 있음을, 그 결과 이러한 공격에 대비하여 준비할 필요가 있음을 강조하고 있다. 따라서 오히려 미 공군력을 증강시킬 가능성도 있다.

그러나 문제는 북한이 대표적인 '불량국가'로 지목되어왔기 때문에 앞으로도 상당기간 동안(적어도 부시 대통령 임기 중에는) 미국 전략의 표적이 될 것이라는 예상이다. 게다가 북한의 핵 및 미사일 문제와 연관된 미국의 MD 사업 추진에 북한은 크게 반발하는 상황에서 양국의 대화가 순조롭게 진행될 수 없다고 판단된다. 그 이유는 미국의 미사일 방어계획의 성공은 곧바로 북한 미사일의 위협능력 감소와 직결되기 때문이다. 따라서 북한은 대포동 2호 미사일 개발에 박차를 가할 가능성이 높다.[40] 이러한 상황에서 부시 행정부에 보수 강경세력이 다수를 차지하는 점을 감안하면 한반도의 안보환경을 낙관할 수는 없다. 사태전개, 즉 북한의 반응에 따라 미국의 한반도 전략은 남북화해에 역행함은 물론 동북아지역의 새로운 긴장을 조성할 가능성을 배제할 수 없다.

40) 미국 정보부는 현재 북한이 4기의 대포동 1호를 보유하고 있는 것으로 분석하고, 대포동 2호는 2020년에 가서야 성숙단계에 접어들 것으로 예상하고 있다.

한국 정부가 대북협상에서 경제·사회문제 등 연성적인 문제들만을 다루고 안보문제에 대한 진척이 없을 경우 한미 간의 의견갈등이 발생할 가능성이 높다. 이러한 우려를 불식시키기 위해 재래식 무기 감축문제를 들고 나왔을 가능성도 배제할 수 없다.

2002년 2월 정상회담에서도 양국 정상은 한미동맹 강화, 대테러전에 있어 한국의 지속적인 협력, 김대중 대통령의 햇볕정책에 대한 미국의 외교적 지지선언, 그리고 북한의 대량살상무기에 대해 한미 양국은 '대화를 통한 해결'을 선언하였다. 또한 부시 대통령이 '악의 축' 발언을 할 때 한국이 이를 너무 민감하게 받아들인 것도 사실이다. 부시 대통령은 북·미관계를 진전시키기 위해 적극적이지는 않았으나, 북·미관계 개선 과정에 찬물을 부을 정도는 아니었다. 부시 대통령은 "언젠가는 북한과 대화를 할 것을 기대하고 있으나, 어떠한 협상이라도 협상조건들에 대한 철저한 확인이 필요하다"고 주장했다. 또한 "북한의 지도부에 대해 회의적이지만, 이것이 공동의 목적을 달성하기 위해 노력하는 과정에 영향을 미치지는 않을 것이다"라고 언급했다.[41] 이는 부시 - 모리 정상회담에서 다시 한 번 확인되었다. 양국 정상은 김 대통령의 남북대화 및 화해 노력을 지원할 것이며 대북정책조정그룹의 활동도 지원할 것을 다짐하였다.

그럼에도 불구하고 미국은 북한을 악의 축으로 간주하는 것에는 변함이 없었으며, 양국 간의 갈등과 이견이 정리되었다기보다는 일시적으로 봉합되었다고 볼 수 있다. 또한 한국과 미국 간의 역할분담론을 파괴함으로써 한반도에 보다 깊숙이 개입할 것임을 시사했다. 즉, 북한의 재래식

41) Ralph A. Cossa, "U. S.-Korea : Summit Aftermath," PacNet Newsletter, March 16, 2001, http://csis.org/pacfor/pac0111.htm.

무기 감축에 대해 미국이 깊은 관심을 표명했다. 그러나 한국은 한미 간의 관계를 회복시키기 위해 반대에도 무릅쓰고 한국은 차세대 전투기로 미국의 F-15를 선택함으로써 50년 동맹국, 미국의 체면을 살려주었다.

5. 결론: 한미 갈등 요인

부시 행정부의 출범 이후 한미관계는 북한에 대한 인식차이를 극복하지 못하고 표류하고 있다. 한국은 한반도에서의 평화정착을 위해 북한을 변화시킨다는 목표를 달성하기 위해 강력하게 대북 햇볕정책을 추진하는 반면 부시 행정부는 햇볕정책의 성과에 의구심을 보내고 있다. 한마디로 미국은 한국의 햇볕정책에도 불구하고 북한이 변하지 않고 있다고 판단하는 것이다. 오히려 북한이 햇볕정책으로 얻은 경제적 이익을 군사력 증강에 사용하고 있다고 분석한다. 게다가 남북 정상회담을 계기로 급진전한 남북관계가 자칫 주한미군의 존속에 영향을 미칠 것에 대한 걱정을 하는 것도 사실이다. 그 결과 미국은 대북 강경정책을 주장하고 있으며, 이로 인해 한미관계에서 불협화음이 발생하고 있다. 그러나 50년 혈맹관계를 유지해온 한미관계가 악화되는 것은 한반도 안정은 물론 동북아 전체의 평화에 악영향을 줄 것은 자명하기 때문에 한국은 물론 미국도 이러한 인식의 차이를 좁히기 위해 노력하고 있다. 한국은 미국의 의구심을 해소시키기 위해 노력하고 있으며, 미국도 한미관계를 고려해 북한과의 대화 재개를 선언하기도 하였다. 그럼에도 불구하고 한미관계의 불협화음은 당분간 지속될 것으로 전망되었다.

그 이유는 첫째 미국의 대북인식에 큰 변화가 일어나지 않고 있기 때문에 우리의 햇볕정책과 마찰이 불가피하다. 우선 미국은 북한의 변화에 대해 매우 회의적이다. 이러한 인식은 최근에도 지속적으로 표출되고 있다. 부시 대통령은 2001년 APEC 정상회의에 앞서 북한에게 경고의 메시지를 보냈다. 미국이 대테러전쟁을 치르는 와중에 미국의 동맹국인 한국에 대해 어떠한 행동도 취하지 않을 것을 경고했으며, 북한은 한국과의 대화를 재개한다는 약속을 지킬 것을 강조하였다. 또한 부시 대통령은 김정일 위원장에 대한 실망감을 토로했으며, 북한 어린이들이 굶주리고 있는 것이 가슴 아프다고 했다.[42] 특히 2002년 1월 29일 부시 대통령의 국정연설에서 북한을 악의 축에 포함시킴으로써 더욱 분명해졌다.

둘째, 미국은 북한에 대해 많은 변화를 요구하고 있기 때문에 북·미관계의 진전도 기대하기 어렵다. 미국은 북한이 대량살상무기의 개발 및 수출을 중단해야 한다고 주장하고 있으며, 재래식 무기의 감축에 대한 주문도 하고 있다. 그리고 경제개혁을 통해 북한의 사회문제를 해결해야 한다고 주장하고 있다. 이러한 북한의 변화를 바탕으로 한반도에서 평화협정이 1953년의 정전협정을 대체해야 한다고 주장하고 있다.[43] 게다가 9·11 테러 이후 '비대칭 위협' 해소라는 하나의 정책을 추가시켰다. 국방보고서는 — 중동의 이란, 이라크, 시리아 및 리비아를 겨냥하여 — 중동의 일부 국가들이 화학무기, 생물학무기, 방사성무기, 핵무기 및 고성능 폭발무기(CBRNE) 등을 획득함으로써 미국에 군사적 도전을 하고 있음을 강조했다. 게다가 이들은 이러한 무기들의 운반수단인 탄도미사일을 개발하고 있으며, 국제테러를 지원하고 있기 때문에 미국의 우방국들에게도 심각한 위협이 되고 있기에 이들의 노력을 적극적으로 저지해야 한다고

---

42) *Washington Post*, 2001. 10. 17.

43) James A. Kelly, "North-South Relations after the Summit," paper presented at the 2000 KINU-CSIS Exchange on the Theme of the Dynamics of Change on the Korean Peninsular in the New Century, Seoul, November 16-17, 2000, p. 2.

주장하고 있다. 이는 테러와의 전쟁이 종식된 후 북한에 그대로 적용될 가능성이 매우 높다. 현재 북한은 8개의 화학물질 생산공장을 가동시키고 있고, 여기서 생산된 유독작용제를 6개 시설에 분산시켜 저장하고 있으며, 그 보유량도 2,500톤 내지 5,000톤에 이를 것으로 추정된다. 또한 최근 화제가 된 탄저균을 포함한 생물무기도 생산할 능력이 있는 것으로 추정된다. 결국 이는 향후 미국의 대북정책에 적지 않은 영향을 미칠 것이다. 과거에는 역할분담 차원에서 이 문제는 미국이 전담하고 재래식 무기 감축에 대한 부분은 한국이 담당하는 것이 묵인되었다. 그러나 부시 행정부는 이러한 역할분담론을 파기했다. 즉, 한국도 북한의 대량살상무기 확산저지를 위해 노력해야 하며, 미국도 북한의 재래식 무기 감축에 대해 관여를 하겠다는 것이다.

게다가 최근에는 이러한 불량국가들에 대해 선제공격을 할 수 있음을 강조하고 있다. 부시는 탈냉전 이후 금지되었던 저위도(low-yield) 핵무기 개발을 진행시키고 있다. 이 무기는 지휘벙커와 같은 지하목표물을 파괴할 수 있는 '비형첨봉(nose cone)'이 장착되어 있다. 부시 행정부는 필요하다고 판단이 되면, 북한에 상당한 국지적 손상을 입힐 것으로 예상되는 저위도 핵무기를 동원하여 대북 외과폭격은 반확산을 위한 현실적인 방안 중 하나로 고려될 수도 있을 것이다.[44] 이러한 미국의 강경정책은 9·11 테러 이후 미국의 대북정책이 온건한 방향으로 선회할 것이라는 기대를 저버렸다.

---

44) 한편 소형경략 핵무기를 개발함으로써 미국은 보유하고 있는 6,000기의 핵탄두를 안전하게 감축할 수 있을 것이다. 부시 안보팀은 MD를 반대하고 있는 중국과 러시아를 설득하고 안심시키기 위해 이 카드를 사용하고 있다. 박건영, "부시 정부의 동아시아 안보전략과 제약 요인들," 『국가전략』(겨울호, 2001), 103~134쪽.

결국 당시 미국의 대북인식 변화나 북한의 변화를 위해 한국 정부가 할 수 있는 것이 별로 없었다. 또한 미국과 마찰을 빚고 있는 한국 정부의 대북정책변화, 즉 대북 포용정책의 변화를 기대하기는 어려운 실정이었다. 따라서 당시 한국 정부는 그저 기다릴 수밖에 없었다고 판단된다. 다만 우리가 취할 수 있는 정책은 대북정책이 아닌 안보정책에서 미국과의 불협화음을 최대로 줄이는 것이다.

우선 미국의 MD 사업 추진이 확실한 만큼, 대테러전쟁이 종식된 이후 미국은 MD 사업에 대한 한국의 입장을 다시 확인할 것이다. 이에 대비해 한국의 입장을 정리할 필요가 있다. 전역미사일 방어사업(TMD)에 대한 현재 우리의 입장은 '불참'이다. 그 이유는 우리에게 가장 큰 위협이 되는 것은 DMZ의 북한 포병대와 SCUD 단거리 탄도미사일이지 현재 북한이 개발 중인 장거리 미사일이 아니기 때문이다. 즉 전역미사일 방어사업의 핵심인 패트리어트 미사일은 주요 군사기지를 북한의 미사일과 항공기로부터 방어할 수 있으나 포병대, 특히 정사정포의 공격으로부터는 보호하지 못하기 때문이다. 따라서 우리는 MD에 의한 억지력의 확보보다는 긴장완화와 평화체제 정착을 포함한 정치적 해결이 더욱 바람직한 선택이라는 것을 강조해야 한다.

그러나 당시 미국은 우방국들에게 MD 사업에 동참할 것을 줄기차게 요구하였다. 또한 MD에 대한 우리 정부의 참여 여부는 단순히 군사적인 효용성보다는 중장기적인 정치적인 차원에서 그 중요성이 평가되어야 한다. 그 결과 우리도 언젠가는 의사를 표명해야 하기 때문에 우리의 입장을 확실히 정리해둘 필요가 있다.

한국은 최전방 우방국인 미국이 핵심국방사업으로 추진하고 있는 MD를 무조건 반대할 수 있는 입장은 아니기 때문에 적어도 관심이 있음을 표시해야 한다고 판단된다. 따라서 우리는 PAC3체제로 무기체제 기능을 향상시키는 사업을 추진함으로써 미국의 MD 사업에 간접적으로 참여한다는 사실을 전달하는 것이 타당할 것 같다. 한국 정부의 구입의사 자체가 MD 참여에 대한 우려로 이어질 가능성은 있으나, 이는 한국 정부가 미국의 MD 사업에 참여하겠다는 의사를 직접적으로 표명하지 않고서도 우방국으로서 미국 측 전략에 동참하겠다는 뜻을 비칠 수 있음을 의미하는 것이기 때문에 우리로서는 최선의 방법일 수 있다.45)

둘째, 주한미군은 한미 안보협력 관계의 상징적이고도 실질적인 수단으로서 양국관계의 장래를 결정짓는 변수라 할 수 있다. 과거의 경험에 비추어볼 때 한미 안보협력 관계는 주한미군의 변화에 크게 영향을 받아왔다. 냉전 이후 주한미군의 역할은 동북아지역에서 북한의 위협억제, 러시아 및 중국의 잠재적 위협 억제 및 지역 국가들 간의 군비경쟁 억제 등이다. 또한 이 지역에서 분쟁이 발생할 경우 안정자로서 미군은 즉각적으로 대응할 것을 천명하고 있다. 따라서 한반도 평화는 물론 동북아의 안정을 위해 주한미군의 지속적 주둔을 기정사실화시켜야 한다.

다만 부시 행정부는 주한미군의 유지를 결정했으나, 미국의 새로운 아시아 전략에 따라 주한미군 구조변경, 재배치 및 감축에 대한 논의가 활발히 진행되고 있었기 때문에 이에 대비한 노력이 필요했다. 미국은 동북아에서 지상군의 숫자를 줄이는 대신 공군력과 해군력으로 대체하

---

45) 그리고 자칫 방위비 분담 차원에서 참여국들에게 MD 사업 추진에 대한 분담금 요구에 대한 준비도 해야 한다. 부시 행정부는 국가미사일 방어에서 국가(Nationdal)를 삭제하면서 이 사업이 미국만을 위한 것이 아니고 우방과 동맹국들을 보호한다는 취지를 강조하면서 미사일 방어사업이라고 할 것이라 주장했다. 결국 미국이 추진하고 있는 MD 사업은 다국적미사일 방어(Multinational Missile Defense) 사업이 되었다. 이는 향후 참여국 내지는 관련국들에 사업비의 일부를 분담하라는 압력으로 작용할 수도 있다.

려는 의도를 드러내고, 동해상에 이지스 함 파견문제도 신중히 검토하던 상황이었다. 따라서 주한미군 감축으로 오는 전력손실을 보강할 수 있는 한국군 증원 및 전력배치 재검토 등의 연구가 필요했으며, 실현 가능성은 적지만 미국의 새로운 공군기지 및 해군기지 요구에도 대비해야 했다.

셋째, 미국의 대테러전에 적극 동참할 필요가 있다. 현재 간접적인 경로를 통해 미국은 한국의 전투병 파견을 요청하고 있다. 한국 정부는 미국의 2단계 대테러전쟁으로서 이라크를 공격할 때 우리의 대미지원책을 사전에 준비할 필요가 있다. 그러나 한국이 앞서 나갈 이유는 없으며, 일본과 중국의 지원을 우선적으로 고려하는 것이 좋다. 즉, 한국은 미국의 대테러전을 포함한 국제분쟁의 관리 및 해결을 위해 능동적인 자세를 보일 필요가 있다는 것이다.

넷째, 한국은 동북아 다자안보체제 구축을 위한 노력을 해야 한다. 특히 당시 가동 중인 한·미·일 대북정책조정그룹회의(TCOG)를 확대·발전시키기 위한 노력을 해야 했다. TCOG는 1999년 구성된 이래 2001년 5월까지 대북정책조정그룹회의를 여러 차례 가졌다. 특히 한국과 일본은 새로운 부시 정부가 들어선 이후 강경해지는 미국의 대북정책에 대한 우려를 TCOG 회의를 통해 전달함으로써 미국의 대북정책 형성에 긍정적인 영향을 미쳤다. 부시 행정부는 출범 이후 대북 강경정책을 지속적으로 시사함으로써 북·미관계를 경색시켰고, 이로 인해 남북관계도 소원해졌으며, 이러한 대화의 단절은 한반도에서의 긴장상태를 조성시켰다. TCOG 9차 회의에서 한국 측은 제2차 남북 정상회담을 개최하여 남북간의 교류·협력확대를 통해 한반도에서의 긴장완화를 이루어야 한다고 주장했으며, 일본은 일·북 관계정상화 및 대북 포용정책을 지속적으로 추진할 뜻을 비쳤다. 이러한 한국과 일본의 대북정책에 대한 입장은 5월 10차 회의에서도 반복되었고, 이를 수용하여 미국은 6월 한국의 대북포용정책을 대폭 수용하는 대북정책을 발표하였으며 미·북대화가 재개되었다.

이렇듯 한·미·일 3국이 공통의 문제를 해결하기 위해 공조체제를 수시로 가동하여 접촉하고 있다는 것은 향후 3국의 안보협력, 나아가 동북아의 평화 유지를 논의하기 위한 모임의 탄생을 기대하기에 충분하다고 판단된다. 즉, TCOG가 확대·발전하여 중국과 러시아 그리고 북한을 포함한 동북아의 '평화관리체제'로 발전될 가능성이 높다고 생각된다. 결국 동북아시아의 다자안보협력체 구성을 위해 노력해야 한다는 것이다.

끝으로 한국 정부는 부시 행정부의 강경전략의 본질을 이해해야 한다. 한반도 평화정착을 경시하는 것은 아니지만, 한반도 평화와 안정이 미국의 최우선 전략목표가 아닐 수도 있다. 물론 그 가능성은 희박하지만 미국이 북한에 대해 선제공격할 가능성을 배제할 수 없다. 만일 이러한 사태가 전개된다면 한국이 가장 큰 피해자가 되는 것은 자명하다. 따라서 남북한 민족론으로 미국을 설득하려는 자세는 버려야 한다. 특히 현재 일고 있는 반미감정에 적극적으로 대처해야 한다.

제5장

주한미군 재배치 및 감축

1. 서론

한미동맹의 한 축인 주한미군은 지난 50년 동안 대북 억제력 확보와 함께 북한의 도발 시 미국의 자동개입을 유도할 수 있는 인계철선(trip-wire)의 역할을 수행해왔으며, 한국의 안보비용 절감과 함께 오늘날 경제 번영과 민주주의를 확산시키는 데 중요한 역할을 하고 있다. 또한 주한미군은 동맹의 또 다른 축인 우리 국군과 함께 한국전쟁 이후 50년 동안 한반도에서 평화를 유지하고 전쟁을 억제하는 임무를 성공적으로 수행해왔다. 한편 주한미군은 주일미군과 함께 동북아시아 지역의 평화와 안보를 유지하는 데 결정적인 역할을 하고 있으며, 동맹국들과 협조하여 미국의 이익을 지키겠다는 의지와 능력도 과시하고 있다.

그러나 군사동맹 50주년을 맞는 2003년 한미동맹은 지난 반세기 동안 한반도 안보의 기축이었음에도 불구하고 가장 큰 위기를 맞았다. 이러한 한미동맹의 위기는, 앞서 살펴본 바와 같이 2000년 6월 남북 정상회담 이후 감지되기 시작되었다. 간략하게 요약하면, 남북 정상회담 이후 발표된 공동선언문 1항에서 "남과 북은 나라의 통일문제를 그 주인인 우리 민족끼리 서로 힘을 합쳐 자주적으로 해결해나가기로 합의하였다"라는 것이다.[1] 이 문구에 대해 미국은 주한미군의 장래가 남북 정상에 의해 결정될 가능성을 우려하고 있음을 표명하였다. 이에 한국 정부는 주한미군의 장기적인 주둔을 수차례 약속했는데도, 실질적인 행동은 대북관계를 저해할 수 있다는 우려에서 한국전쟁 기념행사를 취소하고, 한미 군사훈련 참여 미군 수를 축소하고 훈련 자체를 취소하는 등 이중적인 태도를 보였다. 결국 미국은 한국의 안보정책에 의구심을 갖기 시작했으며, 북한문제 해결방법에서 한국과는 다른 견해를 견지함으로써 한미동맹에 위기가 시작되었다고 볼 수 있다.[2]

그러나 당시 미국의 대통령 선거가 진행되고 있는 관계로 이 문제는 수면 밑으로 가라앉았으나, 부시 행정부의 출범과 함께 미국의 대북정책은 강경한 방향으로 선회했고, 급기야 2002년 미국은 북한을 '악의 축'에 포함시킴으로써 한국이 추구하던 대북 햇볕정책과 정면으로 충돌했다. 이러한 상황에서 2002년 6월 미군 장갑차에 의한 여중생 사망사건을 계기로 반미감정이 증폭되면서, 한국 대통령 선거의 주요 이슈가 되었다. 미군 법정의 미군 가해자에 대한 무죄선언으로 한국 국민은 촛불시위를 통해 분노를 표출했으며, 한미 간의 주둔군지위협정(SOFA) 개정을 강력하게 요구하면서 반미시위로 변질되었다. 사실 미국도 1980년대 이후 한국의 국력 신장을 인정하고 한국 국민정서를 알기 때문에 두 차례의 주둔군지위협정 개정에 응하였다.[3] 그러나 개정의 내용이 한국 국민의

---

1) 자세한 내용은 외교통상부, 『외교백서』(2001. 7), 149쪽 참조.

2) Kurt M. Campbell, "The Future of the Korean Peninsular in the wake of the North-South Sunnit: Next Steps and Strategic Challenges," paper presented at the 2000 KINU-CSIS Exchange on the Theme of the Dynamics of Change on the Korean Peninsular in the New Century, Seoul, November 16-17, 2000, p. 9.

요구에는 미치지 못하였기 때문에 이러한 사태를 맞은 것이다.

게다가 2002년 10월 불거져 나온 북한의 새로운 핵 개발 의혹을 해결하는 방법의 차이를 보임으로써 전반적인 한미관계가 매우 냉각되면서 한미동맹 재정립을 요구하는 목소리가 나오기 시작하였다. 이러한 국민정서를 감안하여 노무현 대통령은 '보다 평등한 한미관계'와 역할분담론을 주장했고, 미국은 즉각적으로 주한미군의 후방배치를 선언했다. 결국 한미동맹 재정립과 주한미군 재배치 문제를 해결하기 위한 '미래 한미동맹 정책구상'회의가 수차례나 개최되었고, 이를 통해 양국 간에 합의가

---

3) 1953년 10월 한미 상호방위조약이 체결되었을 때, 주한미군의 지위에 대한 논란이 있었으나, 정전협정이 체결된 상황에서 당시 한반도는 준전시상태이기 때문에 대전협정을 폐기하고 새로운 협정을 맺을 필요가 없다고 주장했다. 그러나 한국민에 대한 인권침해가 발생하고 이에 대한 한국민의 불만이 고조되자 1962년 한미 양국 간에는 교섭이 시작되어 1966년 7월 9일 새로운 협정이 탄생하였다. 하지만 3개의 부속합의서는 이 협정의 정신을 매우 제한하는 것으로 형사재판관할권(criminal jurisdiction)을 지나치게 양보했다는 지적이 제기되었다. 1991년 2월 1일 제1차 개정이 이루어졌다. 이 개정에서는 앞서 지적한 형사재판관할권 자동포기와 관련해 '양해사항'과 '교환서한'이 폐기되고 새로운 '교환각서(Exchange of Notes)'가 채택되었고 새로운 '양해사항(Understandings on Implementation of the Agreement)'가 체결되었다. 그러나 노무, 시설, 구역, 검역 등 제반 문제에 대한 폭넓은 교섭이 이루어지기는 했으나 현실적으로 우리 측의 요구를 충족시키기에는 미흡했으며 이에 따라 재개정의 필요성이 다시 대두되었다. 제2차 개정작업은 1995년에 시작하여 2000년 12월 28일에 종결되었다. 제2차 개정은 본 협정 개정에 대한 협정(Agreement on amending the Agreement), 합의의사록개정(Amendments to the Agreed Minutes) 및 양해사항(Understanding to the Agreement) 등 세 개의 문서로 이루어졌다. 제2차 개정으로 형사재판권과 관련된 미군 피의자의 신병인도시기를 기소시점으로 앞당기는 한편, 살인 또는 죄질이 나쁜 강간죄의 경우 피의자를 우리 측이 체포하였을 경우 계속 구금할 수 있게 함으로써 미·일 SOFA 등과의 불평등성이 어느 정도 시정되었다. 김영원, "주한미군 지위협정," 『외교』, 제57호(2001. 4) 참조.

이루어졌다.

물론 시대적인 상황에 맞게 한미동맹을 재정립하고 주한미군의 장래를 정책적이고 전략적인 차원에서 재평가하여 새롭게 배치하는 것은 필요하다고 판단되지만,[4] 급격한 변화는 자칫 북한의 오판을 초래할 가능성이 있기 때문에 신중한 결정과 대책마련이 필요하다. 따라서 이 장에서는 주한미군의 역사를 돌아보고, 주한미군 재배치에 가장 큰 영향을 미치는 부시 행정부의 해외주둔군 정책을 분석해보고, 이와 관련한 주한미군 재배치 논의를 살펴본 후 향후 주한미군 재배치 및 감축에 대한 한국의 대응책을 찾아보고자 한다.

2. 주한미군의 역사적 전개

역사적으로 주한미군의 재배치(철군 / 감축)는 한국이 원해서가 아니고 미국의 필요에 의해서 결정되었다. 즉, 미국의 세계전략과 동북아 전략의 변화가 주한미군의 역할 및 규모를 결정해왔다. 이러한 미국의 주한미군 정책은 국제정치질서의 변화, 미국의 국내 여론, 한국의 위상변화를 감안한 것이라고는 하지만 한국 정부와의 협의를 거치지 않은 상태에서 미국에 의해 일방적으로 이루어졌다. 따라서 미국의 해외주둔군 정책의 변화에 따른 주한미군 재배치에 대비해 준비를 해야 한다는 의견은 오래전부터 개진되어왔다.

그러면 실질적으로 미국의 주한미군 정책에 어떠한 변화가 있었으며,

4) 정세진, "주한미군 감축 및 위상변경에 관한 주요논의 분석 : 남북 정상회담을 전후하여," 『국제정치논총』, 제41집 2호(2001) 참조.

그 변화가 주한미군의 역할과 규모에 어떠한 영향을 주었는가를 냉전시대와 탈냉전시대로 구분하여 살펴보자.

1) 냉전시대

제2차 세계대전 이전 미국의 외교정책은 불개입정책이었으나, 전쟁참여 이후 자국의 이익을 수호한다는 차원에서 적극적인 개입정책을 채택했다. 특히 아시아에서는 1950년 한국전쟁이 발발한 이후 미국은 미·일동맹과 한미동맹을 결성하고 이들 국가에 미군을 주둔시킴으로써 보다 적극적으로 대소련 봉쇄정책을 실행하였다. 그리고 1960년대 중반 미국은 베트남전쟁에 적극적으로 개입하면서 소련은 물론 중국을 포함한 공산주의 봉쇄정책을 냉전이 끝나는 1980년대 말까지 구사하였다.

주한미군의 역사는 제2차 세계대전을 조기에 종식하기 위해 소련을 아시아 전쟁에 끌어들인 것에서 시작한다. 당시 미국은 한반도의 분할을 결정하고, 북위 38도를 중심으로 북쪽에서의 일본군 항복은 소련이 받도록 하고, 남쪽은 미군에 의해 일본군을 무장해제시키기로 결정하였다. 소련은 참전 5일 만에 한반도 북단에 도착하였고, 1945년 8월 24일 38선 이북을 모두 점령하였다. 이에 한반도 전체를 소련이 점령할지도 모른다는 불안감으로 미국은 서둘러 한국에 군대를 파견함으로써 주한미군의 역사는 시작되었다. 당시 미국은 한반도가 소련 극동지방의 경제적 자원을 강화하는 데 도움을 줄 수 있으며, 소련에게 부동항을 제공할 수 있고, 중국과 일본에 영향력을 행사할 수 있는 중요한 전략적 위치라고 판단하였다.[5] 또한 한반도에 대한 미국의 이익은 한반도 그 자체에서만 나오는

---

5) William Stueck, “The United States, the Soviet Union and the Division of Korea:

것이 아니고 한반도를 통해 일본을 지킨다는 것이었다.[6)]

당시 주한미군의 규모는 약 3만 명이었고, 역할은 일본군 무장해제와 남한에서의 질서유지 및 소련 봉쇄였다.[7)] 한국 정부가 수립된 직후인 1948년 8월 24일 미국은 한국 정부와 주한미군의 지위를 규정하기 위한 '잠정적 군사안전에 관한 행정협정'을 체결하였다. 이 협정에 근거하여 미국은 임시군사고문단을 구성하여 한국군의 장비조달과 군사훈련을 담당했으며, 주한미군 사령관은 한국군의 지휘권과 기지 및 시설 사용권을 계속 확보하였다.

그러나 1948년 9월 19일 북한에서 소련군 철수 발표와 함께 미군도 철수하려 했으나, 여수와 순천 등에서의 반란사건으로 인해 약 1년 정도 철수가 연기되어 1949년 6월 29일 500여 명의 군사고문단을 제외한 모든 미군은 한국에서 완전 철수하였다. 그 대신 미국은 1949년 10월

A Comparative Approach," *The Journal of American-East Asian Relations*, Vol. 4, No. 4(Spring 1995), p. 3, 강성학, "주한미군과 한반도," 강성학·김태현·유재갑·이춘근·한용섭, 『주한미군과 한·미 안보협력』(세종연구소 1996), 16쪽에서 재인용.

6) 약 30여 년이 지난 이후에 밝혀진 사실이지만, 당시 미국은 안보상 중요한 지역이라고 판단되는 16개 지역 중 한반도는 15번째로 평가되었으며, 이를 근거로 미국 국방부는 아시아대륙에서 미군 주둔이 불필요하다는 '도서변방전략(Island Perimeter Strategy)'을 채택한 것이다. 오관치 외, 『한·미군사협력의 발전과 전망』(세경사, 1990), 57쪽; 김철범, "북한의 남침을 빚어낸 미국의 철수정책," 김철범 편, 『한국전쟁 : 강대국 정치와 남북한 갈등』(평민사, 1989), 314쪽.

7) 당시 미군 파견 근거는 1945년 9월 2일 연합군 최고사령관의 '일반명령 제1호(General Order No. 1)'이었다. 미 군사정부는 9월 10일 주한미군 사령부를 설치하고 군정관으로 아놀드(Archibald V. Arnold) 소장이 임명되었다. 1945년 9월 8일 일본군의 무장해제를 위해 미국의 제7보병사단이 인천에 상륙하였고 이어 2개 사단이 증원되었다. 유재갑, "주한미군에 대한 한국의 입장," 강성학 외(1996), 80쪽.

공포된 '상호방위원조법(Mutual Defense Assistance Act)'에 의거, 한국에 1,500만 달러에 달하는 물자 및 교육지원을 하였다.[8)]

그리고 그 유명한 에치슨(Dean Acheson) 선언, 즉 한반도를 미국의 방위선에서 제외한다는 선언이 1950년 1월 12일 발표되었고, 동년 6월 25일 한국전쟁은 발발하였다. 한국전쟁의 발발로 미국은 유엔의 결의에 따라 즉각적으로 개입을 선언하고, 한국을 공산주의의 침략으로부터 방어하기 위해 30만 명이 넘는 미군을 다시 파견하였다. 당시 전황이 급박하여 최근 한미 간의 최대 현안인 한국군에 대한 작전통제권이 1950년 4월 17일 유엔군 사령관에게 이양되었다. 또한 오늘날 한미 간에 문제가 되고 있는 주둔군지위협정(SOFA)의 모체라 할 '주한 미국군대의 형사재판권에 관한 대한민국과 미합중국 간의 협정', 일명 '대전협정'이 1950년 7월 17일 미국의 요청으로 체결되었다. 당시 상황이 매우 급박한 관계로 불평등한 부분을 조정할 시간적 여유도 없이 한국 정부는 미군 당국에게 일방적으로 미군에 대한 형사재판권을 부여하였다.[9)]

3년간의 전쟁은 1953년 7월 27일 휴전협정의 체결로 중단되었고 한미 양국은 '한미 상호방위조약'(1953년 10월 1일)을 체결함으로써 동맹관계가 성립되었다. 이 조약의 체결로 한반도에 미군 주둔이 제도적으로 보장되었으며, 한반도에서 전쟁을 억제하는 것이 주한미군의 주된 역할이 되었다. 그리고 이 조약은 이후 한미 연합방위체제의 법적 근간으로서 한미 행정협정과 정부 간 또는 군사 당국자 간의 각종 안보 및 군사 관련 협정들의 기초를 제공하고 있다.[10)]

---

8) 당시 미국의 잉여재산법에 따라 한국에 제공한 군사원조는 5,600만 달러로서 육군 5만 명분의 장비와 6개월분과 같다. 국방부, 『한미동맹과 주한미군』(2002), 40쪽.

9) 김영원, 앞의 글, 128쪽.

당시 미국은 한미 상호방위조약 체결에 소극적이었기 때문에 조약을 체결하는 과정에서 '자동개입' 조항을 삽입하지는 못했으나, 한국 정부는 한반도 전쟁 재발 시 미국의 자동개입을 기정사실화하기 위해 주한미군을 한강 이북에 배치하려는 노력을 시도했다. 결국 한국의 주도로 주한미군을 최전방에 배치시킴으로써 '인계철선' 역할을 하게 된 것이다.[11] 그리고 미군의 두 번째 철군이 시작되어 한국전쟁 직후 약 36만 명에 이르던 미군은 제2사단과 제7사단 병력 7만 명을 남겨두고 모두 철수했다. 물론 한국에 대한 군사원조는 지속되었다.

1960년대 중반 미국의 베트남 전쟁 참여로 한때 주한미군 감축이 논의되었으나 한국군의 월남파병으로 유보되었다. 특히 1960년대 말 북한이 지속적으로 도발(1968년 청와대 습격사건, 푸에블로 호 납치사건 등)을 했기 때문에 북한의 전쟁도발을 억제한다는 차원에서 주한미군의 절대적 필요성에 대해 이의를 제기하는 사람은 없었다. 즉, 한국 안보의 '통제자'로서 미군의 역할은 도전받지 않았으며, 주한미군 철수는 고려대상이 아니었다.

그러나 이러한 미국의 주한미군 정책에 큰 변화가 있었다. 당시 국제적으로는 데탕트 무드가 형성되고 있었고, 미국에서는 베트남전쟁에 반대하는 여론이 들끓었으며, 미국의 경제력이 급속히 쇠락하고 있었다. 그 결과 미국의 안보정책에 변화가 감지되었고, 이는 1969년 7월 닉슨 대통령의 '괌 독트린'으로 표출되었다. 일명 닉슨 독트린이라고 하는

---

10) 국방부, 『한미동맹과 주한미군』(2002. 4), 38쪽.

11) 당시 미국은 한미 상호방위조약 체결에 적극적이지 않았다. 미국 측은 한국 정부의 정전반대 분위기를 무마하기 위해 경제원조와 함께 상호방위조약에 응한 것이다. 이런 이유와 이승만 대통령의 북진통일 정책에 말려들 가능성을 배제하기 위해 한미 상호방위조약에는 자동개입 조항이 없는 것이다. 김학준, 『강대국과 한반도』(을유문화사, 1983), 160~163쪽, 유재갑, 앞의 글, 83쪽에서 재인용.

이 선언의 핵심은 '아시아의 안보는 아시아의 힘으로' 하라는 것이었다.[12] 즉 미국은 동맹국과 우방국의 방어에는 참여하지만 군사 전반에는 개입하지 않겠다는 것이었다. 이때부터 미국은 주한미군 감축을 계획하였고, 1971년 발표된 국무장관보고서에서 구체화되었다.[13] 이러한 주한미군 감축 계획은 사전에 한국 정부와의 협의를 거친 것이 아니고 이미 결정된 상태에서 1970년 7월 포터 대사에 의해 한국 정부에 전달되었고, 이후 한미 국방장관회의와 에그뉴 부통령의 방한을 통해 1971년 2월 주한미군 감축과 한국군 현대화에 대한 양국의 합의가 도출되었다. 그러나 감군 준비는 이미 1970년 5월부터 시작되었고, 1971년 3월까지 주한미군 제7사단 병력 2만 명이 철수하였다. 이때부터 주한미군 병력은 4만여 명 수준으로 유지되었고, 한국 정부는 '자주국방'의 의지를 다지기 시작했다. 그 결과 한국의 정책 순위가 '선(先)경제건설 후(後)국방건설'에서 '싸우면서 건설하자'로 바뀌면서 경제와 국방을 병행하여 발전시켜 나가기 시작했다.

그 후 집권한 미국의 민주당 정부, 즉 카터(Jimmy Carter) 행정부의 아시아정책도 닉슨 행정부의 그것과 큰 차이는 없었지만, 당시 신고립주의 성향을 보이던 카터 행정부는 월남전이 종식된 것을 계기로 다시 주한미군 철수론을 들고 나왔다. 한국의 경제성장과 남북한의 군사력

---

12) 이 보고서에 의하면 미국의 해외주둔군 정책은 아시아에서 총 4만 2,000명의 미군을 감축하는 것이고, 이 중 한국으로부터 제7사단(2만 명)을 철수시킨다는 것이었다. 그리고 대신 한국군 현대화 5개년 계획을 지원한다는 것이다. Richard Nixon, *U. S. Foreign Policy for the 1970s: A New Strategy for Peace, A Report to Congress*(February 18, 1970) 참조.

13) 당시 미국은 아시아에서 총 4만 2,000명의 미군을 1971년 6월까지 감축한다는 결론을 내렸다. Department of State, U. S. *Foreign Policy, 1969~1970: A Report of Secretary of State*(1971) 참조.

균형의 낙관적인 평가, 중국과 소련의 한반도 전쟁재발 불원 등 한반도 주변의 경제 및 안보상황에 변화가 있었기 때문에 미국은 대한국 군사개입 의지를 천명하는 것만으로도 충분한 전쟁억지가 가능하다고 판단했기에 지상군 철수를 실행하려 했다. 카터 대통령은 1977년 3월 9일 기자회견을 통해 향후 4 내지 5년 이내에 모든 주한미군 지상군을 철수한다고 발표했고, 그해 5월 5일 대통령 검토각서(PRM)에서 1982년까지 3단계 철군안을 구체화했다.[14] 이러한 감군안은 1977년 7월 26일 제10차 한미 연례안보협의회의의 공동성명에서 해롤드 브라운(Harold Brown) 국방장관이 언급함으로써 한국에 공식적으로 통보되었다.

그러나 비록 한국 정부와의 협의를 거치지 않고 미국이 독자적으로 주한미군 감축을 계획하고 발표했는데도, 보완책을 마련함으로써 주한미군 전력에는 큰 손실이 없었다고 할 수 있다. 게다가 미국 의회와 군부의 반대로 약 3,000명만이 감축되고 1979년 2월 철군계획은 잠정적으로 중단되었고, 7월에는 공식적으로 폐기되었다. 결정적으로 1979년 말 소련의 아프가니스탄 침공으로 인해 더 이상의 철군은 없었다. 그렇지만 한국 정부의 미국 정부에 대한 불신은 확대되었고, 카터 행정부의 인권정책과 맞물려 한미관계에는 이상 징후가 포착되었다.

이러한 한미 간의 갈등은 1980년대 초 미국 공화당의 로널드 레이건

---

14) 카터의 주한미군 감축계획은 제1단계(1978~1979)에서는 제2사단의 1개 여단과 기타 지원병력 등 6,000명을 감축하고, 제2단계에서는 보급 및 지원병력 9,000명을 철수시키며, 제3단계(1981~1982)에서는 남은 2개 여단과 사단본부를 철수시킨다는 것이었다. 결과적으로 미국 지상군 3만 2,000명을 철수시키려 하였다. 그 대신 지상군 철수로 인한 전력약화를 보완하는 차원에서 미국 공군력을 약 20% 증가시킬 것과 정보통신부대의 지속적 주둔 계획을 발표하였다. 또한 미국은 한국 군수산업에 대한 지원을 약속했으며, 1978년 11월 7일 한·미 연합사령부가 창설되었고, 양국의 합동군사훈련이 확대되었다. 오관치 외(1990), 59~60쪽.

(Ronald Reagan) 대통령이 집권하면서 완전히 해소되었다. 철저한 반공주의자인 레이건 대통령의 등장으로 주한미군에 대한 미국의 정책은 전면 재검토되었으며, 카터 행정부의 주한미군 감축안은 백지화되었다. 1981년 2월 레이건 대통령과 전두환 대통령은 공동선언을 통해 한국에 대한 미국의 안보공약을 재확인하였고, 첨단 무기체제의 방위산업기술을 한국에 판매할 것을 밝혔다. 그리고 한국에서 미국 지상군을 철수할 계획이 없음을 분명히 했다.

그 이후 한미 간의 새로운 안보 동반자관계의 인식은 1980년대 중반부터 성숙되기 시작했다. 1986년 12월 16일 미국 정부의 1987 회계 연도 대한국 군사판매차관 종결발표가 있은 후, 아미티지(Richard Armitage) 국방차관보는 1987년 2월 25일 하원 외교위원회 아시아·태평양 소위원회의 청문회에서 "이제 한국은 신흥공업국으로 발전함에 따라서 한미 양국의 관계도 과거 보호 - 피보호 관계(patron-client relationship)를 탈피하고 새로운 안보 동반자 관계로 발전시킬 단계"라고 주장하였다.[15] 그리고 1988년 5월 개최된 한미 연례안보협의회의에서 한국에 미군 주둔비용 문제를 본격적으로 제기하면서 한국의 방위비 분담을 증액할 것을 요구했다. 비록 한국에게는 재정적 부담으로 다가왔으나, 한미 간의 불평등이 줄어드는 효과를 가져왔고, 레이건 대통령 재임기간 동안에는 주한미군 감축에 대한 언급은 없었다. 오히려 레이건 대통령 집권 후반기 1988년 서울 올림픽과 KAL기 폭파사건 등으로 인해 주한미군의 수는 증가하여 주한미군은 약 4만 6,000명에 이르렀다.

요약하면, 해방 이후 첫 번째 주한미군 철수가 있었던 1949년까지 미국은 일본의 항복을 받는 과정에서 한국의 질서를 유지하는 일종의

---

15) 『조선일보』, 1987년 2월 27일, 유재갑, 앞의 글, 88쪽에서 재인용.

'관리자'였으며, 한국의 미래에 대한 '후견인'의 역할도 했다.[16] 그리고 한국전쟁 발발 이후 냉전종식까지 주한미군의 역할은 대북 억제력 유지와 소련을 봉쇄하는 것이라 할 수 있다. 특히 소련을 봉쇄하는 가운데 일본을 지킨다는 것도 주한미군의 주요 역할이었으며, 미국의 이러한 인식은 오늘날까지도 지속되고 있다. 그리고 냉전시대 주한미군의 규모는 국제정세 변화에 따른 미국의 안보전략 변화에 많은 영향을 받았고, 미국의 경제상황에도 큰 영향을 받았다고 할 수 있다. 즉 미국의 베트남전쟁 수행으로 인한 경제적 어려움이 전반적인 해외 주둔군 감축으로 이어졌고, 주한미군도 감축되었다. 그리고 주둔국(한국)의 경제상황도 주둔군의 역할과 규모 변화에 일정부분 영향을 미쳤다. 그 결과 한국전쟁 직후 주한미군은 36만 명이었으나, 지속적으로 감축되어 냉전이 끝날 무렵에는 4만 6,000명 선을 유지하였다.

그러나 중요한 사실은 냉전기간 동안 주일미군 또는 주독미군의 철수문제는 거의 논의되지 않았으나, 주한미군에 대한 감축과 철수는 논의대상이었다는 것이다. 이는 앞서 지적한 바와 같이 한국이 미국의 외교정책에서 차지하는 비중이 일본보다 낮은 것에서 비롯된다. 따라서 주한미군의 철수문제는 한국의 전략적 가치의 변화에 따라 쉽게 바뀔 수 있음을 예상할 수 있었다.[17]

2) 탈냉전시대

탈냉전시대가 개막되기 직전인 1989년 부시 행정부의 출범과 함께

---

16) 강성학, 앞의 글, 17쪽.

17) 이춘근, "미국의 신동아시아 전략과 주한미군," 강성학 외(1996), 54쪽.

의회를 중심으로 주한미군 감축논의가 다시 시작되었다.[18] 당시 미국 의회에 제출된 법안들 중에 우리가 다시 한 번 검토할 가치가 있는 것은 1989년 7월 채택된 넌-워너(Nunn-Warner) 수정안이다. 이 법안은 주한미군 감축에 대해 구체적인 방법을 제시하고 있으며, 2003년 미국이 추진하려고 하는 주한미군 재배치안과 유사하기 때문이다. 그 핵심 내용은 미국은 주한미군의 주둔 위치, 전력구조(군사력), 임무를 재평가하고, 한국은 자신의 안보를 위해 보다 많은 책임과 비용을 분담해야 하며, 한미 양국은 주한미군의 부분적·점진적 감축의 필요성과 가능성에 대해 협의해야 한다는 것이다. 그리고 대통령은 의회에 한국과의 협상 결과를 보고하라고 명시하고 있다. 반면 1989년 7월 18일 한미 연례안보협의회의 공동성명에서는 북한의 위협에 대응하기 위해 주한미군이 필요하며, 양국의 정부와 국민이 평화와 안정을 위해 주한미군이 필요하다고 인정하는 한 주한미군은 지속적으로 한반도에 남아 있을 것을 천명함으로써 미국 행정부는 주한미군 감축에 대한 반대 입장을 분명히 하였다. 결국 미국 행정부는 주한미군의 감축을 반대하고 의회는 찬성하는 분위기였다고 할 수 있다.

그러나 1989년 말 베를린 장벽이 무너지고 탈냉전시대가 시작되면서 미국의 안보정책도 수정이 불가피해졌다.[19] 탈냉전시대 미국이 발표한

---

18) 1989년 6월 미국 상원의 레빈의원(Carl M. Levin)과 범퍼스(Dale L. Bumpers) 의원 등 6명이 '주한미군 감축법안'을 의회에 제출한 것을 시작으로 7월에는 넌-워너(Sam Nunn-John Warner) 수정안이 채택되었으며, 9월에는 '감군에는 반대하되 한국의 방위비 분담은 증액한다'는 스티븐스(Ted Stevens) 의원의 수정안이 상원을 통과하였다. 유재갑, 앞의 글, 89쪽.

19) 헌팅턴은 1990년의 대변혁은 미국이 냉전시대에 채택한 대전략(grand strategy)인 봉쇄정책과 이를 뒷받침하기 위한 군사전략인 억지전략은 더 이상 미국의 전략이 되지 못한다고 분석했다. Samuel P. Huntington, "America's Changing Strategic

첫 안보전략은 넌-워너 수정안에서 요구한 해외주둔군 감축에 대한 보고서인 "동아시아 전략구상"(East Asia Strategic Review)이다.[20] 1990년 2월 발표된 이 보고서는 당시 국방장관이었던 지금의 체니 부통령의 작품이기 때문에 지금 한반도에서 논의되고 있는 주한미군 재배치 논의와 관련하여, 향후 주한미군 재배치가 어떠한 형태로 이루어질 것인가를 예측하는 데 도움을 주었다.

이 보고서에는 미국이 태평양 세력으로 남을 것을 분명히 했으며, 1980년 이래 아시아와의 경제관계가 급성장했음을 지적하고, 미군의 전진배치 방어태세(forward based defense posture)를 새롭게 평가해야 함을 주장하고 있다. 그럼에도 불구하고 아시아·태평양 지역에 주둔하고 있는 미군을 단계적으로 감축하는 이른바 3단계 철군안을 제시하였다.[21] 그러나 이것이 이 지역에서의 완전한 미군 철수를 의미하는 것은 아니었고, 미국의 경제이익을 수호한다는 차원에서 적정 규모의 미군을 지속적으로 주둔시킬 것이라고 밝혔다. 또한 주한미군은 한국전쟁 재발억제에 대한 주도적 역할로부터 지원역할로 변경할 것을 제의하였다. 이는 한국

Interests," *Survival*, Vol. xxxiii, No. 1(January / February 1991), p. 3.

20) The Department of Defense, *A Strategic Framework for the Asia Pacific Rim: Looking Toward the 21st Century*(April 1990) 참조.

21) 제1단계에서는 향후 1~3년 동안 아시아에 주둔하는 미군 약 13만 5,000명 중 1만 4,000~1만 5,000명을 감축한다는 것이다. 이 중 한국에서는 1993년까지 공군 2,000명과 육군 5,000명 등 총 7,000명을 감축하여 주한미군의 병력수를 약 3만 7,000명으로 유지시키겠다는 것이었다. 제2단계는 향후 3~5년 동안 제2사단의 재편성과 함께 전투병력을 감축하는 것으로 1995년까지 6,500명을 더 철수시켜 주한미군 병력을 약 3만 1,000명 선으로 유지하겠다는 것이다. 제3단계는 향후 5~10년 동안 전투병력의 감축과 함께 한국의 방위는 한국이 주도적으로 이끌어나가게 한다는 것이다. Ibid., pp. 15~16.

의 추가적인 책임과 비용분담을 의미했다. 그리고 한미 갈등의 원인이 되는 주한미군 기지 이전을 추진해야 함을 강조하고, 특정 군사임무 및 작전통제권을 한국에 이양하는 전단계의 신뢰구축을 추진할 것을 주장하였다.

당시 미국이 제시한 3단계 철군안은 한반도 주변의 정세변화에 영향을 받았다. 즉, 미국은 중국과 소련이 한국전쟁의 재발을 원하지 않는다고 분석했으며, 한국의 경제력 신장으로 인해 한국의 군사력도 증강되었기 때문에 자국의 안보비용을 줄이는 차원에서의 주한미군 감축을 더욱 고려하게 되었다. 그리고 한반도 유사시 미국의 개입의지만 확실하다면 전쟁을 억제할 수 있다는 판단하에, 주한미군을 감축하는 대신 잔류 주한미군과 한국군의 전력을 증강시키면 북한의 도발을 충분히 억제할 수 있다고 판단하였다.[22)]

결국 이 계획에 따라 1992년 말 기준으로 동아시아에서 총 1만 5,250명이 철수하였고, 이 중 철수한 주한미군은 6,987명이었다. 그러나 다음 단계 계획이 실행되기 직전 불거져 나온 북한의 핵 문제로 인해 감군계획은 무기한 연기되었고, 1991년 11월 21일 체니 국방장관은 공식적으로 주한미군 철수계획의 중단을 선언하였다. 그 결과 주한미군 감축계획은 오히려 축소되어 1995년 10월 기준으로 미국은 3만 6,250명의 미군을 한국에 주둔시켰다. 이러한 주한미군의 수는 계획보다 약 5,000명이 더 많은 것이었다.[23)]

그리고 1992년에 발표된 '동아시아 전략구상 II'에서는[24)] 미국 군사력

22) 1989년 10월 한미 정상회담에서 주한미군의 병력 수는 안보공약의 척도가 될 수 없음을 천명하였고, 전력평가에 따라 주한미군의 부분 조정이 가능하다고 밝혔다. 유재갑, 앞의 글, 91쪽.

23) 이춘근, 앞의 글, 64쪽.

이 아시아 지역에 계속 주둔하는 것이 미국의 국익에 도움이 된다는 사실을 명백히 했으며, 미국 의회가 동아시아에서의 미군 주둔을 '국가 이익을 수호하기 위한 매우 중요한 결정'으로 인식하고 있음을 분명히 했다. 또한 북한은 경제적 난관에 봉착해 있으면서도 핵 개발 의혹과 함께 지속적인 군사력 증강에 힘을 쏟고 있다고 분석하고, 북한의 붕괴로 인한 전쟁 가능성을 조심스럽게 내비쳤다. 그리고 1990년 보고서에서 주장한 주한미군 철군계획의 보류를 명문화하였다. 그러면서도 주둔국의 여론을 의식하기 시작하여 일본과 한국이 원하면 적당한 규모의 미군을 이 지역에 배치하겠다는 내용을 삽입시켰다. 그러면서 한국에 대해서는 방위비 분담을 증가시킬 것을 공식적으로 요청함으로써 미국의 주둔군 정책이 비용 분담을 강조하는 방향으로 변화하는 것을 시사했다.

1993년 민주당의 클린턴 행정부의 출범과 함께 탈냉전 이후 가장 포괄적인 미국의 안보정책이라고 평가받는 '전면 재검토보고서(Report of Bottom Up Review)'가 발표되었다.[25] 이 보고서의 핵심은 미국은 두 개의 대규모 전쟁에서 승리하기 위해서는 미국의 군사력을 증강시켜야 한다는 것이다. 즉 동북아시아(한반도)와 중동에서 동시에 전쟁이 발발했을 때 미국이 모두 승리하기 위해 군사력을 증강해야 한다는 것이다. 이어 1994년 7월 '개입과 확대의 국가안보전략(A National Security Strategy of Engagement and Enlargement)'이 발표되었다.[26] 백악관은 이 보고서에서 우방국인 한국, 일본, 아세안, 그리고 남태평양 지역에 대한 미국의 지속적인 개입을 천명하였고, 중국과 러시아와의 관계를 확대해나가겠다는

---

24) The Department of Defense, *A Strategic Framework for the Asia Pacific Rim, Report to the Congress*(1992) 참조.

25) Les Aspin, "Report of the Bottom-Up Review"(1993) 참조.

26) The White House, *A National Security Strategy of Engagement and Enlargement*(1994).

포용정책을 추진할 것임을 밝혔다.

이 보고서의 연장선에서 1995년 2월 미국 국방부는 '아·태지역에서의 미국 안보전략(United States Security Strategy for the East Asia-Pacific Region)'을 발표하였다.[27] 작성자인 조셉 나이(Joseph Nye)의 이름을 따서 '나이 보고서'라고도 부르는 이 보고서에서는 미국이 유일 초강대국임을 강조하면서, 아시아에 10만 명의 미군을 지속적으로 주둔시킴으로써 이 지역의 미국 이익을 철저히 수호하겠다고 밝혔다. 이때부터 미국의 일방주의적 외교·안보정책이 시작했다고 볼 수 있다. 특히 한미관계에 대한 미국의 입장은 양국의 40년간의 안보협력관계를 강조하면서 남북 간의 평화적인 해결책이 나올 때까지 정전협정을 준수할 것임을 밝히고 있다. 또한 북한의 위협이 소멸되어도 동북아의 안정과 평화를 위해 한미 동맹관계를 유지시킬 의향이 있음을 밝혔다.[28] 이는 주한미군을 지속적으로 주둔시키겠다는 것으로 향후 주한미군의 역할이 북한의 위협을 억지하는 것에서 동북아 지역의 '안정자' 역할로 변화할 수 있음을 시사했다. 그리고 아시아 지역에서 도전세력(중국)이 등장하는 것을 방지하기 위한 전략으로 주한미군 및 주일미군을 존속시키겠다는 것으로 평가할 수 있다. 특히 1990년대 중반부터는 미·일동맹을 강화하려는 움직임을 기정사실화하면서 일본의 군사력으로 중국을 봉쇄하고자 하는 의도를 드러냈다. 이러한 미국의 동맹강화 움직임은 책임 및 비용분담을 전제로 한 전략으로 보아야 하고, 미국과 동맹국들의 공동의 이익을 수호하기 위해 미국의 영향력 및 힘의 투사능력이 이 지역에서 중요한 역할을

---

27) The Department of Defense, *United States Security Strategy for the East Asia-Pacific Region*(February 1995).

28) 반면 일본에 대한 언급에서는 동아시아에서 미·일관계가 가장 중요하다고 주장하면서 주일 미군을 지속적으로 유지할 것을 주장했다. Ibid., p. 10.

할 것임을 시사했다.

요컨대 탈냉전시대 미국의 해외둔군정책은 탈냉전 초 해외주둔군을 감축하려 했으나, 1990년대 중반부터 미국의 패권적 지위를 유지·강화하기 위해 전반적인 개입정책을 채택하면서 해외주둔군 동결정책으로 선회했다고 할 수 있으며, 이는 부시 행정부가 출범하기 전까지 지속되었다. 따라서 1990년대 초부터 끊임없이 주한미군의 규모 및 역할변화에 대한 논의가 진행되어왔는데도, 미국은 당분간 주한미군을 현재 수준으로 유지하기로 결정했다. 이러한 주한미군 감축 보류는 미·일동맹 강화와 깊은 관련이 있다. 주한미군 문제는 주일미군 문제와 직결되어 있기 때문으로 한국에서의 미군 감축은 주일미군의 유지 또는 강화의 명분이 될 수 없기 때문이다. 즉 한국에서의 감군은 일본에서의 감군을 불가피하게 만들 것이고, 이는 미국의 아시아 전략에 큰 차질을 초래할 가능성이 높기 때문이다. 또한 1990년대 미국 경제의 고도성장도 이러한 정책변화에 영향을 미쳤다고 할 수 있다. 그리고 주둔국의 경제상황을 고려해 냉전시대의 비용분담 요구에 책임분담을 추가하는 경향을 보여주었다. 주한미군에 대한 비용분담은 미군의 전투태세를 유지할 뿐만 아니라 주둔에 대한 한국의 정치적인 지원을 의미하는 것으로 과거의 한국군과 미군 사이의 불평등한 관계를 많이 해소시켰다. 예를 들면 주한미군의 역할변경에서 군사정전위원회 수석대표에 한국군 장성이 임명되었고, 한미 야전사의 해체, 지상군구성군 사령관에 한국군 대장 임명 등의 조치가 있었으며, 1994년에 한국군 평시작전통제권 환수가 이루어졌다.

3. 부시 행정부의 해외주둔군정책

부시 행정부는 출범과 함께 해외주둔군 재배치를 추진했다. 이러한 정책을 추진한 데에는 9·11 테러가 가장 중요한 역할을 했음이 주지의 사실이다. 즉 테러사건 이후 미국은 대테러전을 선언하였고, 이를 원만하게 수행하기 위해 신속대응군 위주의 해외주둔군 재배치를 추진했다.

미국이 해외주둔군 재배치를 추진할 수 있었던 원동력은 1990년대 미국이 적극적으로 추진한 군사혁신(Revolution in Military Affairs)의 성과라 할 수 있다. 1990년대 초부터 본격적으로 시작된 군사혁신은 발전된 정보통신 및 정보처리 기술을 활용하여 고도로 합리화된 C4I(Command, Control, Communication, Computer, Information)를 통해 전투력을 극대화하는 과정에서 군 조직운영과 군사전략에 총체적인 발전을 이룩하였다. 이러한 발전은 이미 제1차 걸프전과 코소보전 등을 통해 그 효율성을 인정받았으며, 이때부터 미군의 병력수 자체가 미국의 국가이익을 보호하는 지표로서의 의미를 상실했다는 주장이 개진되었다.[29] 즉 미국은 과거와 같이 대규모의 지상군이 필요하지 않다는 결론을 내리게 된 것이다. 여기에 지난 10여 년 동안 꾸준히 발전된 장거리 수송능력, 즉 대형 C-17 수송기 개발에 의해 신속하게 지상군을 전장으로 배치할 수 있는 능력이 제고됨으로써 미국군은 지상군의 수를 줄이면서 신속대응군 체제로 변모하게 되었다. 이러한 신속대응군의 실제전력화 또한 최근 이라크 전쟁을 통해 그 가능성이 검증됨으로써 해외주둔군의 축소에 임할

29) Brian R. Sullivan, "The Reshaping of the US Armed Forces: Present and Future Implications for Northeast Asia," *The Korean Journal of Defense Analysis*, Vol. VII No. 1(Summer 1996), p. 137.

수 있게 되었다.

요컨대 이러한 군사기술 발전을 토대로 부시 대통령은 21세기의 새로운 위협으로 등장한 테러에 신속하게 대응할 수 있게 해외주둔군 재배치를 시도할 수 있었다. 이러한 미국의 의지는 파월 국무장관에 의해 처음으로 표현되었다. 파월 장관은 2001년 초 취임 직후 해외주둔 미군의 재조정 작업은 유럽지역이 주된 대상이 될 것이지만, 아·태지역에서도 한국과 일본에 주둔하고 있는 지상군 병력을 중심으로 축소작업이 이루어질 가능성을 배제할 수 없다고 말했다.[30] 그리고 미국 상원 동아·태소위원장 토머스(Craig Thomas) 의원은 보다 구체적으로 향후 주한미군을 포함하여 해외주둔 미군을 감축하라는 압력이 점증할 것이며, 지금처럼 미군의 기술이 여러 측면에서 발전한 상황에서는 과거와 같은 규모의 군대를 주둔시키는 것은 중요하지 않게 되었다고 주장하였다.[31]

이러한 해외주둔군 재배치 움직임은 9·11 테러 이후 가속화되었다. 테러사건이 발생하고 약 20일 후에 향후 미국의 국방정책의 지침서라 할 수 있는 4개년 국방보고서(Quadrennial Defense Review)가 발표되었다. 이 보고서는 탈냉전 이후 과거와는 다른 형태의 위협이 존재하기 때문에 미국군의 준비태세와 효율적인 운용 등에 대한 검토가 필요하게 되었다고 주장하면서, 미군의 구조변경 불가피성을 강조하였다.[32] 그리고 사례별로 작전을 수행하기 위해 미국이 방어해야 할 네 가지 목표를 제시하였다. 우선 본토 방어를 위해 충분한 군사력이 유지되어야 하며, 지역방어를 위해 그 지역의 특성에 맞는 군대를 유지해야 하며, 두 개의 대규모

30) 김성한, "9·11 테러사태 이후 미국의 안보정책 변화와 한반도," 국방부, 『한반도 군비통제』, 군비통제자료 32(2002. 12), 149쪽.

31) 『조선일보』, 2001년 2월 10일, 정세진(2001), 31쪽에서 재인용.

32) The Department of Defense, *Quadrennial Defense Review Report*(2001. 9. 30).

전쟁을 대비한 군 전력도 확보해야 하고, 평화 시 발생하는 작은 무력충돌에 대비한 군대도 양성할 것을 발표했다. 이는 미국이 지도력을 발휘하여 세계 어느 전쟁에도 개입할 의사를 밝힌 것인데, 이때부터 미국의 지상군을 신속대응군 체제로 전환하기 위해 해외주둔군 재배치에 대한 연구를 시작하였다.

그리고 2002년 9월 발표된 미국의 새로운 국가안보전략은 자국의 월등한 힘과 영향력에 기초한 세계전략을 펼칠 것임을 주장하고 있다.[33] 물론 적의 공격을 기다리기보다는 찾아서 분쇄하겠다는 선제공격 독트린이 이 보고서의 핵심이며, 군사기술의 발달로 인해 전쟁의 형태가 바뀌었기 때문에 미국의 해외주둔군도 여기에 맞춰 재배치되어야 한다고 주장했다. 그러면서 국제테러를 분쇄하기 위한 국제사회의 지원을 강조함으로써 책임 및 비용분담을 요구하고 있다.

2003년 초, 21세기 미군의 구조개편의 일환으로 유럽과 한국에 주둔하고 있는 미군 병력을 감축 및 재편할 것을 고려한다는, 해외주둔군 재배치에 대한 보다 구체적인 방안이 발표되었다. 특히 주독미군이 동유럽권, 즉 폴란드, 헝가리, 루마니아 및 불가리아로 이전하는 것을 공식화하였다. 냉전이 종식된 이후 주독미군은 그 규모가 크게 감소했지만, 아직도 90여 개 기지에 7만여 명의 미군이 독일에 주둔하고 있다.[34] 해외주둔군 이전의 주목적은 21세기 새로운 위협인 테러에도 신속히

---

33) The Whitehouse, *The National Security Strategy of the United States of America* (September 2002), 참조.

34) 4만 2,000명의 육군과 785대의 탱크를 보유한 미국 육군 유럽사령부가 하이델베르크에 주둔하고 있다. 그리고 1만 5,000명의 공군과 60여 대의 F-16 전투기, A-10 비행중대 등이 포함된 미국 공군 유럽사령부 예하부대가 람슈타인과 프랑크푸르트에 주둔하고 있다. 『중앙일보』, 2003년 2월 18일.

대응하는 능력을 강화하기 위해서이며, 해외주둔군을 오키나와에 있는 해병대와 코소보의 본드스틸 기지에 있는 미군처럼 최소의 규모로 높은 기동성을 갖춘 군대로 육성해나갈 것임도 밝혔다.[35] 즉, 지역분쟁이나 테러예상 지역에 신속하게 지상군 전력을 투사할 수 있게 되면서 미국 합참은 보다 소규모로 해외 미군 주둔 규모를 조정하면서 지역분쟁 등에 대응시간을 줄일 수 있는 범세계적인 기지체계를 구축하고자 했다.

미국 국방부는 워싱턴 포스트를 통해 새롭게 편성될 해외주둔군 기지 연구결과의 일부를 발표하였다. 보도에 의하면, 향후 미국은 해외주둔군 기지를 다음과 같은 세 가지 종류의 기지로 전환하여 유지할 것임을 밝혔다. 첫째, 미국은 괌, 영국, 일본 등에는 영구적으로 미군을 주둔시킬 수 있는 허브기지(permanent military 'hub')를 설치한다. 둘째, 한국, 호주, 독일, 터키 등에 있는 기존의 주요 기지 중 상당수(many)를 수십 개(dozens)의 소규모의 군수지원 병력을 배치하는 스파르타식 전진작전기지(FOB, forward operation base)로 재구성한다. 세 번째 기지형태는 공항 및 항구 등을 사용할 수 있는 협정을 체결하여 유사시 전진작전지역(forward operating locations)으로 운용할 것임을 밝혔다.[36] 이렇듯 미국의 해외주둔군 정책이 확고히 수립됨에 따라 주한미군 재배치도 가속화되었다.

4. 주한미군 재배치 및 감축 논의

이렇듯 미국의 새로운 해외주둔군 정책이 가닥을 잡아가는 상황에서,

---

35) 『한국일보』, 2003년 3월 5일.

36) *Washington Post*, 2003. 6. 9.

앞서 지적했듯이 2002년 한국에서는 미군 훈련 중 발생한 '여중생 사망 사건'이 한국의 대통령 선거와 맞물려 미묘한 반미기류를 형성시키고 있었다.[37] 그러나 한미 양국의 안보 담당자들은 비교적 냉정한 입장으로 주한미군 문제를 해결하려고 노력하였다. 2002년 12월 5일 개최된 제34차 한미 연례안보협의회의에서 한미 양국의 국방장관은 한반도에서 미군의 주둔을 지속적으로 유지해나갈 필요성에는 합의하였다. 그러나 한·미 동맹이 동북아 및 아·태지역 전체의 평화와 안정증진에 기여할 것이라는 데 견해를 같이하면서 한미동맹 재조정을 시사했다. 그리고 이러한 동맹 재조정 논의를 '미래 동맹 정책구상(FAPI, Future Alliance Policy Initiative)'회의를 통해 추진해나가기로 하였다.[38] 결국 동북아 안정자로서의 주한미군 역할이 강조될 것임을 시사했다고 할 수 있다.

그러나 한국 여론은 SOFA 개정 및 주한미군 기지 이전을 강하게 요구하였고, 노무현 대통령은 '보다 평등한 한미관계'를 주장하였다. 이에 애리 플라이셔(Ari Fleischer) 백악관 대변인은 2003년 2월 11일 정례 브리핑에서 미국은 각 지역에 맞는 미군 주둔 편제를 추구하고 있음을 밝혔고, 럼스펠드 국방장관은 상원 군사위원회 청문회에서 "주한미군의 재배치를 한국 정부와 재검토할 수 있다"고 증언하면서 "우리는 이전부터 자체적으로 그것을 검토해왔고 리언 라포테 주한미군 사령관은 몇 달째

---

37) 이러한 반미기류는 미국의 여론에도 악영향을 미쳐 주한미군 철수에 대한 미국 국내여론도 확산되기 시작했다. 예를 들면 『뉴욕타임스』는 "왜 남한에 미군이 주둔해야 하나"라는 제목의 사설을 통해 한국 국민에 대한 섭섭함을 드러내고 있으며, 대이라크전을 수행하기 위해 걸프지역에 배치할 병력도 모자라는 상황에서 굳이 나가라는 나라에 주둔할 필요가 있느냐는 의문을 제기했다. *New York Times*, 2003. 1. 5.

38) "Korean and U. S. Officials Works to Solidify Security Alliance," *Washington File*, http://usembassy.state.gov/ircseoul/wwwh5133.html.

그 문제를 연구하고 있다"고 증언했다.[39] 그리고 휴전선 부근에 배치되어 있는 지상군(미 2사단)을 후방으로 이동시킬 가능성을 시사했으며, 오래전부터 논의되어온 주한미군 사령부(용산 기지)의 이전도 고려하고 있음을 밝혔다. 그리고 한 걸음 더 나아가 주한미군의 일부를 미국으로 철수시킨다고 발표했다. 게다가 리언 라포트 한미연합사령관은 1953년 체결된 한미 상호방위조약의 개정에 대한 언급을 했으며, 보다 수평적인 한미동맹을 위해 전시작전통제권도 한국에 이양할 수 있는 가능성을 밝혔다. 미국의 감정적 대응에 노무현 대통령도 '자주국방'을 강조하는 발언을 하였다.

결국 한미동맹 재조정과 주한미군 재배치를 논의하기 위해 제1차 '미래 한미동맹 정책구상'회의가 4월 9일 개최되어 한미동맹을 새로운 세계안보환경에 적응시키며, 이 과정에서 번영하는 민주국가로서 한국의 위상을 고려할 것에 합의했다. 물론 한국의 안보가 약화되어서는 안 된다는 전제하에 주한미군의 기지통폐합과 연합군사능력의 현대화를 추진해나갈 것과 향후 한미동맹은 포괄적 지역동맹(Comprehensive Regional Alliance) 관계로 재편해나갈 것에 합의하였다.[40]

그러나 주한미군 재배치 문제는 더욱 급물살을 타기 시작하여 주한미군 사령부는 미군기지를 오산/평택 지역과 부산/대구 지역으로 통폐합하면서 이전할 계획을 발표하였다.[41] 이는 노무현 대통령의 주한미군에

---

39) 『한국일보』, 2003년 3월 15일.

40) 여기서 포괄적 지역동맹은 북한을 주적으로 하는 전통적인 군사동맹을 뛰어넘어 해상로 확보, 대테러, 환경, 국제범죄, 난민 등 동북아 지역의 안정 및 힘의 균형을 추구하는 적극적인 안보개념에 기초한다. 『국방일보』, 2003년 4월 10일, 『한국일보』, 2003년 4월 10일.

41) 『조선일보』, 2003년 4월 26일.

대한 역할분담론에 대한 발언[42] 직후 발표된 것으로 미루어 역시 감정적인 대립이라고 판단된다. 이에 한국 정부는 구체적인 날짜는 결정하지 않았으나 오산/평택 지역에 500만 평의 토지를 미군에게 제공해줄 것을 약속하였다.[43] 결국 오산/평택 지역의 미군기지는 예정했던 것보다 7배의 크기로 확대되면서,[44] 미군의 전진작전기지(FOB)로 전환될 것임을 예상할 수 있었다.

이러한 합의는 2003년 5월 15일 한미 정상회담에서 재확인되었다. 한미 정상은 한미동맹을 강화하는 차원에서 주한미군의 전진주둔을 재확인했으며, 시대상황을 반영하는 차원에서 한미동맹 현대화(to modernize the U. S. -ROK alliance)라는 이름으로 양국의 군사관계를 새롭게 설정하였다. 한미동맹 현대화는 양국 군대의 첨단장비 무장을 통한 전력강화, 이에 상응하는 주한미군 재배치 및 한국군의 역할 증대 등으로 요약할 수 있다. 특히 미 2사단의 후방배치는 한반도의 정치·경제·안보 상황을 고려해 신중하게 추진될 것임을 밝혔다. 이러한 양국 정상의 합의는 2003년 4월의 '미래 한미동맹 정책구상'회의에서 나온 방안들을 구체화한 것으로 볼 수 있고, 미국의 입장을 많이 이해하는 선에서 공동성명이 작성된 것으로 분석된다. 다만 한국의 입장을 어느 정도 반영하여 주한미군 재배치에 대한 속도조절을 약속한 것이라 할 수 있다.

---

42) 노무현 대통령은 군 장성들의 진급신고를 받는 자리에서 미군의 역할은 대북억제보다는 동북아 안정이라는 발언을 하였다. 그리고 다시 한 번 자주국방의 의지를 다짐했다. 『국방일보』, 2003년 4월 21일.

43) 『중앙일보』, 2003년 4월 29일.

44) 2002년 3월 서면된 연합토지관리계획에 의하면 한국은 미국에게 신규로 오산(50만 평)과 평택(20만 평)에 70만 평의 토지를 공여하기로 합의하였다. 국방부, 『한미동맹과 주한미군』(2002), 75쪽.

비록 한국 정부는 한미 정상회의 공동성명 작성에서 주한미군 재배치에 신중해줄 것을 요구하면서 미국의 입장을 많이 이해하는 모습을 보여주었지만, 2003년 6월 4일과 5일 서울에서 개최된 제2차 미래 한미동맹 정책구상회의에서 주한미군 재배치에 대한 속도 조절은 논의되지 않았다. 물론 한미 양측은 한반도에서의 억제력과 안보를 향상시키는 것이 최대의 목표임을 재확인했으나, 미군의 구조를 지역의 안정을 보다 증진시키는 방향으로 재편한다는 데 합의하였다. 우선 용산 기지를 조기에 이전할 것에 합의하였고, 기지통합을 수년에 걸쳐 2단계로 진행시킬 것에도 합의하였다. 1단계에서는 한강 이북에 위치한 미군들을 캠프 케이시와 캠프 레드클라우드 지역으로 통폐합하고, 2단계에서는 한강 이북에 위치한 미군이 한강 이남(오산/평택 지역과 대구/부산 지역)으로 이전될 것임을 밝혔다. 그러나 2단계 재배치가 완료된 이후에도 한강 이북에 훈련을 목적으로 미군을 순환 배치할 것에 합의하였다. 그리고 한국의 국력신장을 감안하여 주한미군이 담당하던 임무의 일부를 한국군에게 이양할 것을 발표하였다. 결국 제2차 회의는 주한미군은 대북 억제보다는 동북아 안정자로서의 역할을 수행할 것임을 간접적으로 그러나 확실하게 밝힌 자리였다고 할 수 있다.

그리고 7월 22일 하와이에서 개최된 제3차 미래 한미동맹 정책구상회의에서는 제2차 회의에서 밝혔던 미군의 일부 군사임무를 한국군에 이양하는 문제가 주로 논의되었다. 한국 측에 이양될 주한미군의 임무는 판문점 JSA 경비 책임, 북한의 장거리포 공격 차단, 북한 특수공작원 해상침투 저지, 유사시 후방 화생방 오염 제거, 신속한 지뢰살포, 유사시 수색구조 작전, 폭격유도 등 전선통제, 공대지 사격장 관리, 헌병 임무 등 9가지이고, 1개항은 공개되지 않았다. 그러나 이 중 JSA의 경계임무 이양은 주한미군의 인계철선 역할의 약화라는 부정적인 측면도 있으며, 휴전선

일대의 북한의 장사정포 공격 등을 방어하는 '화력지원본부' 운용 문제는 한국 측이 독자적으로 운용 능력을 확보하는 데 시간이 걸릴 것을 감안하여 합의하지 못했다. 그러나 제2차 회의에서 합의하고 한미 국방장관회의에서 재확인한 2단계 주한미군 재배치안을 구체화함으로써 이전 시기가 앞당겨질 수 있음을 시사했다.[45)]

반면 이렇듯 구체화되고 있는 주한미군 재배치로 인한 한국의 안보우려를 불식시키는 차원에서 라포트 사령관은 용산 기지의 7,000명 미군 중 6,000명이 한강 이남으로 배치되고, 1,000명이 서울에 남아 유엔 사령부, 한미연합사령부 등에서 근무하게 될 것임을 밝히고, JSA(Joint Security Area)에도 소수의 미군병력이 남아 있을 것을 시사함으로써 주한미군의 인계철선 역할 유지를 분명히 했다. 그리고 북한에 대해 어떤 군사적 조치를 취하더라도 한국 정부와 협의할 것을 강조하면서 일방적인 대북 선제공격설을 부인했다.[46)]

9월 4일 열린 제4차 미래 한미동맹 정책구상회의에서는 지난 3차 회담에서 쟁점이 용산 기지 이전 절차와 한국군에게 이양되는 10개의 특정임무 중 합의에 이르지 못했던 2개의 임무에 대해 집중적으로 토의하였다. 우선 용산 기지 이전 문제에 있어 국회비준을 받지 못한 1990년의 합의각서(MOA)와 양해각서(MOU)의 현실에 맞지 않는 부분들을 수정한 포괄협정(Umbrella Agreement)을 만들어 2003년 내에 국회비준을 받을 계획도 밝혔다. 그리고 JSA 경비 문제에서 이양시기를 정하지 않고, 현재의 유엔 지휘통제체제를 유지하면서 한국군과 미군이 합동으로 경비 임무를 맡을 것이라 결정했다. 즉, JSA의 정치적 중요성을 감안하여 현재

45) 『국방일보』, 2003년 7월 25일.

46) 『연합뉴스』, 2003년 8월 1일.

179명인 JSA 주둔 미군의 수를 약간 줄이는 선에서 지휘체제는 종전대로 유지할 것에 합의하였다.

대화력전 임무 이양은 "한미 공동평가단을 구성하여 2005년 8월까지 한국군 임무수행 능력을 평가하여 그 결과에 따라 이양 여부를 판단하게 될 것"이라고 발표했다. 그리고 3차 회의에서 합의한 8개의 임무이양은 구체적인 이행절차와 계획에 따라 추진될 것임도 밝혔다.[47)]

이렇듯 한미동맹 재조정과 주한미군 재배치 논의는 지난 6개월 동안 일사천리로 진행되어왔으며, 한미동맹의 포괄적 안보동맹화와 주한미군의 후방 이전이 논의의 핵심으로 한국군과의 역할분담이 강조된 논의였다고 평가할 수 있다. 한미 양국은 이러한 회의를 한 차례 더 개최한 후 10월에 열릴 예정인 한미 연례안보협의회의(SCM)에서 주한미군 재배치 문제를 마무리했다.

5. 주한미군 재배치 및 감축

1) 용산 기지 이전

용산 기지 이전은 1987년 노태우 당시 대통령 후보의 선거공약으로 제시되었고, 1990년 6월 25일 한미 양국은 1996년까지 용산 기지를 오산/평택 지역으로 이전할 것에 합의하면서 양해각서(MOU)와 합의각서(MOA)에 서명했으나, 1993년 과도한 비용을 문제로 한국 정부는 부지매입을 중단하였고 미국도 이전에 적극적인 자세를 보이지 않아 더 이상

---

47) 『국방일보』, 2003년 9월 5일.

진행이 되지 않았다.

그러나 2003년 노무현 정부의 출범과 함께 용산 기지 이전 문제가 FOTA 회의를 통해 다시 논의되기 시작하여, 이번 10차 회의에서 1990년 양해각서와 합의각서를 대체할 두 개의 합의서를 작성함으로써 지난 14년 동안 진행된 용산 기지 이전 협상을 일단락 지었다. 새로운 합의서는 기지 이전의 기본 원칙과 추진기구 및 절차 그리고 재정부담의 주체와 내용이 담겨 있는 포괄협정(UA, Umbrella Agreement)과 부대별 이전계획 등이 포함된 이행합의서(IA, Implementation Agreement)이다. 이러한 합의서들은 8월 국회에 제출되어 비준을 요청할 것이고, 비준 시 한국의 국방장관과 주한미군 사령관의 서명을 거쳐 발효된다.

합의서의 주요 내용은 용산 기지의 8,000여 미군과 시설물을 당초 계획보다 1년이 늦은 2008년 12월까지 평택으로 이전한다는 것이다. 그리고 현재의 용산 기지는 대폭 축소되어 기존의 드래곤 호텔, 업무협조단, 연합사령관 서울 사무소 등이 포함된 2만 5,000평 정도로 유지될 것이며, 용산 기지 내 미국 대사관 직원 숙소, 일반 용역사무실 및 클럽 등은 기지 이전과 동시에 다른 곳으로 옮겨지게 된다.

또한 새로운 합의서들은 과거 합의서의 독소조항을 상당부분 제거했다. 첫째, 이번 합의는 대통령의 재가를 얻어 국회의 승인을 받도록 함으로써 위헌의 소지를 제거했으며, 국민들이 요구하는 합의의 투명성을 제고했다. 둘째, 기지이전에 따른 손해 당사자들의 청구권과 관련하여 '한국은 책임지지 않는다'라는 조항을 삽입하여 미국이 청구권 문제를 해결하도록 하였다. 셋째, 기지이전비용도 '한국이 이사에 관해 용역을 제공하다'라고 규정함으로써 한국이 이사 대행업체를 지정함으로써 합리적인 이사비용을 지불하게 되었다. 넷째, 미국은 주한미군용 주택 1,200채의 무상 신축을 요구했으나, 330채는 무상으로 지어주고, 나머지

890채는 한국이 지은 후 미군에게 임대하는 형식을 취하기로 했다. 다섯째, 용산 기지의 C4I 이전을 위해 한국 측은 새로운 기지에 900만 달러를 초과하지 않는 범위에서 지원한다고 명문화했다. 따라서 유엔 사령부와 한미연합사의 C4I 개선은 기지 이전과 관계없이 기존 개선계획에 따라 추진하고 주한미군 사령부가 사용하고 있는 C4I의 개선은 미국 측이 비용을 부담한다. 그 밖에 미군 시설물 건축은 미국 국방부의 기준에 맞추기로 합의함으로써 건축비용을 절감하게 되었고, 기지 이전으로 발생하는 영업손실 보상도 인정하지 않기로 했으며, 반환된 토지가 오염되었을 경우 미군이 이를 원상태로 복구해야 한다. 끝으로 기타 비용이 발생할 경우에도 무조건 한국이 부담하는 것이 아니라 공동의 검증과정을 거쳐 타당성이 인정되는 경우에 한해 한국이 부담한다.

비록 1990년에 체결한 합의서에 비해 많은 부분이 한국에게 유리하게 조정되었지만 문제점이 모두 사라진 것은 아니다. 즉 아직도 불평등한 요소가 곳곳에 숨어 있다. 그러나 1882년 임오군란을 계기로 청나라 군대가 주둔한 이래 일본군과 미군이 지속적으로 주둔한 용산에서 외국군이 완전히 철수한다는 것에 우선적으로 만족하고, 첫 술에 배부를 수 없듯이 차근차근 개선해나가야 한다.

2) 연합토지관리계획(LPP) 개정

1990년대 말부터 한국 정부는 주한미군 공여지와 관련한 각종 민원을 해소하고 이로 인해 발생하는 반미정서를 완화시키기 위해 미군 측과 기지조정에 관한 협의를 거친 결과, 2001년 11월 한미 연례안보협의회의에서 양국의 국방장관은 LPP 추진과 관련하여 '의향서(Letter of Intent)'를 체결하였고, 2002년 3월 29일 LPP를 위한 협정에 서명하였다. 이

협정에 따르면 당시 7,400여만 평에 이르는 주한미군 공여지는 2011년까지 43% 수준인 3,200여만 평으로 조정될 것이고, 주요기지는 41개에서 23개 기지로 통폐합하게 되어 있었다.

그러나 기존 LPP 협정은 주한미군의 재배치를 고려하지 않은 것으로 개정이 필요했고, 한미 양국은 이번 회의에서 미 2사단의 재배치는 동북아 및 한반도 안보상황을 고려해 2단계로 걸쳐 진행된다는 것을 재확인함과 동시에 새로운 LPP 개정협정에 합의하였다. 개정된 내용은 우선 기존 LPP 계획을 보완하여 2006년까지 주요 서부축선 기지를 기존기지로 통합한 후, 한강 이북의 미 2사단 주력부대를 한강 이남으로 이전한다는 것으로, 2단계 기지이전을 위한 토지공여 및 시설공사는 2008년 이전까지 완료목표로 추진하게 되어 있다. 그리고 2010년과 2011년에 반환 예정인 파주 6개, 동두천 1개, 의정부 4개, 춘천 1개, 하남 1개, 원주 2개, 부산 1개 등 16개의 미군기지가 2005~2008년까지 조기 반환되며, 동두천과 의정부의 또 다른 2개 기지가 같은 시기에 추가로 반환된다. 또한 기존 LPP에서 공여 대상이었던 의정부 30만 평, 이천 20만 평, 부산(녹산) 17만 평이 제외되고, 의정부 교도소를 파주로 이전하는 계획도 취소되었다.

그 결과 현재 주한미군이 사용하고 있는 7,320여만 평의 공여지 중에서 34개 군사기지 1,218만 평(7대 도시 기지 370만 평 포함)과 3개 훈련장 3,949만 평 등 총 5,167만 평이 반환된다. 대신 한국 정부는 주한미군에게 349만 평을 새롭게 제공함으로써 주한미군에게 공여되는 부지는 과거에 비해 66%가 감소한 2,515만 평이 되고, 미군기지의 수도 41개에서 17개로 축소된다. 그리고 기존 LPP 소요예산 1조 4,900억 원 중 7,056억 원을 줄이는 효과도 발생한다.

그러나 더욱 중요한 사실은 지난 50여 년 동안 제한되었던 시민들의 재산권을 행사할 수 있게 되었고, 대도시 중심부에 위치했던 미군기지가 폐쇄됨으로써 시민의 불편이 사라짐은 물론, 국토개발을 보다 균형적으로 할 수 있게 되었다는 것이다. 또한 새로운 미군기지가 형성되는 평택지역을 제외하고는 미군기지의 폐쇄로 인해 반미감정이 다소 누그러질 것이므로 한미관계 발전에 기여할 것이다. 한편 미국도 자국의 해외주둔군 재배치 계획을 실행함에서 기지수를 축소하고 일부 기지를 대형화함으로써 경제성과 효율성을 향상시킬 수 있게 되었다.

3) 주한미군 감축

마지막으로 한미 양측은 2004년 10월 6일 주한미군 3단계 감축안에 합의하였다. 그리고 10월 24일 제36차 SCM에서 양국 국방장관은 공동성명을 통해 주한미군 감축이 동맹약화가 아니라는 점을 확실하게 부각시켰으며, 연합방위태세 유지의 중요성도 강조되었다. 또한 양국 장관은 미국 주도의 대테러전에 대한 한미 간의 협력강화가 곧바로 한미동맹 강화로 이어진다는 것에 합의했으며, 정전협정과 유엔군 사령부의 중요성을 재확인하였고, 주한미군의 '전략적 유연성'도 강조되었고, 양국의 전력증강 의지도 강력하게 표명되었다. 특히 그리고 한미갈등의 원인이라 할 수 있는 북한 위협에 대한 공통의 인식을 확인하였고, 북한의 핵프로그램 폐기 및 대량살상무기 개발배치에 대한 중단을 촉구했다. 끝으로 북한의 위협을 억제하기 위해서는 강력한 연합방위 능력을 유지하고 동북아의 평화와 안정을 유지하는 것이 중요하다는 데 동의했다.48)

제1단계에서 주한미군 중 이라크로 차출되는 3,600명을 포함한 5,000

---

48) 『국방일보』, 2004년 10월 25일.

명을 2004년 말까지 철수시키고, 제2단계에서는 2005년까지 3,000명, 그리고 2006년에 2,000명을 감축하며, 마지막 3단계 2007년에서 2008년 9월까지 2,500명을 철군시킴으로써 미국이 목표하는 주한미군 1만 2,500명을 감축하는 것이다.

물론 어느 부대가 철수할 것이라는 발표는 없었다. 군사기밀이라는 측면과 미국이 추진하고 있는 해외주둔군 재배치의 가변요소를 고려했기 때문이다. 그러나 미국은 주한미군을 감축해도 한국에 대한 안보공약에는 변화가 없음을 분명히 했고, 감축으로 인해 발생하는 전력공백을 메우기 위해 100억 달러를 주한미군 전력증강에 투자할 것을 약속하였다.

향후 주한미군 재배치 및 감축은 예정대로 진행될 것이나, 시기는 연기될 가능성을 배제할 수 없다. 우선 북한 핵 문제 해결과정이 순조로워야 하며, 미국의 해외주둔군 재배치가 예정대로 진행되어야 주한미군 재배치 및 감축도 진행될 것이기 때문이다. 특히 미국의 해외주둔군 재배치는 약 10년에 걸쳐 완수될 것이기에 주한미군의 재배치 및 감축을 서두를 이유가 없다.

6. 결론 : 한국의 대응

주한미군 재배치가 빠른 속도로 진행되고는 있으나, 한미관계는 한국군의 이라크 파병을 계기로 부분적으로 정상화되고 있다. 노무현 대통령의 방미활동도 관계정상화에 큰 역할을 했다. 특히 양국 간의 대북정책에 대한 견해 차이를 좁히는 차원에서 노무현 대통령이 '대북 추가적 조치'에 합의해준 것이 관계정상화에 결정적인 역할을 한 것으로 분석된다. 이러한 한국 정부의 관계정상화 노력[49]으로 미국으로부터의 한미동맹 정상화에 대한 언급이 이어졌다. 파월 장관은 미국에서는 반미감정에 대한 오해가 많이 해소되었음을 전제로 한미동맹이 정상으로 돌아왔다는 인식을 하고 있다고 말했다. 그리고 체니 부통령과 럼스펠드 장관은 한미동맹 정책구상회의란 한미동맹 관계를 더욱 강화하고 한국민의 불편을 덜어주는 계기이며, 한국의 본영을 반영하고 그러면서도 미국의 범세계적인 전력구조 개선을 위한 회의라고 정의했다. 이 회의를 통해 한미 연합전력은 더욱 강화될 것이라는 확신을 가지고 있음을 피력했다. 그리고 무엇보다도 한국의 대한 미국의 안보공약은 확고함을 분명히 했다.[50)]

그러나 한미관계 정상화가 미국의 안보정책에 영향을 미치지는 못했다. 즉 주한미군 재배치 논의를 중단시키지는 못했다. 따라서 한국은 안보와 번영을 위해 한미동맹을 강화하고 주한미군 감축으로 인한 안보 우려를 불식시키기 위해 노력해야 한다. 이에 대한 논의는 제8장에서 계속될 것이다.

---

49) 지난 7월 25일 발생한 한총련 학생들의 미국 공병단 진입 사건 당사자들에게 집행유예 내지는 실형을 선고함으로써 정부는 더 이상 반미시위는 용납하지 않겠다는 의지를 표명함으로써 간접적으로 한미관계의 중요성을 부각하였다. 이는 한미 간의 신뢰회복에 큰 도움을 줄 것이다.

50) 『조선일보』, 2003년 6월 30일.

제6장

전시작전통제권 전환

1. 서론

2003년 주한미군 재배치 및 감축 논란에 이어 2006년에는 전시작전통제권(이하 전작권) 전환(환수, 단독행사) 문제를 둘러싼 안보논쟁으로 한국사회는 떠들썩했다.[1] 전작권 전환 문제가 논란의 대상이 된 근본 원인 중 하나는 그것이 한국의 안보에 미치는 영향 때문이다. 전작권 (조기)전환을 반대하는 쪽에서는 전작권 전환이 실익은 적은 반면, 당장 우리가 지불해야 할 대가(대북 억제력 약화 및 국방비 증액)는 크다는 점을 강조한다.[2] 반면 찬성하는 쪽에서는 국가주권과 자주성 회복의 당위성을 전면

---

1) 국방부는 전시작전통제권을 미국군으로부터 돌려받는다는 의미에서 '환수'(또는 단독행사)라는 표현이 타당하다고 했으나, 이 연구에서는 한국과 미국이 공동으로 한국군의 전시작전통제권을 행사하다 2012년부터는 한국군 단독으로 행사하는 것으로 '전작권 행사의 형태'가 공동에서 단독으로 바뀐다는 의미에서 '전환(轉換)'이라 표기한 것이다.

2) 안보에 미치는 부정적인 면을 강조하는 논의는 차두현, "전시작전통제권 환수가 남북한 관계와 한반도 안보구도에 미치는 영향"; 최강, "전시작전통제권 조기 이양 관련 검토"; 조성렬, "전시작통권 논란, 합리적 대안은 없는가?" 2006년

에 내세운다.[3] 두 입장 모두 한국의 국익을 고려한 것이었지만 문제는 당시의 전작권 전환 논란이 합리적인 대안이나 안보 우려를 잠재우는 방향이 아니라 우리 사회의 분열을 심화시키고 정치적 갈등을 증폭시키는 방향으로 전개되고 있었다는 점이다.

당시 참여정부가 강조했던 '자주군대' 개념의 핵심은 '전시작전통제권 환수 및 군사적 대미 의존도 탈피'라고 할 수 있다.[4] 긍정적인 측면에서, 전작권 단독행사는 한미 간 포괄적이고 역동적인 동시에 호혜적인 동맹관계를 지향하되, 한국의 자위적 방위역량 구축을 통해 한국 안보의 자주화를 앞당기자는 것이다. 또한 기본적으로 한국의 위상이 한국방위의 한국화에 충분하다고 믿고 있다. 그 결과 전작권 환수가 한국의 자주방위를 상징한다는 명분론을 강조하고 있으며, 대미의존을 탈피하여 한국군의 균형발전을 통한 체질개선이라는 실리도 챙길 수 있다는 주장이다.

한편 미국은 '주권국가인 한국이 결정하면 반환한다'는 입장을 일관되게 견지하나, 논쟁 초기 오히려 '속도와 조건,' '긴밀한 협조' 등을 강조하면서 조심스러운 입장을 보이고 있었다.[5] 그러나 미국은 전작권 전환

9월 극동문제연구소 주최 토론회 발표문 참조.

3) 이러한 논의는 홍현익, "전시작전통제권 환수의 필요성 및 보완대책," 2006년 9월 극동문제연구소 주최 토론회 발표문; 이완범, "국가주권과 전시작전통제권 환원"; 정경영, "전시작전통제권 전환과 안보관, 동맹관 재정립 방안," 2007년 4월 국제평화전략연구원 주체 세미나 발표문 참조.

4) 노무현 대통령의 TV토론회 발언(2003. 5. 1), 한국국방안보포럼 엮음, 『전시작전통제권 오해와 진실』(플래닛미디어, 2006), 83~84쪽에서 재인용.

5) 미국이 전작권에 애착을 갖는 이유는 이 문제가 한반도 분단 상황에서 기인하는 동북아의 장래 안보상황에 주도적으로 대처할 수 있는 지렛대 성격을 지니고 있기 때문이다. 미국은 전작권을 한국에 이양하는 것이 현행 정전협정 체제의 변화를 수반하는 문제라는 것을 인식하고 있다. 한국전쟁의 법적 당사자인 유엔군

협상이 시작되자 한국보다 더 빠른 시기에 전작권을 전환하겠다는 의지를 강력하게 표명하였다. 이러한 미국의 입장 변화가 한국 사회에서의 논쟁을 더욱 부추기는 결과를 초래했다.

사실 전작권 전환 문제가 한미 간의 이슈로 등장한 예는 많았다. 이번 논쟁은 노무현 대통령이 후보 시절 '평등한 한미관계'를 강조하면서 촉발되었으며, 노무현 정부 출범 이후 꾸준히 전작권 전환에 대한 논쟁은 지속되었다. 이후 노무현 정부 초기 한미 간의 핵심현안인 주한미군 재배치 및 감축에 대한 양국의 합의가 있은 후, 전작권 전환 문제가 양국의 핵심현안으로 등장하였다.

2004년 10월 제36차 한미 연례안보협의회의(SCM)에서 전작권 전환문제가 완곡하게 지적되었고, 향후 한미동맹 비전에 맞추어 한미 군사지휘관계를 조정한다는 합의가 있었다. 그리고 2005년 9월 제4차 한미안보정책구상회의(SPI)에서 전작권 이양에 대한 논의를 가속화하기로 합의하였고, 이후 참여정부는 2012년을 목표로 전시작전통제권 단독행사를 추진해왔다. 그 결과 2007년 2월 23일 한미 국방장관회담에서 전작권을 2012년 4월 17일 오전 10시 한국군으로 이양하기로 합의했다.[6]

한국 국민으로서 전작권 전환을 근본적으로 반대하는 사람은 많지 않을 것이다. 한국이 주권국가로서 우리 군에 대한 작전통제권을 갖는 것은 당연한 일이기 때문이다. 그리고 한미 양국 간의 합의가 이미 이루

과 북한군(중국군)에 의한 정전체제가 지속되는 한, 유엔군을 담당하고 있는 미군이 전시에 전작권을 행사해야 한다는 논리가 유지되어왔다. 따라서 전작권의 한국 이양은 정전체제 및 주한미군의 지위에 관한 한미 양국 간 사전협의가 우선되어야 한다고 강조하고 있다.

6) "2012년 4월 17일 전작권 이양 및 연합사 해체," 청와대, 『국정브리핑』, 2007년 2월 24일.

어진 상태이기 때문에 전작권 전환은 추진될 것이 분명하다. 전작권 전환이 이루어지면, 오랫동안 대북 억제의 결정적인 역할을 담당하던 한미연합사가 해체되고, '한국 주도 - 미국 지원' 형태의 병렬형 한미 공동방위체제가 형성된다. 그러나 전작권 전환은 한미 군사지휘체제의 변화만을 의미하는 것이 아니고, 한국 안보는 물론 전반적인 한미관계에도 큰 영향을 미치는 매우 중요한 사안이다. 따라서 전작권 전환은 국제안보환경의 변화, 미국의 군사전략 변화 및 한반도 주변의 안보상황과 한국군의 능력을 면밀히 검토한 후에 전환의 적절한 시기와 방법을 조정하는 것이 필수적이다. 즉 우리는 새롭게 구축되는 한미 공동방위체제를 대북 억제는 물론 동북아 평화와 안정에 과거 연합사체제보다도 더욱 기여할 수 있는 체제로 만들기 위해 노력해야 한다.

이 장에서는 전시작전통제권의 전환 역사를 살펴보고, 전작권 전환으로 인해 야기될 수 있는 문제는 무엇인가를 생각해보고, 결론 부분에서 이러한 문제점을 극복할 수 있는 방안을 도출해보고자 한다.

2. 한국군 작전통제권 전환 역사

한국군에 대한 '작전지휘권'이 유엔군 사령관에게 이양된 것은 한국전쟁이 한창이던 1950년의 일이다. 한국전쟁 발발 후, 1950년 7월 14일 이승만 대통령은 맥아더 유엔군 사령관에게 보낸 공한(public letter)에서 한국의 육·해·공군의 지휘권(Command Authority)을 맥아더 장군 또는 맥아더 장군이 위임한 기타 사령관에게 이양(assign)한다고 밝힘으로써 작전지휘권의 일부인 한국군에 대한 전시(평시)작전통제권이 유엔 사령부에 귀속되었다.[7] 당시 이승만 대통령의 편지에는 단순하게 한국 3군에 대한 지휘권[8]라고 쓰여 있는데, 맥아더 장군은 이를 "작전지휘권(Operational Command Authority)"으로 수정하여 회신했다. 여기서 작전지휘는 작전임무 수행을 위해 지휘관이 행사하는 권한이다. 즉 작전수행에 필요한 자원의 획득 및 비축, 사용 등 작전소요 통제, 전투편성, 임무부여, 목표지정 및 임무수행에 필요한 지시 등의 권한을 의미한다. 하지만 군의 행정 및 군수에 대한 책임과 권한은 포함되지 않는다.[9]

이렇게 이양된 작전지휘권은 1954년 11월 17일 발효된 한미 상호방위조약과 그 후 개정된 한미 합의의사록(合意議事錄)에는 작전통제(Operational Control)라는 용어로 변경되었고, 유엔군 사령부에 한국군의 작전통제권이 귀속되었다. 여기서 작전통제는 '작전계획이나 작전명령에 명시된 특정 임무나 과업을 수행하기 위해 지휘관에게 위임된 권한을 특정 임무 및 과업을 성공적으로 수행하기 위해 지정된 부대에 임무 또는 과업을 부여하고, 부대의 전개 및 재할당 등의 권한'을 뜻한다. 반면 행정 및 군수, 군기, 내부편성 및 부대훈련 등에 관한 책임 및 권한은 작전통제에 포함되지 않는다.[10]

하지만 1960년대에 들어와서 작전통제권의 일부가 유엔군으로부터

---

7) 이인호, "한반도 평화체제 구축과 한미동맹 재조정의 상관성에 관한 연구," 2007년 12월 7일 국방대학교 안보연구소 주최 학술회의 발표 논문, 134쪽.

8) 지휘권은 지휘관이 예하부대에 대해 합법적으로 행사하는 권한으로, 군대의 운용·편성·협조 및 통제에 대한 권한이고, 권한행사에 대한 책임이 따른다. 이 책임에는 부하의 건강·복지·사기·군기 등에 대한 것도 포함된다. 국방부, "'전시작전통제권 환수' 사실은 이렇습니다"(2006. 9. 11), 7쪽; 윤종호, "한미 연합방위체제의 변화와 한국안보 : 과제와 대비방향," 『국방연구』, 제50권 제1호(국방대학교 안보문제연구소, 2007. 6), 37쪽에서 재인용.

9) 윤종호, 앞의 글, 37쪽.

10) 앞의 글, 37쪽.

한국군으로 이양되기 시작했다. 예를 들면 1961년 5월 16일 이후 한국군 일부 예비사단 및 공수특전사, 헌병대, 수경사 산하 경비단 등에 대한 작전통제권이 한국군에게 이양되었고, 1965년 한국군의 월남 파병이 결정된 이후 파월부대에 대한 미군의 작전통제권이 한국군으로 전환되었으며, 1968년 1월 21일 북한 무장공비에 의한 청와대 습격사건을 계기로 대간첩 작전의 통제권이 한국군에 이양되었다. 이 무렵 한미 간의 주요 쟁점사안인 주둔군지위협정(SOFA)이 1967년 2월 발효되었다.11)

1978년 제1차 한미군사위원회(MC, Military Committee)의 '전략지시 1호'에 의거, 미국의 대한국 방위공약이 보다 구체화되었다. 또한 연합작전의 효율성을 제고하기 위해 제도적 장치를 마련하는 차원에서 1978년 11월 7일 한미연합군사령부(Combined Force Command)가 창설되었다. 이후 한미연합사령관(유엔군 사령관 및 주한미군 사령관 겸임)이 한국군에 대한 작전통제권을 보유하게 되었지만, 연합사령관이 작전통제권을 행사할 때에는 한국군의 동등한 참여를 보장했다.12) 여기서 '동등한 참여'는 한미 양국의 협의하에 작전통제권이 행사되는 것을 의미하며, 한국도 절반의 작전통제권을 행사할 수 있게 되었다고 할 수 있다.

이후 1987년 대통령 선거에서 당시 노태우 후보가 '작전권환수'를 공약으로 제시하면서 작전통제권 전환은 한미 간의 현안으로 등장하였고, 미국의 '동아시아 전략구상(East Asia Strategic Review, 1990. 4)'에서는 '한미 양국의 신뢰구축이 작전통제권을 한국으로 이양하는 전제조건임'

---

11) 이 협정은 주한미군이 주둔하는 데 필요한 토지, 시설, 출입국관리, 통관 및 관세, 재판권 등에 대한 한미 양국의 권리와 의무 및 양해사항 등을 규정하고 있다. 국방부, 『국방백서, 1995~1996』(국방부, 1995), 104~105쪽.

12) 이상현, "한반도 평화체제와 한미동맹," 『한국과 국제정치』, 제22권 1호(2006 봄), 243~246쪽.

이 강조되기도 했다. 마침내 제13차 한미군사위원회회의(1991)의 합의에 따라, 1994년 12월 1일 '전략지시 제2호'에 의해 평시(정전 시) 작전통제권이 한국 합참에 이양됨으로써 한국군의 경계임무, 평시 이동, 합동전술훈련, 등의 부대운영 권한이 한국 합참의장에게 이양되었다. 그러나 미국은 연합권한위임사항(Combined Delegated Authority)의 제정을 통해 평시 작전권에 대한 일부 관여를 보장받았다. 즉 미군은 연합위기관리, 작전계획수립, 연합교리발전, 합동훈련 계획 및 실시, 연합정보관리, C4I 상호운용성 등에는 관여할 수 있게 되었다. 또한 전시가 되면, 방어준비태세(DEFCON III)가 발령되며, 지정된 한국군에 대한 작전통제권은 한미연합사령관에게 귀속되고, 한미연합사는 한미안보협의회(SCM)/한미군사위원회(MC)의 전략지시와 작전지침을 받아 작전통제권을 행사한다.[13)] 데프콘 Ⅲ는 '중대하고 불리한 영향을 초래할 수 있는 긴장상태가 전개되거나 군사개입 가능성이 존재하는 상태'를 말한다.

전환 논의과정에서 1992년 12월 1일 한미연합사 부사령관(한국군 대장)을 지상구성군사령관에 겸직·임명했으며, 한반도 유사시 미국 증원군에 대한 내용을 담고 있는 전시지원군협정(WHNS)이 1992년 12월 23일 발효되었다.[14)] 그리고 평시작전통제권 전환 이후에도 간헐적으로 한미동맹 발전방안을 논의하는 과정에서 전작권 전환 문제가 제기되기도 했다.[15)]

---

13) 이인호, 앞의 글, 138~139쪽.

14) 이 협정은 한반도 유사시 한반도에 투입되는 미국 증원군의 도착, 이동, 전투지속능력 보장 등에 대한 한국의 군수지원에 관한 포괄협정이다. 즉 한국은 이러한 내용에 대해 가용자산 범위 내에서 한시적으로 지원하게 되어 있다. 국방부, 『국방백서, 1995~1996』(국방부, 1995), 106~107쪽.

15) 예를 들면, 한국국방연구원과 미국 RAND연구소는 1993년에서 1994년까지 '21

최근 발생한 전작권 전환 논란은 노무현 대통령이 후보 시절 '수평적 한미관계'를 강조하면서 시작되었다. 하지만 직접적인 논쟁은 노무현 대통령 당선자가 한국노총에서 열린 간담회(2003. 2. 13)에서 "막상 전쟁이 나면 국군지휘권도 한국 대통령이 갖고 있지 않다"라는 발언을 한 후 시작되었다. 이후 노무현 대통령이 2003년 광복절 기념식에서 '10년 이내 자주국방 실현'을 언급하면서 전시작전통제권 전환 논란이 본격화되었다.[16]

결국 군 원로들은 전작권 단독행사 논의를 중단할 것을 요구했고, 이에 대해 윤광웅 당시 국방부 장관은 "오래전에 군 생활이나 장관을 지낸 분들이 대체로 우리 군의 발전상을 정확하게 이해하지 못한 가운데 전시작통권의 단독행사에 대해 상대적으로 염려하거나 반대하는 경향이 있다"고 반박함으로써 논란은 가열되었다. 국방부 장관의 주장에 대해 전직 국방장관 17인은 성명서를 내고 전작권 조기 단독행사 방침에 반대의사를 표명했다. 군 원로들이 국방 현안에 대해 집단성명을 발표한 것은 58년간의 군 역사상 처음 있는 일이다. 이후 한국 사회는 전작권 전환에 대한 논쟁에 휩싸였고, 서울 용산과 광화문 등 도심에서 전시작전통제권 단독행사에 대한 찬·반집회가 잇따라 열렸다.

제5장에서 살펴본 바와 같이, 노무현 정부 출범 이후 한미 양국은 한미

세기 한미 안보협력 방향'에 대해 연구하였고, 한미 국방부는 미래 한미동맹 발전방안 및 양국 군의 역할변화에 대한 연구와 협의가 있었다.

16) 이후에도 전작권 전환과 관련하여 노무현 대통령은 많은 발언을 쏟아냈으며, 미국과의 전작권 협상이 마무리되던 2006년 노무현 대통령은 연합TV와의 특별회견에서 "작전통제권이야말로 자주국방의 핵심이요, 자주국방이야말로 주권국가의 꽃이다, 남북 간 긴장완화를 위한 군사협상을 할 때도 반드시 한국군이 전작권을 갖고 있어야 대화를 주도할 수 있다"라고 언급했다. 『노무현 대통령 '전시작전통제권 환수' 발언록』, 한국국방안보포럼 엮음(2006), 83~93쪽 참조.

동맹의 장래 대해 포괄적인 연구와 합의의 필요성을 인식하고 미래 한미 동맹 정책구상회의(FOTA)를 2003년 가동시키고, 이를 발전시켜 2005년 한미안보정책구상회의(SPI)를 출범시켰다. 전작권 전환과 관련하여, 2004년 10월 제36차 한미 연례안보협의회의(SCM)에서 향후 동맹 비전에 맞추어 한미 군사지휘관계를 조정한다는 합의가 있었고, 2005년 9월 제4차 SPI에서 전시작전통제권 전환에 대한 논의를 가속화하기로 합의하였다. 이 과정에서 참여정부는 2012년을 목표로 전시작전통제권 단독 행사를 추진해왔으나 미국은 전시작전통제권 전환이 2009년에 이루어져도 문제가 없을 것이라는 주장을 했다. 당시 럼스펠드 장관은 이와 관련, 새로운 지휘구조로의 전환은 한반도 전쟁 억제 및 한미 연합방위 능력이 유지·강화되는 가운데 진행될 것임을 보장했고, 한국이 충분한 독자적 방위 능력을 갖출 때까지 미국이 상당한 지원전력(bridging capabilities)을 지속적으로 제공할 것임을 확인했다.[17] 미국은 용산 기지 이전 사업이 마무리되는 2008년에 맞추고, 전작권 전환과 관련된 한국 내의 반미감정 증폭을 차단하며, 증강된 한국군 능력에 대한 신뢰 등을 바탕으로 조기 전환을 주장했다.[18] 이러한 미국의 입장은 기본 입장과는 많은 차이를 보인 것이다(206쪽 각주 5 참조).

2006년 3월 한미 양국은 '지휘관계 연구를 위한 약정(TOR)'을 체결하고, 이를 근거로 연합실무단을 구성하여 10월 SCM에 보고하기로 했다. 마침내 2006년 10월 제38차 SCM에서 양국 장관은 2009년 10월 15일 이후 그러나 2012년 3월 15일보다 늦지 않은 시기에 신속하게 한국군으

---

17) 『조선일보』, 2006년 8월 28일.

18) 김영호, "전시작전통제권 전환: 쟁점과 과제," 국제평화전략연구원, 『전시작전통제권 전환의 쟁점과 과제』. 국평연자료집 제13호(2007. 4) 참조.

로의 전시작전통제권 전환을 완료하기로 합의하였다. 이 합의는 상호방위조약에 바탕을 두고 있으며, 주한미군의 지속적인 주둔과 미국의 전시증원군의 전개를 보장하고, 정보자산 등 한국이 부족한 전력은 미국 측이 계속 지원하며, 연합방위태세와 대북 억제력을 유지한다는 네 가지 원칙이 포함되어 있다.[19]

2007년 2월 한미 국방장관회의에서 전환 시기를 2012년 4월 17일로 확정하였다.[20] 한편 양측은 군사위원회(MC)를 통해 전환 계획의 진전 상황을 매년 SCM에 보고하기로 했으며 양국 장관은 합의된 로드맵에 따라 2007년 전반기 중 구체적인 공동 이행 계획이 작성되도록 즉시 착수한다는 데에도 동의했다.

전작권을 원활히 전환시키기 위해 2007년 1월 한미 연합이행실무단(Combined Implementation Working Group)이 구성되었고, 이들은 전략적 전환일정과 한미 군사협조체제 전환 및 검증 연습 등이 포함된 이행계획서를 만들고, 6월 28일 김관진 합참의장과 버웰 벨 주한미군 사령관은 '전작권 전환을 위한 전략적 전환계획(이행계획서)'에 서명했다.[21] 이 계획서의 주요 내용은 전작권 전환 일정, 새로운 군사협조체계(MCS) 및 전환검증연습 일정 등이다.

전환 일정은 우선 2006년부터 2009년까지 초기작전능력(IOC, Initial Operational Capability) 확보를 위해 합참조직을 개편하고, 작전계획을 작성하며, 한미 군사협조체제를 구축하는 것으로 되어 있다. 이후 2010년부터 2012년 3월까지 전환검증연습을 통해 최종작전능력(FOC, Full

---

19) 국방부, 『2006 국방백서』(2006. 12), 89쪽.

20) 『조선일보』, 2007년 2월 24일.

21) 『연합뉴스』, 2007년 6월 28일.

Operational Capability)을 완비한다는 것이다. 전환검증 연습은 총 다섯 차례 실시한다. 2010년과 2011년 3월에는 기존의 작전계획 5027-04로 전시증원연습(RSOI, Reception, Staging, Onward Movement and Integration)이 실시되며, 8월에는 새로운 작전계획으로 을지 포커스렌즈 연습(UFL, Ulchi Focus Lens)이 실시된다. 그리고 2012년 3월 마지막 전환능력검증연습이 실시된다. 특히 전환연습이 시작되는 2010년에는 새로운 공동방위체제에서 중요한 역할을 담당할 한미 군사협조본부가 구성될 예정이며, 공동작전계획도 확정될 것으로 전망된다. 아울러 우리군도 한국합동군사령부, 지상작전사령부, 해군지동전단 및 공군북부전투사령부를 창설한다. 그리고 주한미군 재배치, 즉 용산 기지 이전이 2011년 완료될 것으로 예정되어 있으며, 평택 미군기지는 전작권이 전환된 이후인 2012년 말로 예상하고 있다.[22]

2012년 4월 17일 예정대로 전시작전통제권이 한국군으로 전환되면 기존의 한미 연합작전계획 5027-04는 새로운 작전계획으로 대체된다.[23] 새로운 작전계획은 한국이 '한국 주도 - 미군 지원' 합의를 반영해 주도적으로 작성하고, 미국은 전시증원전력 부분에 대해 작성한다. 물론 북한의 급변사태에 따른 위기관리부분이 강화될 것으로 전망된다. 또한 한미연합사령부를 대체하는 군사협조본부(MCC)가 한미공동방위체제의 핵심 기구가 된다.

결과적으로 2012년 4월 17일 이후 한미군사협조체계는 한국이 주도하고 미국이 지원하는 공동방위체제로 전환된다.[24] 즉 한미 양국은 각자

---

22) 국방부, 『국방개혁 2020』(2006); 청와대, 『전시 작전통제권 환수 문제의 이해 II』(통일외교안보정책실, 2006); 길병옥, "전시작통권 환수에 따른 국가위기체제 확립방안," 『군사논단』, 제50호 특집(2007년 여름), 표 1, 5쪽 참조.

23) 『중앙일보』, 2007년 6월 29일.

의 사령부(한국의 합동군사령부와 미국의 주한미군 사령부)를 통해 각각의 군대에 대한 지휘권을 행사하며, 새로운 군사협의기구를 통해 긴밀하게 협조하는 체제로 변화한다. 양국은 긴밀하고 공고한 군사동맹 협조체제를 유지하기 위해 정보관리, 위기관리, 연습 및 훈련, 전시작전수행 등에서의 협력을 다짐하고 있다. 공동방위체제는 한국군과 미군으로 구성된 연합사령부가 해체되고 합참과 주한미군 사령부가 각각 역할을 수행하는 독자사령부를 창설, 군사구조를 이원화하겠다는 것이다. 새로운 지휘체제하에서 한미안보협의회(SCM), 군사위원회(MC)는 그대로 유지되고 한미연합사(CFC)는 새로운 협의조정기구로 대체된다.

특히 우리의 관심이 집중되고 있는 군사협조체계는 군사위원회 산하에 동맹군사협조본부(AMCC, Alliance Military Cooperation Center)를 설치하여 기존의 한미연합사를 대체하는 것으로 되어 있다.[25] AMCC의 주요 역할은 한국 주도로 작전계획을 수립하고, 이를 보장하기 위한 미국의 지원문제를 협의하고, 북한을 비롯한 동북아 지역을 24시간 공동으로 감시하는 것 등이다. 아울러 한반도 위기관리와 유사시 신속억제, 주변국과 분쟁 발생 시 미국과 협조 등 위기관리는 물론 한국 주도의 공동연습계획을 작성하고, 유사시 미 증원전력 총괄조정 업무 등을 수행한다. AMCC는 한국과 미국 장성이 공동본부장을 맡게 되며, 협조본부에는 작전·전략·군수·기획 등 10여 개의 군사 핵심 분야에 대한 상설·비상설 기구를 설치해 정보, 위기관리, 공동계획 작성, 해외파병, 상호군수지원, 지휘통제, 연습 및 훈련, 전시작전수행 등을 협력해나간다. 그 아래 공동

---

24) 새로운 한미 군사협조체제에 대한 내용은 2006년 8월 28일 국방부 홈페이지에 발표된 "전시작전통제권 환수 문제의 이해" 참조.

25) "한미지휘관계 연구보고서 뭘 담았나," 『동아닷컴』, 2006. 10. 19.

정보센터, 공동작전센터, 연합군수협조센터 등 6개의 기능별 협조기구가 편성된다. 그리고 한국의 각 군 작전사령부와 미국의 각 군 구성군사령부 사이에도 통합항공우주센터와 각 작전사 차원에서의 협조기구(OCCC, Operational Command Coordination Center)가 설치된다. 작전사별 협조기구는 작전계획의 시행 및 수행, 연락업무 등을 담당하게 된다. 결국 한국군은 주로 지상 및 해상전력을 담당할 것이고, 미국은 공군전력을 지원하게 된다.[26] 아울러 주한미군의 정보자산은 현 수준에서 유지될 것이다. 결국 우리로서는 매우 중요한 미국의 정보자산인 미 501정보여단과 7공군은 확실하게 한반도에 주둔하게 된다.

2007년 말 '전작권 전환 추진단'이 공식적으로 출범했다. 이 추진단은 1단장(준장), 6팀장(대령), 팀원 약 40명 등 총 47명으로 구성되었다. 6개 팀은 전략, 작전, 작계, 정보, 인사/군수, 기획 등이며, 지휘통제 및 연습팀은 비상설 조직으로 편제되었다. 이 추진단은 한미 군사협조본부 창설 준비, 군사위원회 보좌 및 대미 협의, 전작권 추진업무 조정 및 통제의 임무를 수행한다.[27]

3. 전시작전통제권 전환의 안보적 영향

전작권 전환이 한국 안보에 미치는 영향을 살펴보기 전에 몇 가지

---

26) 공군의 경우 작전협조반은 미군 주도로 조직되고 운영될 가능성이 높다. 그 이유는 한미 간의 공군전력 격차가 크고, 공군력은 전쟁억제 및 수행을 위한 신속대응전력이며, 공중작전은 전장구획을 나누기가 어렵기 때문이다. 그러나 지상군과 해군 협조기구는 한국 주도로 조직되고 운영될 가능성이 높다.

27) 『연합뉴스』, 2007년 12월 26일.

짚어볼 사항이 있다. 첫째, 과연 전작권이 주권의 문제인가? 노무현 대통령의 발언과 같이, 한국군에 대한 작전통제를 외국 지휘관이 행사한다는 것은 국가주권에 대한 심각한 침해라는 주장은 앞에서 언급한 바와 같이 지휘권(Command)과 작전통제(Operational Control)의 차이를 확실하게 이해하지 못한 상황에서 나온 것이다. 즉 작전통제는 특정임무를 완수하기 위해 일시적으로 부여된 것으로서 지휘권보다 매우 제한된 권한이다. 또한 평시에 한국군에 대한 작전통제권은 한국군 합참의장이 갖고 있으며, 한미 양국 군의 방어준비태세(DEFCON)가 평상시의 데프콘 Ⅳ에서 데프콘 Ⅲ로 격상되면 일부 한국군에 대한 작전통제권이 한미연합사령관(주한미군 사령관)에게 넘어가도록 되어 있다. 그러나 데프콘 격상을 한미연합사령관이 단독으로 결정할 수 있는 것이 아니다. 필요시 연합사령관은 한미 양국 합참의장에 데프콘 격상을 건의한 뒤, 양국 대통령의 승인을 받아야 한다. 즉 어느 한쪽 국가의 대통령이 반대하면 데프콘 격상은 이루어지지 않는다. 따라서 엄밀히 따지면 전작권을 연합사령관이 단독으로 행사하는 것은 아니고, 한국군과 공동으로 행사하는 것이다. 따라서 작전통제권은 주권이나 군통수권과는 상관없이 지휘권에서 파생되는 하위개념에 불과하다.

또한 현재의 한미연합지휘체제는 북대서양조약기구(NATO)의 작전통제구조와 차이가 없는데도, 한국 국민은 대다수가 아직도 한미연합작전체제가 한국에게 불평등한 구조라고 인식하고 있다. NATO에서도 전시작전통제권을 미군 사령관이 갖고 있다. 하지만 유럽에서는 이 문제를 국가주권의 침해로 해석하지 않는다. 전시작전통제권은 말 그대로 '전시'라는 특수한 상황을 전제하기 때문이다.[28] 한반도에서 전쟁이 발발하

28) 한국국방안보포럼 엮음, 앞의 글, 143쪽.

지 않는 한 전시작전통제권은 이론상으로만 존재하는 권한에 불과하다.

둘째, 한국이 전작권을 미국과 공동으로 행사하면 북한과의 협상에서 불리한가? 물론 과거 북한이 전작권을 미국과 공동 행사한다는 이유로 남북회담을 무산시켰던 경우는 있다. 그러나 전작권을 단독으로 행사하지 못한다고 해서 대북협상에서 한국이 위축된 적은 없다.[29)]

셋째, 전작권 전환이 한미관계를 보다 평등한 관계로 변화시킬 수 있는가? 물론 전작권 전환을 계기로 한미관계는 보다 평등한 관계로 발전할 수 있다. 하지만 미국은 이를 계기로 호혜적 관계를 주장하면서 한국에게 보다 많은 동맹의무 및 방위비 분담을 요구할 것이다. 즉 군사적 역할분담에서 미국은 한국에게 더 많은 비용분담을 요구할 것이고, 미국의 대외 군사활동에서도 한국이 동맹국으로서 더욱 활발한 동참을 요구할 것이다. 또한 현재의 한미 지휘관계를 바탕으로 세계에서 가장 강력한 군사동맹을 유지할 수 있었고, 북한의 도발을 효과적으로 억제할 수 있었으며, 이를 바탕으로 한국은 획기적인 발전을 이룩할 수 있었다. 그러나 전작권이 전환된 이후 한미동맹이 전작권 전환 이전과 같이 강력하게 유지될 것이라는 확신은 없다. 결국 북한의 도발을 억제하기 위해 한국은 군사력 증강을 더욱 가속화해야 하며, 미국과의 동맹관계 유지를 위해 많은 비용을 지불해야 할 것이다. 현재의 한미 연합방위체제에서 전작권을 우리 측이 단독으로 행사하게 되면 우리 군의 자신감이 증대하고 자주국방이라는 취지도 달성할 수 있을 것이다. 그와 더불어 원하지 않는 동북아 갈등에 연루되는 위험도 피할 수 있고 북한과의 불필요한 긴장관계 조성도 피할 수 있을 것이다. 이러한 이익에 비해 전작권 전환 한국

---

29) 김영호, "전작권 전환의 의미와 한국 안보정책 방향," 『신아세아』, 제14권 4호 (Winter 2007) 참조.

안보에 미칠 파급효과는 매우 크다. 한미연합사 체제는 세계에서도 유례를 찾아볼 수 없을 정도로 그 효율성을 인정받고 있다. 게다가 한미연합사는 존재 자체만으로도 북한에 상당한 부담을 주면서 상당한 억지 역할을 하고 있다. 전작권 단독행사는 곧 한미연합사 해체를 의미하며, 그렇게 되면 한미동맹의 상징성이 파괴되면서 연합방위체제는 실질적으로 끝나게 된다. 물론 새로운 공동방위체제라는 이름으로 존속은 하지만, 최악의 경우 북한의 오판으로 인해 한반도의 불안정을 초래할 우려가 있다.

그러면 전작권 전환을 계기로 한국이 해결해야 할 과제는 무엇인가를 살펴보자. 한국의 안보와 관련해볼 때 전작권 단독행사를 둘러싼 논란의 핵심은 결국 전작권 전환이 한국의 안보를 얼마나 약화시킬 것인가 하는 점이다. 첫째는 한국이 독자적으로 전작권을 행사할 준비가 되어 있는가 하는 것이고, 둘째는 전작권 단독행사 후에도, 즉 새로운 한미 공동방위체제가 구축된 이후, 이 체제가 현재의 연합사체제만큼 대북 억제 문제로 보아 강력한 체제로 유지할 수 있는가에 대한 의구심과 동시에 한반도 유사시 미국의 전시증원을 포함한 효율적인 연합작전이 가능하겠는가 하는 점이다.

1) 한국군 준비태세

우선 한국군이 2012년까지 전작권을 단독으로 행사할 준비를 할 수 있는지 살펴보자. 국방부는 전작권 전환을 위한 필요 전력의 확보를 자신하고 있다. 국방부의 견해는 한국과 북한 간의 국력차이가 현격하기 때문에 한국군의 지속적인 전력증강이 꾸준히 유지되고 미국이 지원하면 충분히 대응할 수 있다는 것이다. 국방부 당국자도 국방중기계획이 마무리되는 2011년경에는 감시정찰, 지휘통제, 정밀타격 등 전 분야에서 한국군의 질적 수준이 향상되어 자주적인 전쟁수행능력 기반이 확충되어 전작권 단독행사의 기반을 갖추게 될 것이기 때문에 대북 억제능력을 확보할 수 있다고 자신하고 있다. 특히 한국군은 지난 십 수년간 지속적으로 정보자주화 달성을 위해 노력한 결과, 대부분의 전략/전술 신호정보와 전술영상정보를 자력으로 확보할 수 있는 수준에 도달했다고 국방부는 주장한다. 그리고 국방부는 전술레이더와 기타 특수 분야 정보도 거의 100% 독자적으로 확보하고 있다고 밝혔다. 아울러 한미 양국은 상호 비교우위에 있는 정보를 상호보완 원칙에 따라 교환하고 있음을 강조했다.[30)]

보다 구체적으로 국방부는 한국군의 정보정찰감시 능력을 향상시키기 위해 2009년 다목적 위성을 쏘아 올리고, 공중조기경보통제기 4대를 2012년까지 확보하고, 무인정찰기도 도입할 예정임을 강조하고 있다. 또한 국방부는 장거리 타격 및 마래 잠재적 위협에 대비한 전력 확보를 위해 K-9 자주포, 이지스 구축함 3척, 214급 잠수함, F-15K 전투기 60대, 공중급유기, 차세대유도무기(SAM-X) 등을 전력화한다는 계획도 가지고 있다고 밝혔다.[31)] 한편 북한의 대량살상무기는 한미동맹을 통해 미국의 지원을 받으면 해결할 수 있다고 주장하고 있다.

이 기간 중에 합참은 전작권 전환에 대비하고 전구작전 지휘능력을 확보하기 위해 2009년까지 합동작전본부로 개편된다. 아울러 합동작전본부 산하에 8개의 전투참모조직을 갖추어 실질적으로는 합동군사령부

30) 국방부, "전시 작전통제권 환수 문제의 이해"(2006. 8. 26), 국방부 웹사이트
31) 국방부, 『보도자료: '07-'11 국방중기계획』(국방부 홍보관리실, 2006) 참조; 국방부, 『국방개혁 2020과 국방비』(2006) 참조.

역할을 수행하게 된다.[32)]

그러나 우리 군이 북한에 비해 재래식 전력 면에서 우세할지는 모르지만, 핵과 미사일을 포함한 비대칭전력은 열세이다. 이러한 열세를 어떻게 극복할 수 있는가가 의문이다(제7장 참조). 현재로서는 북한의 대량살상무기에 관한 한 한국은 미국의 핵우산에 의존하는 수밖에 없다. 또한 15억 달러 규모의 패트리어트 미사일 도입이 800기가 넘는 북한의 미사일에 효과적으로 대처할 수 있을지도 의문이다. 그렇기 때문에 한국이 북한에 비해 우세라고 말하는 것은 대량살상무기를 고려하지 않고 나온 말이다. 즉 전쟁에서 승리할 수 있는 '우위'와 억제를 할 수 있을 정도의 '우위'는 많은 차이가 있다고 판단된다. 즉 한국의 군사력은 북한의 도발을 억제하고, 전쟁 발발 시 우리의 피해를 최소화하기 위해 최단시간에 전쟁을 종결할 수 있는 압도적 우위의 군사력을 보유해야 한다고 판단된다.

둘째, 국방부는 이러한 계획들을 완수하기 위한 예산확보에 대해서도 자신감을 보이나, 실질적으로는 예산확보에 많은 어려움이 있다. 한국 정부는 향후 전작권 단독행사에 필요한 첨단장비 구입에 많은 예산을 투입해야 한다. 예를 들면 조기경보기를 앞당겨 도입해야 하고, 북한의 감시를 강화하기 위해 무인정찰기(UAV) 도입도 서둘러야 한다. 특히 우리 정부가 미국으로부터 구입을 원하는 무인정찰기 글로벌호크(Global Hawk)에 대해 미국 의회가 판매 승인을 하지 않은 상태이다. 미 공군에도 2007년에 배치되는 글로벌호크를 한국에 판매하기에는 어려움이 예상되며, 또한 가격도 결정되지 않은 상황이다. 한마디로 부르는 게 값일 가능성이 높아 많은 예산이 소요될 것이다.

한편 2012년 전시 전작권 전환의 전제는 2011년에 마무리되는 국방중

---

32) 『연합뉴스』, 2007. 6. 28.

기계획의 성공적 완료이다. 여기서의 관건은 매년 9.9%씩 국방예산 증액이 증액되어야 하는데 그것이 현실적으로 가능하겠는가 하는 점이다. 국가예산은 하루아침에 대폭 증액이 어려운 것이고, 지금까지의 추세와 현재 한국의 경제상황을 볼 때 그만한 국방예산 증액이 현실적으로 어렵다는 것은 객관적 현실이다. '국방개혁 2020'을 수행하는 과정에서, 국방부 추산에 따르면 군 병력 감축에 따른 전력증강과 무기체계 현대화에 289조 원이 필요하고, 군부대 운영유지비를 합쳐 2020년까지 총 683조 원의 국방예산이 소요된다. 병력수를 50만으로 줄여도 절약되는 돈은 10조 원에 불과하다. 또한 윤광웅 국방부 장관은 국방개혁안을 발표하면서 소요 재원 확보방안에 관해 2015년까지 국방비 증가율이 매년 11%가 되어야 개혁이 성공할 수 있을 것이라고 말한 바 있다. 나머지 재원은 어디서 어떻게 조달할 것인가가 문제다.

물론 이명박 정부에 의해 '국방개혁 2020'의 수정 및 보완작업이 이루어질 것이지만, 참여정부가 공약으로 내건 각종 대형 국책사업만 해도 행정도시 건설, 대북 에너지 지원, 농어촌 개발 등 천문학적인 비용이 들 굵직한 사업들이 산적해 있어 국방개혁을 위한 예산 조달이 쉽지 않으리라는 우려가 크다.

셋째, 과연 2012년이 전지작전통제권 전환을 마무리 짓는 해가 될 수 있는가? 우선 한편 전시작전통제권 전환은 우리 군이 '국방개혁 2020'에 의해 실질적인 대북 억지력을 확보한다는 것을 전제하고 있다. 국방개혁은 3단계로 이루어질 예정이다. 1단계(2006~2010)는 개혁 본격화 단계이다. 2단계(2011~2015)는 개혁 심화 단계이다. 마지막으로 3단계(2016~2020)는 개혁 완성 단계이다. 이러한 일정에 비추어볼 때, 전작권의 단독행사가 실현될 예정인 2012년은 국방개혁의 심화단계가 끝나기도 전이다. 그렇기 때문에 2012년에 전시작통권을 단독으로 행사하게 될 경우 국방개혁이 달성하고자 하는 대북 억지력 확보는 상당 부분 미완성이라고 보는 것이 타당하다.

또한 '국방개혁 2020'을 실행에 옮기기 위한 국방중기계획이 현재 추세로 보면 대북 억지력 확보라는 목표를 제대로 완수될 수 있을지 의문이다. 2007년부터 2011년까지 시행하는 국방중기계획에는 1조 6,000억 원으로 공중조기경보기(AWACS) 4대와 3조 원으로 이지스(Aegis) 함 4척을 구입하게 된다. 물론 1,500억 원을 들여 무인정찰기 글로벌호크도 도입할 예정이다. 문제는 이러한 첨단장비를 구입했다고 해서 북한에 대한 정보를 100% 확보하는 것은 아니다. 확보한 정보, 즉 이들이 찍은 사진을 해독할 수 있는 능력은 하루아침에 확보될 수 없고, 이지스 함이 탐지한 정보를 분석하는 것도 많은 경험을 필요로 한다. 즉 한국군이 이러한 장비들을 효율적으로 운용할 수 있는가에 의문이 간다. 충분한 훈련이 있은 후에야 가능한 일이다.

일반적으로 전력증강계획이 완수되기 위해서는 소요제기에서부터 야전배치까지 필요한 시간이 10~20년이다. 기본적으로 전작권 전환을 위해서는 합참조직을 개편해야 하고, 미국과의 협조체제를 완벽하게 구축해야 하며, 전력증강 및 작전계획을 수립해야 하고, 이를 검증해야 한다. 따라서 2012년까지, 5년 동안에 전작권을 전환할 수 있는지가 의문이다.[33] 적어도 2015년 이후에야 한국군이 첨단장비를 운용할 능력이 생길 것으로 판단된다.

또한 동북아에서 군비경쟁이 심화되고 미·일동맹 강화와 함께 중·러 군사협력이 강화되는 추세인데도, 우리가 북한에 비해 우세하다는, 그것

---

33) 문영환, "한미 연합 방위체제로부터 한국 주도 방위체제로의 변환,"『군사논단』, 제50호 특집(2007년 여름), 20쪽.

도 전쟁에서 승리할 수 있을 정도의 우세에 만족하여 한미동맹의 역량을 약화시킬 가능성이 높은 전작권 전환을 2012년에 꼭 해야 하는 지 심사숙고해야 한다.

백악관과 국방부는 한국이 지휘통제자동화체계(C4I) 등 군사기능 면에서 아직 전작권을 단독으로 행사할 능력이 없다는 결론에 도달한 것으로 알려져 있다. 특히 브루스 벡톨(Bruce Bechtol) 해병대 지휘참모대학 교수는 북한의 스커드미사일, 개량형 미사일 및 장사정포 때문에 아직 한국이 전작권을 단독으로 행사하기는 어려울 것으로 판단하고 있으며, 최소한 5~7년 준비를 해야 한국군이 전작권을 단독으로 행사할 수 있을 것으로 분석했다. 더 나아가 벡톨 교수는 적절한 훈련시설이 제공되지 않으면 주한미군 추가 감축도 있을 수 있음을 시사했다. 이와 관련해 김영희 중앙일보 대기자는 벡톨 교수의 말을 인용하여 미군은 C4I 체계를 하와이 태평양사령부로 이전할지 모른다고 했다. 이렇게 되면 한국군에게는 컴퓨터와 정보가 빠진 C3(지휘, 통제, 통신)만 남을 수도 있음을 강조했다.

게다가 앞서 지적했듯이 북한 핵 문제가 새로운 국면에 접어들고 있다. 이러한 미국의 대북 압박정책은 북한의 핵실험을 계기로 더욱 강경해졌으며, 그 결과가 미국의 의중이 대폭 반영된 유엔 안보리 결의안 1718호(대북결의안)로 나타났다.[34] 이 대북결의안은 국제사회가 보다 적극적이고 일관성 있게 대북압력을 행사할 수 있게 했다. 향후 북한이 추가 핵실험을 강행할 경우, 미국 주도의 국제사회는 유엔헌장 7조 42항을 적용하

34) 2006년 10월 14일 만장일치로 채택된 유엔 안보리 대북결의안 제3항에는 CVID가, 제8항에는 PSI에 대한 구체적인 사례가, 제13항에는 북한의 6자회담 복귀와 9·19 공동성명 이행이 명문화되었다. 특히 결의안 12항에서는 회원국들이 결의안 이행을 감시할 수 있는 임시위원회(ad hoc committee, 제재위원회)를 설치할 것을 명기했다.

는 군사적 조치가 포함된 새로운 안보리 결의안 채택을 위해 노력할 것이다. 이러한 결의안이 채택된다면 이는 대북 군사조치를 국제사회가 승인하는 것을 의미하므로 미국이 대북 군사적 취할 가능성은 한층 높아질 것이다.[35)]

결론적으로 전시작전통제권 단독행사는 인위적 시한을 설정하고 밀어붙일 일이 아니라고 판단된다. 전작권 단독행사는 한국군의 역량이 향상되어 여건이 마련되면 자연히 이루어질 일인데, 굳이 부작용을 무릅쓰고 정해진 기간(2012. 4. 17) 내에 강행해야 할 이유가 없다는 것이다. 따라서 전작권 단독행사 시기는 한반도 및 동북아의 안보상황이 개선된 이후가 되는 것이 바람직하다고 판단된다.

2) 한미 공동방위체제

전작권이 전환되고 현재의 통합형 한미 연합방위체제에서 새로운 병렬형 한미 공동방위체제로 전환되는 데 대해 여러 가지 우려가 제기되고 있다. 즉 한미동맹의 결속력 및 효율성 약화, 주한 미 지상군 추가 철수 가능성, 유사시 미국이 전력증원 전개 등에 문제가 발생할 수 있다는 것이다.[36)]

첫째, 전작권 전환 이후 한미 연합사령부를 대체할 기구로 소개한 가칭 '전·평시 군사협조본부(MCC)'의 유사시 효율성 여부가 문제가 될 것으로 전망된다. MCC는 한국군 장성 1명과 미국군 장성 1명이 공동의장

35) 이대우, "미국의 입장과 정책전망," 『정세와 정책』, 특집호(세종연구소, 2006. 10), 6~8쪽.

36) 김희상, "지금 대한민국은 국가존망 위기," 『월간조선』(2006. 9), 90~99쪽.

을 맡아 협의하는 체계로 운영되는데, 과연 이런 수평조직이 긴박한 전시에 신속한 의사결정을 할 수 있겠느냐는 회의론이 제기되고 있는 것이다. 현행 연합사 체제는 양국 군이 제도적으로 연합작전을 하도록 묶어놓은 것으로, 양국이 좋든 싫든 의무적으로 합동작전을 할 수밖에 없는 체제이다. 연합사 해체는 그런 의무적 합동작전이 아니라 이제는 양국이 협의하고, 지원과 참여의 수준도 각자 결정하는 체제를 의미한다. 따라서 연합사라는 제도적 장치가 없어진 후, 협조는 말 그대로 협조일 뿐 구속력이 없기 때문에 군사문제를 둘러싸고 한미 간 이견이 생길 경우 심각한 딜레마에 빠지게 될 가능성이 크다. '한 지붕 밑에 두 살림을 차리고 긴밀한 협조체제를 엮어가는' 이원화된 체제가 전시에 효율성이 크게 떨어지리라는 것은 자명하다. 특히 현대전과 같은 속도전에서 승리하기 위해서는 지휘권이 단일화되어야 하는 것이 상식이다. 미 합참이 발간하는 합동교범(Joint Publication 3-0)에는 전쟁원칙(Principles of War) 아홉 가지가 거론되는데, 그 가운데 하나가 단일지휘체계(Unity of Command)일 정도로 일사불란한 명령체계는 전쟁 수행에서 필수불가결한 요건이다.[37] 국방부마저도 MCC에 대해 "연합사에 '버금가는' 핵심기구"라고 표현함으로써 연합사 체제보다는 '접착력'이 미치지 못한다는 점을 은연중에 시인하고 있다.[38] 자칫 군사협조본부는 양국 간에 연락임무를 수행하는 조직으로 전락할 가능성을 배제할 수 없다.[39]

---

37) U. S. Joint Chief of Staff, Doctrine for Joint Operations, Joint Publication 3-0(Sept. 2001) Chapter II 참조.

38) 이상현, "전시작전통제권 전환과 한미동맹의 제 문제 — 외교적, 법적 문제를 중심으로," 『군사논단』, 제50호 특집(2007년 여름), 88쪽.

39) 한국국방안보포럼 엮음, 『전시작전통제권 오해와 진실』(플래닛미디어, 2006), 147쪽.

한편 2007년 말 전작권 전환 추진단이 구성되었다는 발표가 있은 직후, 군사협조본부를 창설하지 않을 것이라는 보도가 있었다. 보도 내용은 정보/작전/전략 등 6개의 참모기능별로 구성될 한미 군사협조기구들을 총괄하는 AMCC 창설을 백지화하고 6개의 협조기구는 양국 군 합동사령관이 직접적으로 관장하게 된다는 것이다.[40] 만일 이 보도가 사실이라면 향후 한미 상호 간 공동작전을 수행하는 데 발생하는 이견을 통제하고 조정하는 기구가 없어 혼란을 야기할 수 있다.

둘째, 이렇듯 이원화된 체제에서, 한미관계가 소원해지면 미국의 전시증원군 투입에 문제가 발생할 수 있다. 즉 한미관계가 아주 좋고 서로 신뢰할 수 있다면 연합사 체제하에서와 같은 전시지원이 가능하겠지만, 전작권 전환 후, 양국 간에 마찰이 발생할 경우 미국의 전시지원 여부는 매우 불투명해진다는 문제를 간과해서는 안 된다.

한미 간에 새로운 공동방위체제는 기본적으로 한미 상호방위조약을 바탕으로 한다. 주한미군의 지속적인 주둔과 억제 및 유사시를 대비한 미국의 증원군 전개를 보장하고, 정보자산 등 한국군의 부족한 전력분야에 대한 미 측 보완전력을 계속 지원하며, 연합대비 태세 및 억제력을 계속 유지한다는 원칙에 합의하여 로드맵에 포함시켰다. 미국이 제공하는 보완전력은 정보전력뿐만 아니라 첨단정밀타격 능력이나 전략적 억제 및 방어에서도 상당 수준 미국의 지원이 필요한 부분을 포함하며, 전작권 전환 이후에도 상당기간 필요할 것이다.[41] 하지만 한미동맹의 결속력이 약화될 가능성이 있으며, 주한미군의 철수(적어도 지상군)를 초래하거나, 미국의 전시증원군 전개에 문제가 발생할 수도 있다.[42] 게다

40) "한미, '동맹군사협조본부' 창설 안 한다," 『연합뉴스』, 2007년 12월 26일.
41) 윤종호, 앞의 글, 49쪽, 각주 47.

가 미군이 타국 사령관의 작전통제하에 둔 전례가 없다. 결과적으로 연합 대비태세가 약화될 가능성에 대한 우려가 고조되고 있는 것이 사실이다.

셋째, 한반도 유사시 미국의 전시증원병력을 관장하는 미 8군 사령부 개편에도 신경이 쓰인다. 미국 국방부는 미 8군을 포함한 6개의 군사령부를 특정 전쟁 구역의 지원을 담당하는 UEy(작전지원사령부, Unit of Employment Y)로 개편할 예정임을 밝혔으며, 2007년 7월 10일 주한미군 사령부는 미 8군 사령부가 태평양 육군사령부와 통합되어 '태평양 UEy'로 전환된다고 발표했다.[43] UEy는 예하부대가 없는 부대로 현재 미 8군 산하의 미 2사단과 제19전투지원사령부는 그대로 남을 것이라 밝혔다. 이후 약 1년이 경과한 2008년 6월 5일 미 8군사령부가 하와이로 이전한다는 발표가 있었다. 물론 북한의 위협에 대비해 실무적인 작전기능은 한국에 남을 것이고, 한반도에 전쟁이 발발하면 미8군의 지휘부가 즉각적으로 한국에 와서 작전을 수행할 수 있도록 기반조직과 시설은 유지할 것임도 밝혔다.[44] 그러나 한반도 유사시 미국에서 한반도로 증원되는

---

42) 기존의 69만 명 증원전력이 축소되는 것이 아니냐는 기자의 질문에 대해 벨 사령관은 "69만여 명은 중요하지 않다, 어떤 전력이 오느냐가 중요하다"고 대답함으로써 69만 병력이 모두 오지 않을 것을 시사했다.

43) 미국 육군은 5개의 UEy를 운용하고 있다. 현재 하와이에 본부를 두고 있는 태평양사령부, 북부사령부(콜로라도 주), 중부사령부(플로리다 탐파), 남부사령부(플로리다 마이애미), 그리고 유럽사령부(벨기에 브뤼셀) 등 다섯 군데에 주둔하고 있다. 현재 태평양사령부는 3개의 UEx로 구성되어 있다. 이 중 하나는 한국에 있는 2사단이고, 하와이의 25사단, 미국 워싱턴 주의 포트루이스(일본 자마기지로 이전)의 1군단이 태평양사령부에 소속되어 있다. 각 UEx는 보병, 전차, 스트라이커, 미래전투, 공병, 정찰, 항공, 중화기 및 지원 여단을 거느리고 있다.

44) 『조인스닷컴』, 2008년 6월 5일.

미 육군을 수송해 전방으로 보내는 임무를 가지고 있는 미8군사령부가 한국을 떠나는 것은 우려되는 사안이다. 즉 한반도 유사시 미 전시증원군이 최대한 빠른 시일 내에 한국에 도착할 수 있는지에 대한 우려를 지우기 어렵다. 아울러 미 8군사령부가 미 태평양육군사령부와 통합되면 작전범위가 남태평양과 동남아시아로 확대될 것이기 때문에 이 역시 반도 유사시 즉각 대응에 부정적인 영향을 미칠 가능성이 있다.

넷째, 전작권 전환 초래할 한국의 정치적·군사적 비용도 만만치 않다. 국방부는 한국국방연구원(KIDA)의 연구결과를 토대로 한반도 유사시 증원되는 미군 전력의 가치가 2,500억 달러(250조 원)에 이른다고 밝혔다. 국방부에 따르면 한반도에 전쟁이 일어날 경우 투입되는 미군 전력은 육·해·공군 및 해병대 병력 69여만 명과 함정 160여 척으로 구성된 항모전투단, 항공기 2,000여 대 등이다. 이들 지원 전력 가치는 총 2,500억 달러에 이른다. 이와 함께 주한미군의 자산 가치는 주요장비 100억 달러, 전시 필수장비 33억 달러, 전쟁비축탄약(WRSA) 67억 달러 등 총 200억 달러(약 20조 원)로 추정된다. 국방부는 전작권을 단독으로 행사하더라도 한미 간 합의에 따라 증원전력이 보장될 것이므로 추가로 드는 국방비는 없을 것이라고 주장하면서도 주한미군과 유사시 증원 전력의 가치가 2,700억 달러로 추정된다는 점을 '참고사항'으로 명기했다.[45)]

---

45) 그러나 국방부가 밝힌 전시 미 증원 전력의 가치는 추산한 시기와 주체에 따라 많은 편차가 있다. 국방부는 미군 증원전력의 가치를 1,300조 원으로 추정한 적이 있으며, 열린우리당 조성태 의원은 증원 전력의 가치를 3,750억 달러로, 한나라당 송영선 의원은 4,105억 달러라고 추산하고 있다. 이러한 차이는 미군의 증원전력 범위를 어디까지 포함시키느냐에 따라 달라질 수 있지만, 중요한 점은 전작권 단독행사가 유사시 한국에 엄청난 추가비용을 부담시키리라는 것은 부인할 수 없는 사실이라는 점이다.

다섯째, 더욱 심각한 문제는 전작권 단독행사가 결국 주한미군의 전략적 유연성에 날개를 달아준다는 점이다. 전작권 공동행사는 외부위협에 대한 억지책인 동시에 주한미군의 임의 출동을 제어하는 이중적 의미를 지녔으나, 전략적 유연성의 완전확보로 주한미군의 활동 폭이 아무런 제한을 받지 않게 될 가능성이 커졌다. 주한미군이 역외활동이 증가하면 그만큼 한국 안보에는 공백이 발생하는 것은 자명한 사실이다.

끝으로 한미 간에는 유엔군 사령부의 위상에 대한 논쟁이 발생할 것이다. 이론적으로 한미연합사 해체 이후에도 주한미군 사령관은 유엔군 사령관의 직위를 이용해 한국군에 대한 작전통제권을 행사할 수 있기 때문이다. 2006년 후반부터, 즉 한미 간에 전작권 전환이 합의될 무렵부터 미국은 유엔군 사령부의 중요성을 강조하기 시작했다. 유엔군 사령관을 겸임하고 있는 벨 한미연합사 사령관은 유엔사의 평시 정전협정 관리와 유지, 전시 전력제공과 후방 군수지원 기능을 강조했다. 그리고 전시작전통제권을 한국군이 단독으로 사용할 경우, 즉 연합사령부가 해체된 이후 유엔군 사령관의 권한과 책임 간의 불일치가 발생한다는 문제점을 제기했다. 물론 미국의 유엔사에 대한 입장이 연합사 창설 이전으로 복귀를 희망하는 것은 아니지만, 미국은 평시에서부터 전시에 이르기까지 통일된 지휘체계가 있어야 전쟁과 도발을 억제할 수 있다고 판단하고 있다.

결론적으로, 전작권 단독행사는 참여정부가 강조했던 자주국방보다는 오히려 '자주화의 종속화'를 초래할 가능성이 크다.[46] 앞서 살펴본 바와 같이 전작권 전환 이후 구축될 한미 공동방위체제는 현재의 한미 연합사 체제에 비해 긴밀성 및 효율성이 약하다. 따라서 한국은 끊임없이 미국의

---

46) 하영선, "한미정상회담의 역사적 평가," 『중앙일보』, 2006년 9월 17일.

대한국방위공약을 재확인해야 하는 부담을 안게 됨을 의미한다. 전작권 전환으로 인해 세계 4강의 정치적·군사적 이해가 복잡하게 얽혀 있는 동북아시아에서 상대적으로 약소국인 한국이, 한반도에서 전쟁이 일어난다면 스스로를 방어해야 하는 상황이 전개될 수 있다. 한미 연합사령부 체제를 대체할 한미 공동방위체제가 이런 상황에서 어떻게 작동할지 의문이다.

4. 결론

참여정부는 '군사주권 회복'이라는 명분을 앞세워 전시작전통재권 전환에 대한 미국과의 합의를 이끌어냈다. 이 합의는, 앞서 살펴본 바와 같이 한국 안보에 부정적인 영향을 미칠 것으로 판단된다. 한국군의 준비태세가 갖추어지지 않은 상황에서 전작권을 단독으로 행사하게 될 경우 한반도의 안보상황이 악화될 가능성이 높다는 것에는 의문의 여지가 없다. 물론 현재 한국군의 전력이 과거에 비해 많이 향상되었기 때문에 북한의 도발을 단시일 내에 격퇴할 수 있는 능력은 가지고 있다. 하지만 북한의 도발을 억제하기에는 아직 미흡하다 할 수 있다. 따라서 전작권 단독행사가 완벽한 준비 없이 이행된다면, 즉 충분한 준비가 없는 상태에서 한국군이 전작권을 단독으로 행사하게 될 경우 북한의 도발은 더욱 빈번해질 것으로 판단된다.

또한 전작권 조기 전환은 국민의 뜻과는 상당한 거리가 있다. 조선일보·한국갤럽의 여론조사 결과에 의하면, 모든 연령층에서 전작권 전환에 반대하는 국민이 많았으며, 전작권 전환에 따른 국민부담의 증가를 우려하는 경향이 뚜렷하다. 특히 안보 불안감과 관련하여 전작권 전환에 대해

'반대'가 66.3%, 이로 인해 안보가 '불안해질 것'으로 생각하는 응답자는 71.3%였다.[47] 이러한 여론은 전작권 전환 추진이 국민을 불안케 하고 어딘가 믿음직스럽지 못한 방향으로 전개되고 있음을 잘 보여준다.

물론 현실적으로 전작권 전환이 이미 기정사실화된 상황에서 이 문제를 전면적으로 재검토하기는 어렵지만, 전작권 전환 시기는 조절되어야 할 것으로 보인다. 즉 한미동맹을 과거 수준으로 복원하고, 한국군의 전력을 재평가한 후 전작권 단독행사 시기를 결정하는 것이 올바른 순서라고 판단된다.

현재 한미동맹의 복원은 적절한 방향으로 진행되고 있다고 판단된다. 그동안 표류하던 한미관계가 2008년 4월 17일 한미 정상회담을 계기로 굳건한 '전략적 동맹관계'로 발전하는 첫발을 내딛었다. 양국 정상은 대북정책 공조를 다짐했으며, 진행 중인 주한미군 감축을 중단할 것을 선언함으로써 안보협력증진을 다짐했다.[48]

이러한 신뢰를 바탕으로 전작권 전환을 대비해 한국 정부는 한국군의 능력 또는 준비태세를 재점검해야 하고, 한미 간의 군사협력체제를 공고

---

47) 심지어 전시 작통권 단독행사를 찬성하는 응답자 중에서도 3명 중 1명(34%)은 그럴 경우 안보가 불안해질 것으로 생각했다. 게다가 경제 불안감과 관련해서는 '전시 작전통제권을 단독으로 행사할 경우 국방비 증가로 인해 국민 부담이 늘어나고 경제에 좋지 않은 영향을 줄 수 있을 것'이란 의견에 대해서도 '공감한다'(79.8%)는 응답이 '공감하지 않는다'(18.3%)는 응답을 압도했다. 또한 '현(노무현) 정부에서 작통권 논의를 중단하고 다음 정권에서 논의하자'는 의견에 대해서도 찬성이 71.3%, 반대가 23%였다. 단독행사를 찬성하는 사람 중에서도 다음 정권에서 논의하자는 사람이 50.7%로 과반수였다. 『조선일보』, 2006년 9월 11일.

48) 2008년 4월 17일 한미 정상회담 관련 자세한 내용은 이대우, "한미 정상회담 결과," 『정세와 정책』, 2008-05(세종연구소, 2008) 참조.

히 해야 한다. 우선 참여정부가 마련한 '국방개혁 2020'은 '공고한 한미 동맹을 기반으로 추진'되는 것으로 발표되었지 '전작권 단독행사'를 전제로 하고 있지 않기 때문에 이명박 정부는 실천 가능한 '국방개혁 2020'을 만들기 위해 수정과 보완을 해야 한다. 특히 북한의 비대칭전력에 대한 대비책을 보완해야 한다. 800기가 넘는 북한의 미사일을 수십 기의 패트리어트 미사일로 방어할 수는 없다. 또한 북한군의 움직임을 감시할 수 있는 정보능력 확보에도 많은 시간이 필요하다. 국방부는 2012년까지 단계적인 정보감시, 타격, 지휘통제 전력 확보를 통해 전작권 단독행사를 위한 준비를 완료할 수 있을 것이라 발표했다. 그러나 북한의 움직임을 감시하기 위해 공중조기경보통제기, 이지스 함, 무인정찰기 등이 도입이 된다고 해도 완전히 우리 것으로 만들기 위해서는 최소 5년 동안의 훈련기간이 필요하다. 즉 그나마 우리의 힘으로 북한을 감시할 수 있는 능력은 2017년경에나 가능하다는 것이다. 게다가 앞서 지적했듯이, '국방개혁 2020'에 의하면 국방개혁의 소요예산은 약 621조 원인데, 현실적으로 성장률이 5% 미만인 한국 경제가 감당하지 못할 것이 분명하다. 보다 현실적인 국방개혁안으로 수정·보완해야 한다(제7장 참조).

이러한 한국군 능력 재검토와 병행하여, 북한 정권 내부의 동요나 돌발사고, 대량탈북, 정치적 소요, 북한의 대량살상무기 및 테러 위협, 대남 국지도발, 한국 내 친북·반미 세력의 준동 등 다양한 정치군사적 변수에 대비하기 위해서는 양국 간의 유기적인 정보교환과 종합적인 군사대비 태세가 구축되어야 한다. 특히 앞서 지적한 바와 같이 한국군의 취약 분야가 북한의 비대칭전력에 대한 대비이다. 2006년 10월 제28차 한미 군사위원회회의(MCM)와 제38차 한미안보협의회의(SCM)는 한국에 대한 미국의 핵우산 공약을 구체화하기로 합의했다. MCM에서는 북한의 핵사용 위협, 징후, 실제 사용 등 단계별 위협에 따라 한반도에 전개되는 증원전력에 전술핵무기를 포함하는 방안이 논의되었다.[49] 그리고 SCM에서 미국은 핵우산 제공을 통한 확장된 억지(extended deterrence)의 지속을 포함해 한미 상호방위조약에 따른 굳건한 공약과 신속한 지원을 약속했다.[50] 하지만 새롭게 작성되는 작전계획에는 북한의 대량살상무기 공격에 대비한 구체적인 계획이 포함되어야 한다.

작전계획 작성 시 미국의 전시 증원전력에 대한 구체적인 규모에 대해 미국과 합의해야 한다. 현재 한미 간에 합의된 미국의 전시 증원전력은 병력 69만 명, 전함 160여 척, 항공기 2,000여 대 등이다. 그러나 현대전에서는 '수보다는 질'이 중요함을 감안할 때 증원전력의 축소는 불가피할 것이다. 그러나 우리의 입장에서는 보다 많은 증원전력이 투입되어 신속하게 전쟁을 종료하는 것이다. 따라서 보다 신속하고 많은 증원전력을 확보하기 위해 미국과의 신뢰를 증진시켜야 한다.

셋째, 향후 한미 양국은 한미안보정책구상회의(SPI)를 강화하고 포괄적 안보상황 평가를 철저히 한반도 안보상황과 연동시켜 논의할 필요가 있다. SPI의 3대 어젠다는 포괄적 안보상황 평가(CSA: Comprehensive Security Assessment), 미래비전 공동연구(JVS: Joint Vision Study), 한미 지휘관계연구(CRS: Command Relationship Study)이다. 특히 포괄적 안보상황

---

49) 미국이 제공 가능한 전술 핵무기는 핵탄두 탑재 토마호크 미사일과 공중발사 미사일, 그리고 지대지 순항미사일 등이 거론되고 있으며, 전략핵무기를 탑재한 핵잠수함과 스텔스 폭격기의 한국 배치도 거론되었다. "'핵에는 핵' …… 미 한반도 유사시 전술핵 배치 가능성," 『동아닷컴』, 2006. 10. 20.

50) 여기서 확장된 억지력은 미국의 동맹국이 제3국으로부터 핵위협을 받을 경우 미국은 동맹국에 대해 신속하게 핵우산을 전개한다는 개념이다. 이 개념은 미국이 핵태세검토보고서(NPR)에 명시되어 있으며, 동맹국을 제3국의 핵위협으로부터 방어하기 위해 기존의 전술핵무기는 물론 전략핵무기까지도 사용할 수 있음이 강조되어 있다. 국방부, 『2006 국방백서』(2006. 12), 214쪽.

평가와 관련하여 북한이 핵실험을 강행하거나 새로운 도발을 감행할 경우, 전작전 단독행사 시기를 유연하게 조정하는 방안이 적극 강구되어야 한다. 그리고 양국은 지휘관계연구를 통해 한미양국이 미래 작전협력 형태로 제시한 '군사협조본부(MCC)'를 강화시킬 필요가 있으며, 가능하면 유엔군 사령부의 역할에 대한 공동연구를 진행시켜야 한다.

그 밖에 전작권 전환과 관련하여 주한미군의 전략적 유연성과 유엔 사령부의 역할 조정에 대한 한미 간의 논의가 필요한데, 이는 제8장에서 다룬다.

제3부

한반도 안보 확보

제7장

한국 군사력 증강

1. 서론

냉전체제가 종식되었는데도 강대국 간의 대립 구조는 완전히 해소되지 않았다. 즉 강대국들은 서로 다른 안보목표를 설정하고, 이를 달성하기 위해 서로 다른 안보정책을 추진하여 국가 간 갈등이 상존하고 있다.

미국은 탈냉전 이후, 특히 부시 행정부 출범 이후 자국의 패권을 강화하려는 목적으로 미사일 방어사업, 대테러전, 대량살상무기 확산방지, 해외주둔 미군의 전략적 유연성 강화를 전제로 한 재배치 등의 공세적인 안보정책을 실행에 옮기고 있다. 일본은 장기 불황에서 벗어나면서 소위 '보통국가' 실현을 위해 미·일동맹을 등에 업고 역시 공격적인 외교를 펼치며, 꾸준히 군비를 증강시키고 있다. 한편 중국은 20여 년간 지속되는 경제발전의 성과를 바탕으로 경제대국 및 군사대국으로 급부상하면서 탈냉전 이후 신국제질서 구축에 새로운 축으로 등장하고 있다. 특히 군사적 측면에서 중국은 첨단전력을 강화하는 군 현대화 사업을 추진하고 있으며, 해군력과 미사일전력이 크게 향상되어 주변국들의 우려대상이 되고 있다. 러시아는 다른 강대국에 비해 본격적으로 군비 증강에 나서지는 않지만, 풍부한 에너지 자원을 앞세워 자국의 영향력을 확대해 나감으로써 과거의 영광을 되찾으려는 행보를 하고 있다.

이러한 대립구조는 동북아에서 더욱 뚜렷하게 나타난다. 북한의 핵무기를 포함한 대량살상무기 추구는 현재 동북아 안보에 가장 큰 위협이 됨은 주지의 사실이다. 또한 역내 국가들 간의 군비경쟁은 갈수록 심해지는 경향을 보인다. 남북 간 군비경쟁은 이미 오래된 일이고, 중·일 간의 군비경쟁은 중국의 경제성장으로 인해 가속화 추세에 있다. 한편 겉으로는 전략적 동반자관계임을 강조하고는 있으나, 미국과 중국은 대만 문제 및 한반도 문제에서 대립하고 있다. 게다가 미국은 일본과 함께 중국과 북한을 잠재적 위협으로 간주하고 미·일동맹 강화를 통해 이들을 견제하고 있다. 이에 대해 최근 중국과 러시아는 전략적 동반자 관계를 재확인하고 대규모 합동군사훈련도 실시하면서 군사협력을 강화하고 있다.[1] 그 결과 동북아에 새로운 냉전체제가 구축될 가능성이 조심스럽게 전망된다.

또한 동북아에는 냉전시대의 영토·주권분쟁 요인이 아직도 존재하며, 영해를 둘러싼 양자 대립도 심화되고 있다. 예를 들면, 남북한 문제, 양안 문제, 한일 간 독도문제, 중·일 간 조어대(釣魚臺, 댜오위타이례위, 센카쿠 제도) 문제, 러·일 간 북방도서 문제 및 남중국해의 남사군도(Sprately Islands) 영유권 문제 등이 미해결된 채 남아 있다. 그리고 한중 간의 서해상 대륙붕 및 EEZ 경계문제와 중·일 간의 동중국해 대륙붕 및 EEZ 문제

---

1) 2005년 5월 8일 중·러 정상회담에서 "중·러 양국은 다극구조를 만들어가는 데 함께 노력할 것"에 합의했으며, 북한 핵 문제 해결과정에서 무력이 사용되어서는 안 된다는 입장을 분명히 했다. 그리고 중국과 러시아는 '평화사명－2005' 합동군사훈련을 사동반도 해역에서 8일간 실시했다. 동북아시대위원회, 『중·러관계 진전이 동북아 지역에 미치는 영향』(동북아시대위원회, 2005. 12), 49~54쪽.

가 새롭게 대두되고 있다. 여기에 중국의 동북공정, 일본 수상의 야스쿠니 신사 참배 등 역사문제와 시베리아 가스전 수송경로 및 동중국해 가스전 개발사업 등을 둘러싼 한·중·일 3국 간의 갈등도 고조되고 있다.

이렇듯 급변하는 동북아 안보환경 변화와 상존하는 북한 위협에 대처하기 위해 한국 정부는 새로운 국방목표를 설정하고, 이를 달성할 수 있는 국방정책을 추진하고 있다. 한국의 국방목표는 "외부의 군사적 위협과 침략으로부터 국가를 보위하고, 평화통일을 뒷받침하며, 지역의 안정과 세계평화에 기여하는" 것이다.[2] 국방정책의 기조는 '협력적 자주국방'으로, 한미동맹을 발전시킨다는 전제하에 주변국들과의 군사협력을 증진하고, 북한의 전쟁도발을 억제하며, 유사시 이를 격퇴하는 데 우리가 주도적인 역할을 수행할 수 있는 능력과 체제를 구비하는 것이다.

최근 전쟁의 사례에서 보았듯이 미래전의 양상은 네트워크 중심의 합동전이 될 것으로 예상된다. 즉 미래전은 군사기술의 발전으로 인해 전투요소 간 상호운용성이 강조되고, 실시간 작전 속도가 요구되는 네트워크 중심전(Network Centric Warfare: NCW)이 될 것이며, 육·해·공군의 모든 가용 전투력을 동시에 통합하여 운용함으로써 효율성을 극대화하는 방식의 전쟁이 될 것이라는 의미이다. 특히 화력의 집중이 상대적으로 용이한 해·공군의 특성과 육군의 지상공간 통제능력이 결합되면 전체적인 전투력의 상승효과를 극대화할 수 있을 것으로 간주하고 있다.[3]

이에 국방부는 미래전에 대비해 합동성 강화를 위해 '국방개혁 2020'

---

2) 국방부, 『2006 국방백서』(2006. 12), 30쪽. 참고로 한국의 국가 안보목표는 한반도의 평화와 안정, 남북한과 동북아의 공동번영, 국민생활의 안보 확보 등이며, 국가안보 전략기조는 평화와 번영정책 추진, 균형적 실용외교 추구, 협력적 자주국방 추진, 포괄적 안보지향이다.

3) 육군본부, 『육군비젼 2025』(2003. 9), 10쪽.

을 발표하였다. 국방개혁의 핵심 목표는 미래 안보상황과 전쟁 양상에 능동적으로 대처할 수 있는 기술집약형 군 구조와 전력체계를 완성하여 '자위적 방위역량' 또는 방위충분성을 확보하고, '선진 국방운영체제를 구축'하는 것이라 할 수 있다. 국방개혁의 핵심 내용은 상비병력을 2020년까지 50만 명 수준으로 줄이는 대신 첨단장비로 무장시켜 과학기술군으로 발전시킨다는 것이다. 한편 3군의 통합전투력을 향상시키기 위해 군 조직 개편도 단행된다.[4] 아울러 국방부는 끊임없는 수정·보완작업을 통해 '국방개혁 2020'을 완성해나가고 있다.[5]

한편 강대국들이 추진하고 있는 국방개혁(변혁)은 지상군의 구조개편과 해·공군력 및 미사일전력 강화에 초점이 맞추어져 한국에서도 해·공군의 전력증강에 대한 요구의 목소리가 커지고 있다. 하지만 우리가 신경을 써야 하는 부분은 강대국과 한국은 차이가 있다는 것이다. 강대국들은 세계전략 차원에서 국방변혁이 이루어지는 것이고 한국은 한반도의 안정을 확보하기 위해 국방개혁을 추진하는 것이다. 즉 우리의 국방목표는 외부의 침략으로부터 한국의 안보를 확보하는 것이지 한국의 군사력을 한반도 밖으로 투사하는 것은 아니다. 물론 한국의 해군력과 공군력을 증강시키지 말자는 것은 아니다. 다만 육군의 비중을 저평가해서는 안 된다는 것이다.

따라서 이 장에서는 한국 육군의 전력강화를 중점적으로 살펴보고자 한다. 제2절에서는 한국 국방정책에 전반적으로 영향을 미치는 미국을 비롯한 주변 강대국들의 안보정책 변화를 살펴보고, 제3절에서는 한국

---

4) 국방부, 『2006 국방백서』(2006. 12), 37쪽.

5) 예를 들면, 국방부는 2007년 7월 18일 국방개혁 2020 추진보장에 목표를 둔 "2008-2012 국방중기계획"을 발표했다. 이 계획은 전시작전통제권 전환이라는 변수를 감안해서 국방개혁을 보완한 것이다.

안보에 보다 실질적이고 현실적인 영향을 미치는 한반도 안보환경의 변화를 분석하고자 한다. 특히 북한 위협의 실체에 대해 분석하고, 한미동맹과 관련하여 발생한 전시작전통제권 전환으로 인해 발생하는 변화를 분석하고자 한다. 제4절 결론 부분에서는 이러한 한반도 및 동북아의 안보환경 변화에 적극적으로 대처하기 위해 한국군, 특히 육군은 어떠한 방향으로 변해야 하는가를 연구해보고자 한다.

2. 주변 4강 안보정책 변화

가까운 장래에 강대국들 간의 전쟁 가능성은 매우 낮다고 평가되고는 있으나, <표 7-1>에서 보듯이 한반도를 비롯한 동북아 안보상화에 큰 변수가 될 수 있는 미국, 일본, 중국, 러시아는 막강한 군사력을 보유하고 엄청난 국방비를 지속적으로 투자하여 군사력 증강에 박차를 가하고 있다. 따라서 이들의 안보정책을 분석하고, 우리 나름대로의 대비책을 마련하는 것은 매우 중요하다고 판단된다.

1) 미국의 안보정책

탈냉전 이후 유일 초강대국으로 부상한 미국은 세계 어느 국가도 자국이 패권에 도전하지 못하는 세계질서를 유지하는 것을 안보의 궁극적인 목표로 설정하고 있다. 미국의 안보전략은 장기적 관점에서는 자국의 패권에 도전할 가능성이 가장 높은 중국을 견제하는 것이고, 중단기적으로는 대테러전과 대량무가 확산방지를 강력하게 추진하는 것이다. 2001년 출범한 부시 행정부의 안보정책은 막강한 군사력을 바탕으로 미국의

〈표 7-1〉 한반도 주변 4강 군사력

	미국	일본	중국	러시아
병력	150만	24만	225만	103만
주요 무기	항공모함 12척 전략잠수함 14척 전투기 3,200대	이지스 함 4척 전투기 360대	이지스 함 5척 전략잠수함 1척 전투기 1,200대	항공모함 1척 전략잠수함 15척 전투기 1,500대
군사비	$4,393억	$431억	$351억	$222억
전력증강	괌 기지 강화 주한미군 재배치 주일미군 재배치 전략적 유연성	MD 구축 첨단무기도입 -공중급유기 -신형조기경보기	신형 전략미사일 우주전력 강화 공격형 핵잠수함	핵전력 강화 신형미사일 개발 MD 구축 우주전력 강화

출처 : 『2006 국방백서』(국방부, 2006. 12); The International Institute for Strategic Studies(IISS), *The Military Balance 2007*(Routledge, January 2007).

이익에 부합되는 세계질서를 구축해야 한다는 전제하에 WMD 비확산(non-proliferation), WMD 반확산(counter-proliferation), 미사일 방어(Missile Defense) 등으로 요약할 수 있다. 주지하다시피 2001년 9·11 테러사건 이후 미국의 안보정책은 보다 공세적인 성격을 띠게 되어, 위에서 말한 정책에 대테러전을 추가시켰으며, 국가안보에 충분한 위협이 된다고 판단되면 적의 공격 장소와 시간이 분명치 않더라도 핵무기를 포함한 선제공격이 가능하다고 선언하였다.6)

이후 미국은 군사변환(military transformation)을 추진함으로써 안보정책의 효과적 수행을 도모하고 있다. 이는 제2차 세계대전 이후 미국이

6) The Department of Defense, *Nuclear Posture Review Report*(Dec. 31, 2001); *The Department of Defense, Annual Report to the President and the Congress*(2002), chapter 2; The White House, T*he National Security Strategy of the United States of America* (September 2002) 참조.

유지해온 군 구조와 작전개념을 바꾸는 것으로, 미국은 첨단장비 및 무기 개발에 박차를 가하고 있으며, 해외 미군의 군사태세를 재정비하고, 미군의 형태를 새롭게 하고, 기존의 동맹을 재조정하고 있다. 미국 군사변혁의 목적은 21세기 군사작전 모든 분야에서 절대적인 우위를 확보하는 것이며, 대규모 전쟁에서부터 평화 유지 작전에 이르기까지 모든 영역에 걸쳐 작전능력을 구비하는 것이다. 특히 대테러전을 효과적으로 수행하고 중국을 효과적으로 견제하기 위해 해외주둔군 재배치(Global Posture Review: GPR)를 추진하였다.

해외주둔군 재배치는 크게 두 가지로 생각해볼 수 있다. 하나는 해외주둔 미군기지를 분화하고 병력을 순환배치시키는 것이고, 다른 하나는 미군의 경량화와 신속화를 추구하는 것이다. 기본적은 미국은 해외 기지를 화력투사중추기지(PPH), 주요작전기지(MOB), 전진작전지구(FOS) 및 협력안보지역(CSL) 등 네 가지로 분류하였다. 그리고 미국은 자국이 명명한 불안정 호(arc of instability) 지역[7]에서 발생할 수 있는 분쟁과 테러 위협에 대처할 수 있게 미군을 재배치하고 있다. 예를 들면, 중앙아시아의 안전을 확보하기 위해 키르기스스탄에 공군기지를 확보했으며, 아프리카의 말리와 케냐 등지에는 훈련기지를 설치하여 테러나 분쟁 발생 시 신속하게 미군을 투입할 수 있는 장치를 마련하고 있다. 또한 호주, 필리핀, 베트남, 말레이시아 등지에 소규모 병력을 순환배치 형식으로 주둔케 하거나 일정 기간 기항할 수 있는 시설을 확보하여 일종의 소(小) 기지 네트워크를 구축하여 분쟁 또는 테러 발생 시 신속하게 이동할

---

7) 이 호(arc)는 부간, 남아시아, 중앙아시아, 중동, 코카서스 산맥, 동아프리카, 카리브해 등으로 이어지는 경제적으로 어려운 지역으로 테러의 온상이 될 가능성이 높은 지역을 의미한다.

수 있는 발판을 마련하고 있다.[8)]

또한 미래 네트워크 중심전(NCW)에 대비해 선견(先見)·선결(先決)·선타(先打) 개념에 입각해 새로운 전략체계를 구축하며, 이를 위해 군을 모듈화 합동군(modular joint force)으로 개편하고,[9)] 지휘통제자동화체계(C4ISR)를 강화하고, 원거리 작전능력을 향상시키는 데 주력하고 있다. 특히 지상군을 줄이는 대신 특수전부대를 증가시키고, 특수전과 관련하여 해병특수전사령부를 창설하려 한다. 공군의 경우 합동공중능력을 향상시키기 위해 B-1, B-2 폭격기를 현대화를 계획하고 있으며, 해군의 경우 11개의 항공모함타격단을 포함한 대규모 함대를 구축하고, 해양사전배치군을 위한 함정 8척을 획득할 예정이다.[10)]

미국의 아시아 정책은 미·일동맹 강화, 미·중 협력 속 경쟁, 한미동맹 재조정 및 동남아에서의 테러대응체제 수립 정책 등으로 요약할 수 있다. 미국은 미·일동맹을 아시아 지역 질서의 근간으로 간주하고, 아·태지역의 안보는 미·일동맹을 바탕으로 증진시키고자 한다.[11)] 한편 미국은 중국을 미국 패권에 대한 도전국으로 간주하고 이를 견제하기 위해 호주, 인도는 물론 심지어는 러시아와도 전략적 연대를 모색해오고 있다. 북한의 핵을 비롯한 대량살상무기에 대해서는 매우 단호한 입장을 보인다. 미국은 테러와 WMD의 결합을 가장 우려하고 있기 때문이다. 대만 문제에서는 미국의 공약이행 차원에서도 중요하지만, 장기적으로 대만이 중

---

8) 김성한·김홍규, "미국의 동아시아 안보전략에 대한 중국의 평가와 군사전략 변화," 『전략연구』, 제XIV권 제1호(한국전략문제연구소, 2007), 44쪽.

9) 모듈화 합동군은 육·해·공군이라는 전통적인 구분을 넘어 필요시 전력을 조합 운용하는 임무 및 목적 중심의 군대를 의미한다.

10) 한국전략문제연구소, 『2006 동북아 전략균형』(2006. 9), 28쪽.

11) 김성한·김홍규, 앞의 글, 43쪽.

국에 흡수된다면 태평양에서 해상교통로에 긴장이 고조될 수 있음을 염두에 두고 있다.

미국은 세계 국방비의 약 50%를 사용하면서, 150만 명의 병력을 유지하고 있으며, 약 550여 기의 장거리 미사일, 110여 대의 장거리 폭격기(B-52, B-2A), 24기의 SLBM을 탑재한 전략잠수함 14척, 항공모함 12척 등을 운용하고 있다. 이 중 동북아에 주둔하고 있는 미군은 약 6만 8,000명으로, 주한미군이 약 3만 명, 주일미군이 약 3만 5,000명이고, 괌 기지에 3,000명 정도가 주둔하고 있다.[12] 한국에서는 자국의 '지원자 역할'을 강조하면서 육군 수를 감축하고 공군력을 강화하는 경향을 보인다. 오산 및 군산에 주둔하고 있는 미 제7공군은 40여 대의 F-16과 24대의 A-10기 등 80여 대의 항공기를 보유하고 있다.

주일미군은 육군보다는 해군, 해병대, 공군 위주로 구성되어 있다. 미 해군은 50여 대의 F/A-18을 포함해 70여 대의 항공기를 탑재한 항공모함 키티호크(Kitty Hawk)가 소속된 미7함대의 모항으로 요코스카 항을 사용하고 있다. 또한 18대의 F-16과 24대의 F-15C를 포함한 70여 대의 항공기를 보유한 미 5공군은 오키나와에 주둔하고 있으며, 오키나와에는 약 1만 6,000명의 해병대가 주둔하고 있다.

끝으로 향후 동북아 안보에 큰 영향력을 행사할 것으로 분석되는 괌 기지에도 약 3,000명의 미군이 주둔하고 있다. 최근 미국은 전략적으로 괌 기지를 강화하고 있다. 기본적으로 미국은 괌 기지를 전략폭격기 및 첩보정찰기의 중심축으로 재편하고, 중국 미사일 사정권에 주둔하고 있는 일본 오키나와 해병대 사령부를 2012년까지 괌 기지로 이전한다는 계획을 가지고 있다. 또한 50억 달러를 투입하여 전략폭격기와 잠수함

---

12) IISS, *The Military Balance*(2007), pp. 39~40.

등을 배치할 수 있는 시설을 확충하도록 하였다. 이미 2003년 하와이에 주둔하던 핵잠수함 3척을 괌 기지로 전환하는 등, 미국은 전체 보유 핵잠수함 78척 중 35척을 태평양함대에 배치시켰다. 미국은 2005년 4월에는 공군 제391비행단 소속 F-15E 12대를 괌의 앤더슨 공군기지로 전진 배치했으며, 무인정찰기 글로벌 호크 3대와 공중급유기 12대도 괌에 배치시켰다. 또한 본토 기지로부터 B-2 등 폭격기 6대와 F-15E 등 전폭기 46대가 순환·배치되는 등 괌에서의 대규모 군사력 증강이 추진되고 있다.[13)]

2) 일본의 안보정책

일본은 '보통국가' 실현을 위해 미·일동맹을 등에 업고 공격적인 외교를 펼치며, 꾸준히 군비를 증강시키고 있다. 탈냉전 이후 급속히 발전하는 중국을 위협적으로 인식하고, 대량살상무기를 추구하는 북한의 위협도 현실화되었음을 인정하고 있다.

이러한 인식을 바탕으로 일본은 본토 방위 및 안정적인 국제환경 조성을 안보목표로 설정하였다. 이를 달성하기 위해 일본은 군사력 증강, 동맹국과의 협력, 국제사회와의 협력을 강조한다. 즉 일본은 자체 방위력을 증강하고, 미·일동맹을 강화하며, 국제안보유지에서 일본의 역할을 증대시키고 있다.[14)]

일본 자위대의 규모는 약 24만 400명으로, 육상자위대가 14만 8,300

---

13) 한국전략문제연구소, 앞의 글(2006. 9), 40~41쪽.

14) 송화섭, "미·일동맹의 변혁과 보통동맹화," 『국방정책연구』, 제71호(한국국방연구원, 2006, 봄), 59쪽.

명, 해상자위대가 4만 4,500명, 공중자위대가 4만 5,900명이다.[15] 물론 미국, 중국, 러시아와 같이 전략무기는 보유하고 있지 않으나, 일본의 재래식 무기 보유는 질적으로 매우 우수한 것으로 평가된다.

본토 방위를 위한 군사력 증강을 위해 일본은 우선적으로 탈냉전 이후 '다기능 탄력적 방위력'을 구축하는 계획을 추진하고 있다. 즉 일본 열도 방위는 물론 재해 대응, 미국과의 협력, 국제평화유지 활동 참여 등 여러 기능을 수행할 수 있는 군사력을 보유하고자 한다. 이를 위해 자위대를 미래형 전력구조, 즉 자위대의 즉응성, 기동성, 유연성, 다목적성을 향상시키고자 노력하고 있다. 둘째, 각 자위대의 임무를 신속하고 효율적으로 수행하기 위해 통합된 정보통신 네트워크를 활용하며, 동시에 이러한 운용을 지원하기 위해 통합막료감부를 신설하였다.[16] 이는 자위대의 역할을 본토 방위, 미군과의 협력, 국제평화활동을 위한 통합적 안보로 설정하고 기존의 '기반적 방위력' 구상을 대폭 수정하여 다기능의 탄력적이고 실효성 있는 방위력으로 정비하는 과정에서 나온 것이다.[17] 그리고 2006년 말에는 방위청을 성(省)으로 승격하여 자위대의 위상을 강화시켰다. 방위청 장관은 독자적으로 각의에 안건을 제출할 수 있고 국방관련 주요 사안에 대해 각의를 소집할 수 있으며 법안을 직접 제출할 수 있게 된다. 이울러 독자적으로 예산을 요청할 수 있게 된다.

셋째, 일본은 북한과 중국, 러시아를 군사적 위협의 대상국으로 지정하고 있다. 중국과 러시아는 일본을 공격할 가능성이 낮지만, 북한은 일본을 공격할 가능성이 있는 것으로 간주하고 있다. 특히 북한은 주일미

---

15) IISS, *The Military Balance*(2007), pp. 354~359.

16) 국방부, 『2006 국방백서』(2006. 12), 12쪽.

17) 이용주, "군사동맹 변혁과 일본 방위정책의 재구조화 : 자위대의 역할을 중심으로," 『군사논단』, 통권 49호(한국군사학회, 2007), 89쪽.

군 기지나 일본의 핵심 기관을 노리는 탄도미사일 공격을 감행할 가능성이 있으며, 2,500명 규모의 무장공작원 등을 침투시키는 테러행위를 할 수 있을 것으로 간주한다. 그 결과 일본은 북한의 미사일 공격에 대응하기 위해 조기경보기와 정찰위성 도입을 강력하게 추진하고 있다.[18] 또한 일본은 중국과 영유권 분쟁이 있는 센카쿠 열도의 경비를 강화하는 차원에서 오키나와의 주력 전투기를 F-4에서 F-15로 교체하고 있다. 그리고 일본은 대만 유사시 미국이 개입하고, 일본이 지원할 경우 중국군이 주일미군 기지나 자위대 시설을 공격할 수 있다고 가정하며, 중국이 1개 여단 규모로 자국의 낙도에 상륙하는 경우와 탄도미사일과 항공기에 의한 공격, 도시권에서 게릴라나 특수부대로 공격하는 상황도 상정하고 있다. 이에 대비하기 위해 일본은 규슈로부터 오키나와 등 섬 지역으로 육상자위대 보통과부대를 이동하고, 상륙 허용 시에는 해상자위대와 항공자위대가 대처한 뒤 육상자위대가 탈환한다는 계획을 가지고 있다. 한편 도시전이나 게릴라부대의 침투를 대비해 주요시설을 방어하는 특수작전군을 가동한다는 대처방안을 마련해두고 있다.

넷째, 일본은 꾸준히 군사력 첨단화를 추구하고 있다. 기본적으로 정찰위성 4기를 확보함으로써 정보수집 및 분석능력을 향상시켰으며, 정보수집용 무인정찰기 도입에 큰 관심을 보이고 있다. 아울러 일본은 미국과 함께 미사일 방어체제를 공동으로 구축하고 있으며, 2008년까지 신형

---

18) 일본은 이미 1998년 해상도 1m급의 정찰위성 4기를 확보해 북한의 미사일을 감시하고 있으며, 2003년부터 미사일 방어체제를 구축하고 있다. 아룰러 일본은 영공을 방어하기 위해 최소한 30기 이상의 첨단 미사일이 더 필요하다는 전제하에 2011년까지 32기를 배치할 계획이며, 30억 불 이상을 투자하여 미국과 공동으로 미사일 방어체제를 구축하고 있다. 한국전략문제연구소, 앞의 글(2006. 9), 45쪽.

이지스 함 체계(SM-3) 및 패트리어트 체계(PAC-3) 배치를 조기에 추진할 예정이다. 육상자위대는 최첨단 전차(90식) 11대, 특수부대의 공격에 대처하기 위해 차륜형 장갑차 20대 및 경장갑기동차 180대를 구비하려 한다. 야포 부문에서도 99식 155mm 자주포 7대를 도입할 예정이다. 항공장비로는 전투헬기(AH-64D) 1대, 관측헬기(OH-1) 2대, 다용도 헬기(UH-60JA, UH-1J) 5대, 수송헬기(CH-47JA) 1대 등을 도입할 예정이다. 그리고 미사일장비로 중거리지대공미사일 1개 중대분 도입을 추진하고 있다.

한편 일본은 '중국 위협론'이 본격적으로 등장하기 시작한 1990년대 중반부터 '미·일 신안보 공동선언'(1996. 4) 및 '미·일 방위협력을 위한 지침 개정안'(1997. 7)을 통해 양국의 협력 범위를 확대하고, 안보체제를 정비·강화했고, 부시 행정부 출범 이후 미·일동맹을 공고히 하는 차원에서 대대적으로 국내법(대테러조치법, 이라크 지원 특별조치법, 무력공격사태대처법, 안전보장회의 설치법 개정안, 자위대법 개정안)을 정비했다.

또한 일본은 미·일동맹이라는 우산 속에서 전수방위체제를 확대방위체제로, 본토 국한 국지방위체제를 글로벌 차원의 방위체제로, 방어적·수세적·소극적 방위태세를 적극적·능동적·공세적 방위태세로 전환하고 있다.[19] 전수방위 관점에서 일본이 적의 기지를 공격할 능력을 가질 수 있다고 언급함으로써 선제공격 가능성을 열어두었다. 물론 일본 내에서 '선제공격론'에 대한 반발이 크게 일고 있고, 일본은 적의 기지를 선제공격할 수 있는 무기체계 보유를 자제해왔으나, 그 필요성이 대두됨으로써

---

19) 박철희, "전수방위에서 적극방위로: 미·일동맹 및 위협인식의 변화와 일본 방위정책의 정치," 『국제정치논총』, 제44집 1호(2004); 한국전략문제연구소, 앞의 글(2006. 9), 31쪽.

이러한 무기체계를 갖출 가능성을 배제할 수 없다.

2006년 5월 1일, 향후 미·일동맹이 상호운용성이 강화된 연합군 유사 체제로 발전될 것임을 시사하는 '주일미군 및 자위대 재편안'을 확정함으로써 미·일관계는 최정점에 이르렀다. '재편안'의 핵심은 양국 간 최대 쟁점이었던 오키나와 후텐마(普天間) 미 공군기지를 슈와브(Schwab) 기지 연안으로 2014년까지 이전한다는 것이고, 미국의 해외주둔군 재배치와 관련하여 오키나와 주둔 미 해병대 1만 5,000명 중에 8,000여 명을 2014년까지 괌 기지에 재배치한다는 것이다. 미·일동맹은 일본의 영역방위를 넘어 주변사태에 대응하는 범위로 확대되었고, 반테러와 대량살상무기 확산방지를 위한 협력이 명시되었다.

결과적으로 도쿄 근처 자마(座間) 기지에 미 육군 제1군단 사령부를 개편한 통합작전사령부(UEx)가 2008년까지 이전하고, 일본 육상자위대가 테러 등을 대비해 신설 중인 '중앙즉응집단사령부(Ground SDF Central Readiness Force)'가 2012년까지 설치됨에 따라 일본 자마기지가 미국의 전력투사중추(PPH), 즉 동북아 전략거점으로 선택했음을 의미한다. 또한 일본 본슈(本州) 북쪽 아오모리(青林)의 일본 항공자위대 샤리키(車力) 기지에 미사일 방어를 위한 X밴드레이더가 설치됨으로써 보다 효율적으로 중국과 북한의 미사일활동을 감시할 수 있게 된다. 이와 관련하여 미 제5공군사령부가 있는 동경의 요코다(横田) 기지에 방공 및 미사일 방어 조정 기능을 동시에 수행하는 '공동통합운영조정소(joint operations co-ordination center)'를 설립된다. 이는 샤리키 기지에서 수집된 중국 및 북한의 미사일 활동에 대한 정보를 양국이 공유하고 분석하여 공동으로 대처하는 동북아 지역 미사일 방어사령부의 역할을 담당할 것이다.

셋째, 2014년까지 가나가와(神奈川) 현 아쓰기(厚木) 기지에 주둔하는 미 해군 항공모함 탑재 함재기(FA-18, EA-6B, E-2C 등)들이 혼슈 남쪽

야마구치(山口) 현 이와쿠니(岩國) 기지로 옮겨진다. 이는 해상자위대와 미 태평양 함대 사령부 간의 공조가 강화됨을 의미하며, 한반도 유사시 항공기 비행 거리를 단축시킬 수도 있을 것이다.

끝으로 규슈(九州)의 항공자위대 쓰이키(築城) 기지와 뉴타바루(新田原) 기지를 확대하여 유사시 오키나와 후텐마 기지의 해병항공대(Marine Corps Air Station)를 이전시키고, 미국의 공중급유기들이 규슈의 일본 해상자위대 가노야(鹿屋) 기지를 사용할 수 있게 되었다. 이는 한반도 유사시와 관련된 조치로 미국이 한반도와 근접한 규슈 지역의 자위대 기지를 사용할 수 있게 되었다.[20]

결론적으로, 미·일 양국은 북한의 위협 및 중국의 잠재적 위협에 대처하기 위해 주일미군과 자위대의 재편을 통해 동맹 체제를 강화하였다. 하지만 앞서 지적했듯이 중국과 북한의 반발도 강해질 것이고, 이들과 러시아의 연대도 강화될 가능성이 높기 때문에, 동북아 안보상황이 악화될 가능성을 배제할 수 없다.

3) 중국의 안보정책

탈냉전 이후 신국제질서 구축에 새로운 축으로 등장한 중국은 20여 년간 지속되는 경제발전의 성과를 바탕으로 경제대국과 군사대국으로 급부상하고 있다.

중국의 국방목표는 중국의 안보 및 통일을 뒷받침하고, 중등 수준의 사회를 건설하는 것이다. 한편 9·11 테러 이후 변화하고 있는 미국의 안보정책이 미·일동맹 강화를 포함하여 중국을 전략적으로 포위하고 있

---

20) 『조선일보』, 2006년 5월 2일.

다는 인식을 확고히 가지고 있으나, 미국과의 직접충돌은 피하고 협력관계를 유지하면서, 일본의 안보 역할 확대를 견제하고, 러시아와는 군사적인 협력을 확대하는 비대칭적 균형과 협력을 주요 외교원칙으로 채택하고 있다. 동시에 중국은 미국을 중심으로 확산되고 있는 중국 위협론에 대응하는 차원에서 지속적으로 군축에 노력하고 있으며, 무력으로 주변국들을 위협하거나 강요하지 않는다는 입장을 강조하고 있다.21) 아울러 중국의 신외교전략, 조화로운 세계[和諧世界] 건설은 '서로를 인정하면서 경쟁과 공존이 함께하는 국제사회를 만들자'는 것으로서 중국의 고도성장을 저해할 수 있는 전쟁이 발발하지 않기를 바라는 의지가 담겨져 있다.22)

중국의 군사전략은 "첨단기술 조건하의 제한 국지전쟁 전략"으로, 군의 정보화·기계화를 동시에 추진, 과학기술 강군 육성, 군 구조 개편, 총체적 전쟁수행 능력 향상 등을 포함한다. 중국은 이와 같은 전략개념을 바탕으로 군 현대화를 지속적으로 추진하고 있는데, 고도의 경제성장을 바탕으로 국방비를 지속적으로 증액하여 지상군의 신속대응 능력, 해군의 원양작전 능력, 공군의 장거리 작전 능력 강화와 정보전 능력을 향상하는 데 주력한다.23) 그리고 제한된 공간에서 제한된 자원으로 신속히 전쟁의 승리를 확보하고 정치적 타결을 이루는 것을 전략목표로 하고 있다.

특히 미국이 이라크 전쟁 수행에서 보여준 정보전의 영향으로 2004년 중국 국방백서에는 '정보화 조건에서의 제한 국지전쟁'이라는 개념이

21) 김성한·김홍규, 앞의 글, 54쪽.

22) 한국전략문제연구소, 앞의 글(2006. 9), 17쪽.

23) 국방부, 『2006 국방백서』(2006. 12), 12~13쪽.

새롭게 등장하였다. 이는 새로운 전략이라기보다는 "첨단기술 조건하의 제한 국지전쟁 전략"의 연장선상에 있다고 보아야 한다.[24] 이 전략은 중국 특색 군사변혁(中國特色軍事變革)을 전제로 하고 있다. 이는 중국은 정보화 군대를 건설하여 정보화 전쟁에서 승리한다는 목표하에 개혁을 심화하고 전심전력으로 새로운 것을 창조해나가며, 질 위주의 군대건설에 매진하는 것을 의미한다.[25] 이 개념에 따라 향후 중국 군대는 육군 중심에서 해·공군 중심의 군대로 탈바꿈하고, 미사일 전력을 증강시키며, 정보화에 박차를 가할 것임을 강조한다. 중국은 미래의 적이 미국, 러시아 혹은 일본과 같이 고도의 무기체계와 인공위성에 의한 정찰능력, 나노기술 등을 보유한 강대국일 것이라는 전제하에, 다른 강대국들과 마찬가지로 해·공군 위주의 전력증강에 박차를 가하고 있다. 하지만 중국은 미래에 전쟁이 접경지역이나 근해에서 발생할 것으로 생각하고 있으며, 전쟁의 주 대상은 강대국이 아니며 주변국가들일 것으로 판단하고 있다.

이러한 중국의 군 현대화 추진은 공세적 전략개념인 신시기전략방침(新時期戰略方針)에 잘 나타나 있다. 그 핵심 내용은 적의 위협을 국경 밖에서 격퇴하고 기습을 포함한 공세작전을 수행하며, 해양과 우주를 전략적 전방으로 중시한다는 점을 포함하고 있다. 또한 미래 전쟁 양상을 '고기술 조건하에 국지전[高技術條件下的 局部戰爭]'으로 상정하고, 과기

24) 한국전략문제연구소, 앞의 글(2006), 193쪽.

25) 중국 특색 군사변혁은 2003년 3월 당시 장쩌민 주석의 지시에서 시작되었다. 즉 중국도 세계 각국의 군사혁신 추세에 맞추어 군 현대화를 추진해야 한다는 취지에서 강조된 것이다. 특히 장 주석은 군은 첨단 정보기술 산업을 바탕으로 정보화와 기계화를 동시에 이룩해야 함을 강조했다. 한국전략문제연구소, 『2003 동북아 전략균형』, 193쪽.

강군(科技强軍)을 강조하며, 정보화를 통한 군현대화 건설을 추진하고 있다.[26]

중국의 군사력 증강은 지난 20년 동안 지속된 고도의 경제성장을 바탕으로 경제와 국방을 동시에 발전시키는 정책을 추진하고 있다. 중국의 공식적인 발표, 즉 2006년 국방백서에 의하면 중국의 2006년 국방예산은 약 364억 달러(2,838억 위안)인데, 영국의 국제전략연구소는 이보다 3배 이상인 1,220억 달러로 추정하고 있다.[27]

2006년 말을 기준으로 중국군의 규모는 약 225만여 명으로 추정된다. 이 중 지상군이 약 160만 명, 해군이 22만 5,000명, 공군이 약 40만 명 정도이다. 그리고 10만 명 이상으로 추정되는 전략미사일군(strategic missile forces)을 보유하고 있다. 전략미사일군은 46기의 장거리 미사일(ICBM), 35기의 중거리 미사일(IRBM), 725기의 단거리 미사일(SRBM)을 보유한다. 중국 해군은 12기의 미사일(SLBM)을 탑재한 전략잠수함 1척을 운영하고 있다.[28]

중국은 군 현대화를 위해 미사일전력 및 정보화를 강화하고, 첨단무기 확보에 주력하며, 항공모함 보유를 추진하고 있다. 현재 중국이 보유한 핵추진 공격잠수함에는 사거리 1,400km인 HN2 순항미사일과 사거리 2,000~3,000km인 HN3 순항미사일이 탑재되어 있다. 그리고 제2세대 핵잠수함에는 사거리가 8,000km에 이르는 JL-2 탄도미사일을 탑재하는

---

26) 한국전략문제연구소, 앞의 글(2006. 9), 18쪽.

27) IISS, *The Military Balance*(2007), pp. 346~350. 그 밖에 국방비 증액 : 중국의 실제 국방비는 적게는 공식 국방비의 1.7배(Wangg Shaoguang)에서 3.2배(미 국방성), 4.5배(IISS), 5.5배(SIPRI), 많게는 10배(RAND) 수준에 이를 것으로 평가되고 있다.

28) Ibid., p. 346.

계획이 추진 중이며, 2010년에는 개발이 완료될 것으로 예상된다. 한편 미국의 미사일 방어사업에 대응하는 차원에서 유효사거리가 8,000km인 다탄두장착 장거리 미사일(DF-31)과 유효사거리 1만 2,000km인 장거리 미사일 DF-41을 다탄두화를 시도하고 있다.[29] 해군은 주력전투함(72척)과 공격형 잠수함(58척)을 보유하며, 핵추진 공격형 잠수함을 건조 중인 것으로 판단하고 있다. 공군력 면에서 중국은 4세대 전투기인 J-10이 실전에 배치된 것으로 분석되며, 러시아로부터 Su-27SMK, Su-30MKK 및 Su-30MK2 등을 도입하였다.[30] 최근 대만해협에서의 군사적 충돌에 적극적으로 대처하고 태평양은 물론 인도양에까지 영향력을 확보하기 위해 두 척의 항공모함을 2008년 실전배치를 목표로 건조 중에 있으며, 하이난다오(海南島)에 항공모함 기지를 건설하고 있다.

아시아 전 지역에 국경을 접하고 있는 중국으로서는 동북아 정책을 중요하게 인식할 수밖에 없다. 중국은 북한 핵 문제, 미국의 양자동맹과 군사적 배비(配備), 동북아 지역 역사문제, 해저자원 확보, 교역통상 등 동북아 지역 안정에 많은 관심을 기울이고 있다. 그러나 중국은 특별한 동북아정책을 추진하고 있지는 않다. 앞서 지적했듯이 동북아 4강이 세계 4강이기 때문에, 중국은 에너지 확보와 관련하여 범세계적으로 영향력을 확대해 나가는 것 이외에는, 현 시점에서는 미국의 중국봉쇄를 저지하고 일본을 견제하는 것이 주요 동북아 정책이라 할 수 있다. 다만 대만 문제는 국내 문제임을 강조하면서 외세의 개입, 특히 미국 또는 미·일동맹, 나아가 한미동맹이 개입하는 것을 차단하는 데 주력하고 있다고 볼 수 있다.

29) 한국전략문제연구소, 앞의 글(2006. 9), 33쪽.

30) 2007 중국 군사력 보고서에서 중국군이 지향하는 적극적 방어 전략은 유사시 선제공격 전략으로 전환될 수 있다고 주장한다. 즉 중국의 적극적 방어는 전략적으로는 방어이지만 전술적으로는 공격이 될 수 있음을 의미한다고 주장한다.

4) 러시아의 안보정책

러시아는 2000년 푸틴 체제 출범 이후 괄목할 만한 경제성장을 이룩하였고, 이를 바탕으로 안보·군사적 역량을 강화시키고 있다. 러시아의 대외정책 목표는 일관되게 '강대국으로서 러시아의 입지를 강화'하는 것이며,[31] 아울러 미국이 주도하는 세계질서에 조건부로 공조하는 모습을 보이면서 중국과의 전략적 연대를 강화하며, 새롭게 부상하고 있는 인도와의 안보협력도 증진시키고 있다.

푸틴 행정부는 공세적·적극적 군사전략 개념을 채택했다. 그 요체는 소극적 방어충분성 방위상태를 선제공격을 허용하는 공세적 방위태세로 전환시킨다는 것이다. 러시아 안보정책의 핵심은 군 구조개혁 가속화, 우주전력 강화, 핵전력 정비, 무기 및 장비의 현대화, 교육 및 훈련 강화, 모병제로의 전환 등이다. 특히 러시아는 핵전력의 선제공격에 대한 개념도 확립하였다. 향후 러시아는 핵무기를 핵전쟁에만 사용하는 것이 아니고 재래식 전쟁에도 사용할 수 있으며, 핵 공격 대상에 핵을 보유하지 않은 국가도 포함시켰다.

러시아의 군 구조개혁은 지역통합사령부 설치로 요약할 수 있다. 현재의 지상·해·공군사령부를 해체하고, 기존의 6개 군관구[32]를 통폐합하여 합참하에 독립작전이 가능한 3개 방면군(서부, 남부, 동부)을 창설, 그 지휘권을 지역통합사령부가 행사하는 것이다. 그러나 전략미사일군은 현재와 같이 독립병종 형태로 총참모부가 직접 통제한다. 한편 러시아도 미국

31) 정한구, "러시아 대외정책의 진로 수정?," 『세종정책연구』, 제3권 1호(세종연구소, 2007), 230쪽.

32) 6개 군관구는 레닌그라드, 모스크바, 북카프카즈, 우랄, 시베리아, 극동 군관구이다.

등 다른 군사강국들과 마찬가지로 NCW 위주의 전력 재정비에 박차를 가하고 있다. 2000년 1월 발표한 러시아의 '장기 국방발전계획 2001~2010'은 GLONASS 위성항법체계를 포함한 지휘통제체계, 정찰체계와 정밀타격체계의 대폭적인 개선에 역점을 두고 있다. 러시아 군은 정보전 능력, 감시 및 정찰 능력, 고속 기동능력 등의 미래전 역량을 증강시키는 데 총력을 기울이고 있다.

또한 전력구조를 신속기동군 형태로 전환하는 데 주력하고 있다. 기본적으로 정규군은 100만 명 정도여야 한다는 주장이 제기되고는 있으나, 정규군을 약 85만 명 선으로 유지하려 한다. 이 중 지상군 24만, 해군 13만, 공군 17만, 전략 및 직할부대 30만 정도로 유지시키려 한다. 예비군도 300만에서 150만으로 감축한다. 그러나 병력 규모를 축소하는 대신 전력증강 투자를 확대하며, 특히 기동성 있는 첨단 재래식 무기의 실전배치와 전쟁 억제효과를 기대할 수 있는 수준의 핵전력을 유지하고자 노력하고 있다.[33] 러시아는 지속적으로 핵전력을 정비하고 있다. 최근 최신형 ICBM인 Topol-M(SS-27)으로 편성된 사단 1개를 완전 정비하였다. 또한 최신형 SLBM인 Bulavacprp를 보레이(Borey)급 잠수함에 탑재하는 계획을 발전시키고 있다. 지상군의 경우 과거 T-60 전차를 개량하여 실전에 배치했으며, 2010년에는 신형 전차 T-90을 실전에 배치하려 한다. 해군은 핵잠수함을 새롭게 건조하고, 기존의 핵잠수함에 신형 ICBM을 장착할 것을 추진 중이다. 공군은 TU-160과 같은 전략폭격기의 수를 늘리는 작업을 추진 중에 있으며, 제5세대 전투기를 개발 중에 있다.

---

33) 러시아는 경제발전 효과가 가시화되는 2008년부터 2015년까지 무기 및 장비를 신형으로 대폭 교체한다는 목표를 세워놓고 있다. 한국전략문제연구소, 앞의 글(2006. 9), 35쪽.

앞서 지적했듯이, 상대적으로 러시아는 본격적인 군비 증강에 나서고 있지 않지만, 풍부한 에너지 자원을 앞세워 자국의 영향력을 확대해나감으로써 과거의 영광을 되찾으려는 행보를 하고 있다. 그러나 러시아의 군사력을 과소평가할 수는 없다. 러시아는 약 39만 5,000명의 지상군, 14만 2,000명의 해군, 16만 명의 공군과 8만 명에 이르는 전략억지군(Strategic Deterrent Forces), 그리고 41만 8,000명의 파라밀리터리(Paramilitary) 등 총 102만 7,000여 명의 군대를 보유하고 있다. 특히 전략억지군은 15척의 전략잠수함을 운용하고 있으며, 506기에 달하는 대륙간탄도미사일(ICBM)을 보유하고 있다.34)

러시아가 택하고 있는 동북아 정책은 전반적으로 20세기 후반 소련 붕괴 이후 국경안전, 강대국 부활, 영향력 회복, 대미견제, 신(新)세력균형 등에 입각해 전개되고 있다. 푸틴 정부의 동북아 정책은 인프라 투자를 통래 극동지역 경제를 부흥시키고 역내 안보 발언권을 유지함으로써 동부 러시아의 안전을 보장받으려 한다. 그 결과가 동북 지역사령부 신설로 나타난 것이다.

물론 러시아 방위태세에 있어 동북아 전역에 직접적인 영향을 끼칠 만큼의 급진적인 변화는 아직 발견되지 않고 있다. 하지만 기존의 극동지역 군사력도 만만치 않다. 극동군의 규모는 약 7만 6,000명으로 지상군이 거의 대부분으로 약 7만 3,500명이고, 나머지 2,500명은 해군이다. 밀리터리 밸런스에 의하면, 3,000여 대의 전차와 3,500여 문의 야포로 무장한 7만 3,000여 명의 지상군이 주둔하고 있으며, 15대의 잠수함 등 100여 척에 가까운 전투함으로 무장한 해군이 있고, 수백 대의 전투기가 주둔하고 있다. 이들은 훈련을 재개함으로써 러시아 극동군의 임무태세

34) IISS, *The Military Balance*(2007), pp. 195~205.

가 완만하나마 점차 개선되는 것은 분명하다는 분석이 나오고 있다.[35) 예를 들면, 2004년 소련 붕괴 이후 처음으로 우랄 서쪽의 부대를 극동지역으로 이동시키는 훈련(Mobilnost 2004)을 실시했다. 이는 특정 국가를 겨냥한 훈련은 아니지만, 한반도 유사시 또는 러·일, 중·일 국경지역에서의 분쟁에 대비한 것으로 해석할 수 있다. 게다가 신설되는 동부지역사령부는 과거 극동 군관구와 시베리아 군관구를 합한 것으로 동북아 안보와 직결된 사령부로, 동북아 안보균형에 영향을 미칠 수 있는 군사적 강자로 등장할 가능성을 배제할 수는 없다.

5) 강대국 관계 전망

향후 동북아에서 강대국 간의 협력과 견제가 동시에 이루어질 것이다. 경제적인 측면을 고려하여 협력이 증가될 것이나, 앞서 살펴본 바와 같이 서로 다른 국방목표를 가지고 군비경쟁을 하는 모습을 보이고 있어 자칫 동북아의 군사적 긴장이 고조될 가능성을 배제할 수 없다.

기본적으로 동북아 국가관계에서 한미동맹은 이미 재조정을 마친 상태로 한반도 유사시 한국군이 주도적인 역할을, 미군은 지원자 역할을 담당하게 되었다. 한편 북·중동맹과 북·러동맹은 이미 폐기된 상태라 할 수 있기에 한반도 안보환경에 큰 변수로 작용하기는 어려울 것으로 판단된다. 따라서 제1장에서 살펴보았듯이, 동북아 안보환경에 영향을 미칠 수 있는 변수는 미·중관계와 중·일관계라 할 수 있으며, 미·일동맹에 대응하는 중·러 군사협력 강화로 동북아에 신냉전체제 구축에 대한 우려가 점증하고 있다.

---

35) 한국전략문제연구소, 앞의 글(2006. 9), 260쪽.

우선 미·중관계가 동북아 안보환경에 가장 큰 영향을 미치는 변수라 할 수 있다. 한마디로 미·중관계가 원만하면 동북아의 군사적 긴장은 완화될 것이고, 갈등관계로 변하면 동북아의 긴장이 고조될 것이다. 또한 미·중관계가 악화되면 중국, 러시아, 북한이 미국, 일본 및 한국의 안보협력에 대응하는 세력으로 규합될 가능성이 높다. 이럴 경우 한국은 딜레마에 빠질 것이다. 즉 현재는 중국과 좋은 관계를 유지하고 있어 안보위협이 비교적 적지만, 미·중이 대립관계로 돌아설 경우 중국은 한국 안보에 직접적인 위협으로 등장할 가능성을 배제할 수 없다.

한편 미국의 대중국 인식은 이중적이라 할 수 있다. 미국은 중국을 자국이 추진 중에 있는 대테러전, 대량살상무기 확산 방지, 국제범죄 퇴치 등과 같은 새로운 안보위협에 공동으로 대응하는 파트너가 되도록 유도해야 함을 강조한다.[36] 하지만 동시에 미국은 중국을 향후 자국에 도전할 가능성이 가장 높은 국가로 간주하고 있다.[37] 따라서 중국의 도전에 대해 미국이 적절하게 대응하지 않을 경우 미국의 현재 군사적 우위는 잠식될 것으로 보고 있다. 특히 중국의 부인에도 불구하고, 미국은 중국이 대만을 무력으로 통일시킨다는 의지를 버리지 않았다고 판단하고 있다. 미국은 중국이 대만 인근의 병력규모를 40만 명으로 증가시

---

36) U. S. Department of Defense, *Quadrennial Defense Review Report*(Feburary 6, 2006), pp. 28~32.

37) 중국은 2015년경, 중국 인근해역에서의 해상거부능력, 중국 국경지역 주변에서 공중우위 지속능력, 다양한 장거리 타격력을 통한 미국의 역내 작전거점 위협 능력, 미국의 정보우위에 대한 도전 능력, 미국 본토에 대한 전략적 핵위협 능력을 갖출 것으로 예견되기도 한다. Jonathan D. Pollack, "The Changing Political-Military Environment: China," in Zalmay Khalilzad et al.(ed.), *The United States and Asia: Toward a New U. S. Strategy and Force Posture*(Santa monica: The RAND Corporation, 2001), pp. 137~161.

켰고, 대만을 겨냥한 탄도미사일(SRBM)을 매년 100기씩 증가시켜, 현재 약 900기 이상을 배치한 것으로 평가하고 있으며, 공중급유 없이 대만을 공격할 수 있는 전투기를 700대 이상 보유하는 것으로 파악하고 있기 때문이다. 최근 중국이 위성공격용 탄도미사일로 지상 856km 상공에 있는 자국의 정찰위성을 격추시켰다는 발표에 대해 체니 부통령은 이 사건을 중국 위협론의 증거라고 주장했다.[38]

그러나 이러한 미국의 중국 위협론에 대한 중국의 반응은 부정적이다. 중국 외교부 대변인 장위(姜瑜)는 미국이 중국 위협론을 기정사실화하려 한다고 비난했으며, 중국은 방어적 군사정책을 추진하고 있다고 주장했다. 아울러 대만 문제에 제3국이 개입하지 말 것을 경고했다.[39]

하지만 현재 미·중관계는 비교적 협력지향적으로 발전하고 있다는 견해가 우세하며, 중단기적으로 미·중관계는 협력관계를 유지할 가능성이 높다.[40] 2000년 이후 미국과 중국은 정치·군사·경제 등 전반적인 사안에서 협력을 증진하고 있으며, 양국 군 사이에는 핫라인이 개설되었고 미사일 방어체제에서도 협력단계로 발전하고 있다.[41] 보다 결정적으로 2001년 7월 탕자쉬엔 외교부 장관은 주한미군을 용인하며, 아시아에서 미국의 주도권에 도전할 의사가 없음을 천명한 이래 지속적으로 유사한 입장

---

38) 『조선일보』, 2007년 1월 19일.

39) 이창형, "미 국방부의 「2007 중국 군사력 보고서」와 중국의 반응," 『동북아안보정세분석』(한국국방연구원, 2007. 6. 4) 참조.

40) 이인호, "미국의 대중 위협인식과 한반도," 『국제문제연구』, 제7권 1호(국제안보전략연구소, 2007), 21~22쪽.

41) 2007년 6월 3일 싱가포르에서 개최된 아시아 안보회의에서 미국의 게이츠 국방장관은 장친성(章沁生) 중국 인민해방군 총참모장 조리에게 중국과 MD 사업에 대해 논의할 준비가 되어 있음을 밝혔고, 중국도 긍정적으로 검토할 수 있음을 시사했다. 『중앙일보』, 2007년 6월 5일.

을 표명하고 있다.[42] 아울러 양국 정상 간 또는 고위 지도자들의 교류가 활발해지고 있다. 예를 들면 2005년에는 양국 정상회담이 다섯 차례나 열렸다.[43] 따라서 현 시점에서 중국이 패권 추구를 포기한 상태이기 때문에 미국과의 마찰은 비교적 적을 것으로 분석된다.

한편 중·일관계도 미·중관계와 유사한 상황이라 할 수 있다. 1972년 중·일 간에 국교수립 이후 양국의 전쟁상태는 공식적으로 종결되었고, '갈등 속의 협력'을 통해 보다 성숙한 관계로 발전하고 있다. 즉 중·일 간에도 협력과 대결이 동시에 존재한다. 경제적인 측면에서는 협력이 증진되고 있으나, 정치적 측면에서는 대립적인 모습을 보인다. 일본은 중국의 경제 및 군사적 부상을 경계하며, 대만 문제 해법에도 차이를 보인다. 또한 최근에는 아시아에서 에너지 자원 개발을 둘러싼 갈등이 심화되며, 조어대의 영유권 분쟁도 해결되지 않은 상태이다. 특히 역사해석에 많은 차이를 보인다. 따라서 동북아 안정의 최대 복병이 중·일관계일 수 있다는 주장이 제기되었다.[44] 역사적으로 지역의 패권을 놓고 경쟁해온 두 국가이기 때문에 어찌 보면 당연한 주장이라 할 수 있다.

하지만 앞서 살펴본 바와 같이 일본의 안보정책에 미·일동맹이 차지하는 비중이 매우 높기 때문에, 동북아 안보환경에 직접적인 영향을 주는 변수는 미국의 대중국정책이라 할 수 있다. 미국이 중국 위협론을 들어

---

42) Avery Goldstein, *Rising to the Challenge: China's Grand Strategy and International Security*(Stanford University Press, 2005), p. 8.

43) 2005년 미·중 정상은 러시아승전 60주년 기념행사(5월), G8 정상회담(7월), 후진타오 주석 미국 방문(9월), 뉴욕 유엔 창설 60주년 기념행사(9월), 부산 APEC 정상회담(11월) 등에서 정상회의를 가졌다.

44) 송은희, "중일협력과 갈등이 동북아 안보환경에 주는 함의," 『국제문제연구』, 제7권 1호(국제안보전략연구소, 2007), 53쪽.

대중국 봉쇄정책을 추진한다면, 미·일동맹으로 엮여 있는 일본도 이에 동참할 것이고, 중·일 간의 갈등도 표면화될 것이다. 물론 미국이 대놓고 중국을 견제하지는 않으나 미·일동맹 강화를 통해 중국(북한)을 견제하기는 하는 상황에서 중·러 안보협력 강화가 새로운 변수로 등장하고 있다.

중국과 러시아는 2001년 7월 유사시 안보위협에 대한 공동대응을 명문화한 우호조약을 체결한 이래 꾸준히 안보협력을 증진시키고 있다.[45] 특히 중국의 입장에서는 신무기 도입에서 90% 이상을 러시아에 의존해 왔기 때문에 러시아와의 군사협력을 지속적으로 유지할 필요가 있다.[46] 게다가 1996년 '상하이 5(Shanghai 5)'로 시작하여 2001년 다자안보협력기구로 발전된 상하이협력기구(Shanghai Cooperation Organization)를 통해 군사적 연대를 강화하고 있다.[47] 2005년 사상 최초로 중국의 영토 내에서 '평화의 사명(Peace Mission)'이라는 중·러 합동군사훈련이 실시되었다. 물론 상하이협력기구(SCO)의 대테러전에 대비하는 군사훈련이라고는 하지만, 참가 병력 대다수가 중국과 러시아 군임을 감안하면 양국의 합동군사훈련이라 할 수 있다. 이러한 합동군사훈련은 2007년에도 8월 9일부터 17일까지 9일 동안 개최되었다.[48] 이 훈련 역시 동원된 병력 수나

---

45) 한국전략문제연구소, 『2002 동북아 전략균형』(2002), 158쪽.

46) 중국은 2001년 이후 러시아로부터 40대의 Su-30MKK 전폭기, 구축함 및 잠수함을 구입했다. 또한 전투기 및 미사일 생산도 러시아의 도움으로 진행 중에 있다. 한국전략문제연구소(2002), 앞의 글, 159~160쪽.

47) 상하이협력기구에 대한 논의는 박병인, "상하이협력기구(SCO) 성립의 기원 — '상하이 5국'에서 '상하이협력기구로,"『중국학연구』 33집(2005) 참조.

48) 약 4,000여 명의 병력이 참여할 것으로 알려지고 있는 가운데, 중국군이 1,600명, 러시아군이 2,090명, 카자흐스탄, 우즈베키스탄 그리고 타지키스탄 군이 각각 100명씩, 그리고 키르기스스탄군이 30명 참여하는 것으로 되어 있다. 『조선일보』, 2007년 8월 9일.

장비를 보면 단순한 대테러 훈련으로 볼 수 없다. 중국 전투기 46대[젠(殲)-7 8대 포함]와 러시아 전투기 36대(Su-25 포함) 및 각종 헬기와 수송기 4대(일류신 76)가 동원되었다. 이러한 중·러 군사훈련이 관심의 대상이 되는 이유는 이 훈련이 중국군의 대만상륙훈련을 상정한 것이라는 우려 때문이다.

그런데 2007년에는 더욱 우려되는 상황이 발생했다. 비슷한 시기에 미국도 대규모 군사훈련을 태평양 지역에서 실시했기 때문이다. 미국은 2007년 8월 7일부터 13일까지 7일 동안 괌 지역을 중심으로 항공모함 3척이 동원되는 대규모 군사훈련(용감한 방패, Valiant Shield)을 실시했다. 이 훈련 또한 2006년에 이어 실시된 대규모 군사훈련으로 미국 태평양사령부가 있는 하와이로부터, 괌, 오키나와 및 일본 요코스카 등지에 주둔하고 있는 미군 2만 2,000여 명이 참가했다. 물론 훈련 목적은 아시아·태평양 지역에서 발생할 수 있는 긴급사태에 대응하는 것이라는 발표가 있었으나, 중·러 합동군사훈련에 대응하기 위한 훈련일 가능성을 배제할 수 없다.

결론적으로 미국의 아·태지역에서의 군사훈련이 잦아지고 동시에 미·일동맹이 강화되는 상황에서 중국과 러시아의 합동군사훈련을 포함한 군사협력 관계가 증진될 경우 동북아의 긴장은 고조될 수밖에 없을 것이다.

3. 한반도 안보환경

한반도 안보환경도 급격한 변화를 보이고 있다. 물론 어제 오늘 일은 아니지만 북한은 대규모 병력과 재래식 무기를 유지하고, 핵무기와 미사일을 포함한 대량살상무기도 추구하고 있다. 특히 북한의 비대칭전력 증강은 한반도(및 동북아) 안보환경을 크게 변화시켰다. 게다가 한미동맹 재조정을 통해 주한미군이 평택 / 오산 지역으로 재배치되었으며, 감축도 이루어짐에 따라 전력공백이 발생했다. 또한 한미동맹 재조정 차원에서 합의된 전시작전통제권 전환과 주한미군의 전략적 유연성 인정으로 인해 한국 안보의 한국화가 예상보다 빨리 진행되고 있다. 따라서 우리 군도 이러한 안보환경 변화에 신속하게 대처해야 한다.

1) 북한 위협

2000년 6월 남북 정상회담 이후 남북 화해협력 분위기가 고조되는데도 북한의 군사적 위협은 지속되고, 대남 적화의지도 수그러들지 않았다고 판단된다.

그 이유는 첫째, 기본적으로 북한 군사정책의 핵심이라 할 수 있는 4대군사노선이 1962년 만들어진 이래 변하지 않고 있음에서 북한 위협의 실체를 알 수 있다. 한반도 적화통일을 위해 전 국토의 요새화, 전 인민의 무장화, 군 장비의 현대화를 지속적으로 추진하고, 전 군의 간부화도 꾸준히 진행시키고 있다.

둘째, 북한의 군사전략, 즉 기습전략도 변하지 않았다. 북한의 군사전략은 한반도 전장 여건을 감안하여 초전 기습공격과 정규 / 비정규전의 배합전으로 전쟁의 주도권을 장악하고, 강력한 화력과 기계화 / 자주화 기동부대로 전과확대를 달성하여 미 증원군 도착 이전에 전쟁을 종결하는 단기속전속결전략을 기본으로 하고 있다. 이를 위해 주요 전력의 2/3을 평양 / 원산 이남 지역에 집중적으로 배치하고 있다. 특히 우리 수도권을 겨냥하고 있는 북한의 170mm 자주포와 240mm 방사포는 현 진지에서 수도권에 대해 기습적인 대량집중사격이 가능하다. 또한 12만여 명에 달하는 북한의 특수전부대는 유사시 남한의 전지역에 동시다발적으로 침투하여 후방지역 교란과 혼란조성을 기도할 것으로 평가된다.[49)]

셋째, 북한은 극심한 경제난에도 불구하고 군사력을 지속적으로 증강하고 있다. 물론 북한은 한국과의 군비경쟁에서 뒤지지 않기 위해 비대칭 전력, 즉 핵무기 및 미사일 개발에도 박차를 가하고 있다. 북한은 2006년 국방비를 4.7억 달러, 총예산의 15.9% 수준이라고 발표했지만, 국방부는 북한체제의 특성과 예산체계를 고려할 때 국민총소득(GNI)의 30% 정도를 차지할 것으로 추정하고 있으며, 1991년 이후 평균 50억 달러를 국방비로 사용하고 있는 것으로 분석하고 있다. 밀리터리 밸런스는 북한의 국방예산은 2005년 22억 달러, 2006년 23억 달러로 추정하고 있다.[50)] 이를 바탕으로 재래식 무기 증강에도 사용하고, 핵 및 화생방무기, 중장거리 미사일 등 전력증강을 지속적으로 추진하고 있다.

끝으로 북한은 극심한 경제난에도 불구하고 선군정치(先軍政治)를 통해 군부 중심의 내부통제를 한층 강화하여 탈냉전 이후 취약해진 북한체제가 직면한 대내외 도전을 군사력으로 극복해나가고자 한다.

그러면 남북 간의 군사력 격차에 대해 구체적으로 살펴보자. 남북 군사력 비교에서 양적으로는 북한이 우세하나 질적으로는 한국이 우세하다는 분석이 있다. 이를 근거로 한국의 독자적 전력이 북한의 약 85% 수준이라는 견해도 있다.[51)] 물론 납득할 만한 방법으로 나온 수치일 것이나, <표 7-2>를 보면 쉽게 납득이 가지 않는다. 병력은 북한이 한국의

---

49) 국방부, 『2006 국방백서』(2006. 12), 17~20쪽.

50) IISS, *The Military Balance 2007*(2007), p. 357.

51) 박창권·권태영, "우리 군의 비대칭 전략: 대안과 선택방향," 『군사전략』, 제XIV권 제1호(2007), 94~95쪽.

〈표 7-2〉 남북 군사력 비교

구분				한국	북한	한국 / 북한(%)
병력(평시)	계			67만 4,000여 명	117만여 명	57.6
	육군			54만 1,000여 명	100만여 명	54.1
	해군			6만 8,000여 명	6만여 명	113.3
	공군			6만 5,000여 명	11만여 명	59.1
주요 전력	육군	부대	군단(급)	12[1]	19[2]	63.2
			사단	50	75	66.7
			기동여단	19	69[3]	27.5
		장비	전차	2,300여 대	3,700여 대	62.2
			장갑차	2,500여 대	2,100여 대	119.0
			야포	5,100여 문	8,500여 문	60.0
			다련장 / 방사포	200여 문	4,800여 문	4.2
			지대지유도무기	20여 기(발사대)	80여 기(발사대)	25.0
	해군	수상함	전투함정	120여 척	420여 척	28.6
			상륙함정	10여 척	260여 척	3.8
			기뢰전함정	10여 척	30여 척	33.3
			지원함정	20여 척	30여 척	66.7
		지원함정		10여 척	60여 척	16.7
	공군	전투기		500여 대	820여 대	61.0
		특수기		80여 대[4]	30여 대	266.7
		지원기		190여 대	510여 대	37.3
		헬기		680여 대	310여 대	219.4
예비전력(병력)				304만여 명[5]	770만여 명[5]	39.5

1) 특전사 포함. 2) 포병군단, 미사일지도국, 경보교도지도국 포함.
3) 교도 10여 개 미포함. 4) 육·해·공군 헬기 통합.
5) 교도대, 노농적위대, 붉은청년근위대 포함.
출처 : 국방부, 『2006 국방백서』(2006. 12), 224쪽.

1.7배이고, 동원 가능한 예비병력도 북한이 한국의 두 배에 이르고 있다. 주요전력에서도 남북한의 격차는 매우 큰 것으로 나타난다. 장갑차, 특수기 및 헬기를 제외하고는 한국군의 전력이 북한군의 전력에 비해 전반적으로 약세이다. 특히 북한이 걸핏하면 하는 '서울 불바다' 발언은 다련장포와 방사포를 염두에 두고 나온 말이다. 한국군은 이러한 포를 200여 문 보유하고 있으나, 북한군은 4,800여 문을 보유하고 있다. 이는 '질적 우세'라는 말로 넘어갈 문제가 아닌 것이 분명하다. 기습공격과 관련하여 북한군은 12만 특수부대와 69개의 기동여단을 운용하고 있다. 한반도 유사시 후방에도 침투하여 신속하게 전쟁을 마무리 짓는 역할을 수행할 것이다. 260여 척의 상륙함정도 보유하고 있다. 이것이 북한 위협의 실체라 할 수 있다.

그렇다고 북한이 재래식 무기 증강을 중단한 것은 아니다. 북한군의 전차는 T-50 계열이 주종을 이루나, 기존의 T-62 전차의 주포를 교체하는 등 성능을 개량한 '천마호' 전차를 생산하고 배치하고 있다.[52] 최근 10년 동안 북한군의 전력증강 추이를 보면, 육군의 경우 한국의 육군을 능가하는 것으로 추정된다. 나아가 북한은 한국에 비해 야포를 더 많이 보유하고 있으면서도 꾸준히 그 수를 늘려가고 있으며, 잠수함 전력도 강화시키고 있다. 그러나 전투기 부분에서는 경제력의 차이로 인해 한국에 비해 증강 속도가 매우 느린 것으로 예측되고 있다.

특히 경제력 열세로 인해 한국과의 재래식 군비경쟁에서의 열세를 만회하기 위해 북한은 핵, 미사일 등을 포함한 대량살상무기를 추구하는 '비대칭적 군비경쟁'에 치중하고 있다. 즉 대남 전력균형에서 확실한 비교우위를 차지하고자 핵무기 및 미사일 개발에 박차를 가하고 있다.

---

52) 국방부, 『2006 국방백서』(2006. 12), 20쪽..

〈표 7-3〉 북한 미사일 개발보유 현황

<table>
<tr><th colspan="2">구 분</th><th>사정거리(km)</th><th>탄두중량(kg)</th><th>초도배치</th><th>비 고</th></tr>
<tr><td rowspan="2">SRBM
(단거리)</td><td>SCUD-B</td><td>300(대전)</td><td>1,000</td><td>1984년</td><td rowspan="2">500~600기 배치</td></tr>
<tr><td>SCUD-C</td><td>500(부산)</td><td>770</td><td>1989년</td></tr>
<tr><td rowspan="2">MRBM
(중거리)</td><td>노동1호</td><td>1,300(제주 / 일본)</td><td>700~1,200</td><td>1993년</td><td>100~200기 배치</td></tr>
<tr><td>대포동1호</td><td>2,500(일본 전역)</td><td>700~1,000</td><td>1998년</td><td>2단 추진 로켓</td></tr>
<tr><td>IRBM
(중거리)</td><td>대포동1호
(위성탑재)</td><td>2,200~2,896
(탄두감량 시, 4,000)</td><td>50~100</td><td>1998년</td><td>3단 추진 로켓</td></tr>
<tr><td rowspan="2">ICBM
(장거리)</td><td>대포동2호</td><td>6,700
(하와이, 알래스카)</td><td>700~1,000</td><td>개발 중</td><td>2단 추진 로켓</td></tr>
<tr><td>대포동2호</td><td>10,000~12,000
(미국 본토)</td><td>500~1,000</td><td>개발 중</td><td>3단 추진 로켓</td></tr>
</table>

출처 : 한국국방연구원, 『전략환경과 국방비』(2004), 64쪽.

그 결과 1998년에는 사정거리가 2,500km에 이를 것으로 추정되는 대포동 1호를 실험·발사하였고, 2005년 2월 핵무기 보유를 공식선언했다. 이는 한국에 대한 분명한 위협이고, 나아가 일본과 미국 본토까지를 위협할 수 있는 수준을 향해 가고 있음을 의미한다.[53]

하지만 실질적으로 한국 안보를 위협하고 있는 미사일은 SCUD-B와 SCUD-C인 단거리 미사일이다. SCUD-B 미사일은 사정거리가 300km 정도로 대전까지를 공격할 수 있으며, SCUD-C 미사일은 사정거리가 500km로 부산 지역을 공격할 수 있다. 한국 정부는 북한이 이러한 단거리 미사일은 500~600기 보유하고 있을 것으로 추정하고 있다.

한편 최근 북한 핵 문제에 모든 관심이 집중되어 있으나, 북한이 보유

53) 함택영, "전환기한미 군사동맹과 자주국방," 『동북아 연구』(경남대 극동문제연구소, 2003), 14~15쪽.

한 생화학무기도 간과해서는 안 된다. 북한의 화학무기 생산능력은 세계 3위이다. 한국 국방연구원에 의하면, 북한은 2개에서 9개의 핵무기를 보유하고 있고 세계 3대 화학무기 강국으로서 화학무기를 2,500~5,000톤 정도 보유하고 있을 것으로 판단되며, 북한은 8개의 화학공장에서 연간 5,000톤 규모의 화학무기를 생산할 능력을 가지고 있다고 보인다.[54] 아울러 북한은 생화학무기를 소형화하여 FROG 미사일로 투발을 가능케 했다.

2) 한미동맹 재조정

한미동맹 재조정은 한반도 안보환경에 적지 않은 영향을 미쳤다. 즉 한미동맹 재조정으로 인해 한국 안보에 공백에 발생하였다. 우선 주한미군 재배치 문제는 2004년 7월 제10차 FOTA 회의에서 1990년 양해각서와 합의각서를 대체할 두 개의 합의서를 작성함으로써 일단락 지어졌다. 이 협정들은 2004년 12월 국회의 비준을 받아 실행에 들어갔으며, 국방부는 2006년 1월 주한미군 기지이전 지역의 토지매입을 완료하였고, 2007년 3월 20일 미군 기지이전 시설종합계획(MP, Master Plan)을 발표하였다.[55] 공사가 완성되어 미군기지 이전이 완료되면 평택 / 오산 미군기

54) 한국국방연구원, 『전략환경과 국방비』(2004), 65쪽.

55) 이전 일정을 살펴보면, 2007년 3월 문화재 시굴 및 지질조사를 시작으로, 5월에 사업관리 책임사(PMC, Program Management Consortium)를 선정하고, 8월까지 공사용 도로를 개설하며 본격적인 공사, 즉 부지조성공사는 9월부터 시작되었다. 이후 2011년 미군기지 재배치 완료시기를 결정할 예정이다. 현재 국방부와 미군은 2012년 용산 기지 이전이 완료될 것으로 예상하고 있으며, 미 2사단의 평택 이전은 2013년이 될 것으로 보고 있다. 이 계획에서 한국은 주로 용산 기지 이전 비용을 부담하고, 미 2사단 이전 비용은 미국이 부담하는 것으로 되어

지는 일본의 오키나와 및 괌 기지와 함께 동북아시아의 미군 '허브(Hub)' 기지가 된다. 특히 평택 / 오산 미군기지는 동북아에서 유일한 육·해·공군의 지역적 연계성을 보유한 군사복합지역으로 탈바꿈한다. 하지만 한국군에게는 주한미군의 후방배치로 인해 휴전선 지역에 발생한 안보공백을 메워야 하는 과제가 생겼다.

둘째, 한미 양국은 2004년 9월 제12차 FOTA 회의에서 주한미군 3단계 감축안에 합의하였다. 그 결과 2008년 9월까지 주한미군이 약 1만 2,500명이 감축된다. 물론 미국은 한국에 대한 안보공약에는 변화가 없음을 분명히 했고, 감축 전력공백을 메우기 위한 110억 달러 투자도 약속하였고, 2003년부터 2006년까지 4년에 걸쳐 미국은 150개 분야(주로 전투부대 전력향상과 C4ISR)에 투자하여 주한미군의 현대화사업을 추진했다. 문제는 주한미군의 철수 및 후방이전으로 그들이 보유하고 있는 첨단무기가 함께 철수 또는 후방으로 이전됨으로써 발생하는 대북 억제력의 약화를 어떻게 보강하는가이다. 미국 지상군 전력의 핵심은 포병여단이 보유한 대구경 다련장 로켓시스템(MLRS), ATACMS 미사일, AN TPQ 37 대포병레이더 등이며, 보병여단은 M1A1 전차, M2 보병전투차량, M109 155mm 자주포, 패트리어트 미사일, 그리고 유사시 소요의 60%가 넘는 전쟁비축 탄약(WRSA) 등으로 무장되어 있고, 항공여단은 AN-64 공격헬기와 UH-60, CH-47 기동헬기 등을 보유하고 있다. 여기

있다. 따라서 주한미군과 군무원 및 그 가족 그리고 카투사를 비롯한 한국 지원인력 등 4만 4,000여 명이 사용할 500여 동의 건물(연면적 100만 평)이 평택지역에 지어질 예정이다. 그리고 우리의 관심 분야인 한국의 비용분담은 약 5조 5,905억 원으로 예상 총비용 11조 원의 50% 정도이다. 이 중 평택지역 토지매입 비용으로 이미 1조 105억 원을 지불한 상태이기 때문에 향후 4조 5,800억 원이 추가로 들어갈 예정이다.

에 주한 미 공군은 군사첩보위성, AWACS 조기경보기, U-2기 등 전략정보자산 이외에 A-10, F-16 전폭기 등 엄청난 전력을 보유하고 있다.[56] 물론 이러한 첨단장비가 감축되는 주한미군과 함께 한국을 떠나는 것은 아니지만, 일부가 철수하는 것은 기정사실이다. 한국 안보 확보에 전력공백이 발생할 것이 분명하다.

셋째, 2006년 1월 외무장관 전략대화 첫 회의에서 주한미군의 전략적 유연성에 대한 합의가 도출되었다. 합의 내용은 '한국은 동맹국으로서 미국의 세계 군사전략 변혁의 논리를 충분히 이해하고, 주한미군의 전략적 유연성의 필요성을 존중하며, 미국은 전략적 유연성의 이행에 있어서, 한국이 한국민의 의지와 관계없이 동북아 지역분쟁에 개입되는 일은 없을 것이라는 한국의 입장을 존중한다'가 전부이다. 한마디로 매우 애매한 합의라고 할 수 있다. 주한미군 전략적 유연성은 주한미군 재배치 및 감축 그리고 전시작전통제권 전환 문제와 직접적으로 연결된 문제다. 즉 주한미군을 평택 / 오산 기지로 통합하고 전시작전통제권을 한국군이 단독으로 행사하게 되면 그만큼 주한미군의 활동이 자유로워진다는 것을 의미한다. 나아가 상대적으로 자유로워진 주한미군은 대북 억제 역할보다는 동북아의 안정자 역할을 하게 된다는 것이다. 이로 인해 발생 가능한 연합전력의 감소가 우려된다. 게다가 주한미군이 양안갈등에 투입될 경우 이것이 한중관계에 미칠 영향이 우려된다. 양안갈등에 투입되는 주한미군의 발진기지가 한국이기 때문이다.

끝으로 2006년 10월 제38차 SCM에서 양국 장관은 2009년 10월 15일 이후 그러나 2012년 3월 15일보다 늦지 않은 시기에 신속하게 한국으로

---

56) 박두호, "주한미군의 기능과 그 역할에 대한 안보적 고찰," 『국방저널』, 통권 325(2001. 1), 70~71쪽.

의 전시작전통제권 전환을 완료하기로 합의하였다. 2006년 8월 17일 발표된 전시작전통제권 전환 로드맵 초안에 의하면, 전시작전통제권 전환 이후 한미 군사지휘 관계에서 한미안보협의회의(SCM)와 한미군사위원회(MC)는 존속된다. 기존의 한미연합사령부는 폐지되고 새로운 한미군사협조본부(MCC)가 탄생한다. MCC는 예하에 10여 개의 상설 / 비상설 기구를 보유하게 되며, 대북 억제 및 대비태세를 유지하기 위한 필수 분야(정보, 위기관리, 계획작성, 연습과 훈련 등)에서 한미 간의 긴밀한 협력이 이루어지는 한미 공동방위체제의 핵심기구가 된다. 또한 한미 양국은 정보 및 공군전력 운용에서도 강력한 협력체제를 구축하여 한미연합사체제에 버금가는 강력한 공동방위체제를 구축하게 된다. 그러나 한국 합참이 한반도 작전사령부 역할을 수행하고, 미국 합참의 지휘를 받는 주한미군 사령부는 한국 합참의 전시작전을 지원하는 체제로 재편된다. 아울러 국방부는 2012년까지 전시작전통제권 전환을 위한 능력 및 여건을 확보하는 차원에서 정보수집 능력 향상을 위해 다목적 실용위성, 공중조기경보통제기, 전술정찰정보 수집체계를 갖출 계획을 가지고 있으며, F-15급 전투기, 이지스 구축함, 214급 잠수함, GPS 유도폭탄 등을 도입해 한국군의 정밀타격 능력을 향상시킨다는 계획도 가지고 있다. 또한 합참의 전쟁수행 능력을 향상시키기 위해 2011년까지 국가안보전략지침(전시지도지침), 국방기본정책서(전시정책서), 합동군사전략서, 합동작전계획 등을 정비한다. 문제는 한국 안보의 한국화가 예상보다 빨리 진행되고 있다는 점이다.

전작권 전환과 관련하여, 한반도 유사시 미국의 증원병력 69만에 대한 지원업무를 담당하는 미 8군사령부의 장래에 대한 논의가 진행 중에 있다. 2007년 7월 10일 주한미군 사령부는 미 8군 사령부가 태평양 육군사령부와 통합되어 '태평양 UEy'로 전환된다고 발표했다.[57] 우리의 관심은 태평양사령부가 어디에 설치되는가이다. 태평양사령부가 한국(대구)에 배치되면 한미 양국의 대북 억제력이 제고될 수는 있으나, 아직 결정되지 않은 상태이다.[58] 하지만 양안분쟁에 미국이 개입할 경우 이 사령부가 분쟁에 개입할 가능성이 높아 한국이 원하지 않는 전쟁에 휘말릴 가능성을 배제할 수 없다. 따라서 한미관계를 고려하여 미국도 한국에 사령부를 두려워하지 않을 것이라는 주장이 있다.[59] 그러나 만일 미국의 태평양 UEy가 한국 이외의 지역에 주둔하게 되면 한반도 유사시 증원되는 미군의 수에 변화가 있을 수 있다. 즉 미국은 한반도 유사시 대규모의 지상군(약 69만)을 투입하기보다는 해군과 공군 위주의 지원을 하게 될 가능성이 높다.

3) 국방개혁 2020

동북아 안보환경 변화와 상존하는 북한 위협에 대처하기 위해 한국 정부는 새로운 국방정책을 추진하고 있다. 한국의 국방목표는 "외부의 군사적 위협과 침략으로부터 국가를 보위하고, 평화통일을 뒷받침하며,

---

57) 미국 육군은 다섯 개의 UEy를 운용하고 있다. 현재 하와이에 본부를 둔 태평양사령부, 북부사령부(콜로라도 주), 중부사령부(플로리다 탐파), 남부사령부(플로리다 마이애미), 그리고 유럽사령부(벨기에 브뤼셀) 등 다섯 군데에 주둔하고 있다. 현재 태평양사령부는 세 개의 UEx로 구성되어 있다. 이 중 하나는 한국에 있는 2사단이고, 하와이의 25사단, 미국 워싱턴 주의 포트루이스(일본 자마기지로 이전)의 1군단이 태평양사령부에 소속되어 있다. 각 UEx는 보병, 전차, 스트라이커, 미래전투, 공병, 정찰, 항공, 중화기 및 지원 여단을 거느리고 있다.

58) 『중앙일보』, 2007년 7월 11일.

59) 박원곤, "미 8군 재편 양상과 전망," 『동북아안보정세분석』(국방연구원, 2007. 7. 19) 참조.

지역의 안정과 세계평화에 기여하는" 것이다.[60] 국방정책의 기조는 '협력적 자주국방'으로, 한미동맹을 발전시킨다는 전제하에 주변국들과의 군사협력을 증진하고, 북한의 전쟁도발을 억제하며 유사시 이를 격퇴하는 데 우리가 주도적인 역할을 수행할 수 있는 능력과 체제를 구비하는 것이다. 국방개혁은 한미동맹 발전과 유기적으로 연계하여, 미래전에 적합한 정예 과학기술군 구조 및 통합 전투력 발휘가 보장될 수 있는 군 구조 및 전력체계를 설계하고, 국방조직 및 운영체제, 획득 및 군수지원체제, 인사 및 교육훈련체제 등 국방의 제 분야에서 효율화를 추구해나간다는 개혁기조를 유지하고 있다.[61]

특히 최근 이라크 전쟁에서 보았듯이 과학기술의 발전으로 무기의 사거리, 정밀성 및 파괴력이 증대되었고, 실시간 정보·지휘통제 능력이 획기적으로 발전됨에 따라 전장공간 확대, 장거리 정밀타격전, 네트워크 중심전 등 새로운 전쟁양상이 대두되고 있다. 그러나 우리 군은 북한의 방대한 재래식 군사력에 대비한 지상군 위주의 양적 구조를 유지하여 작전운용의 효율성이 떨어지고 육·해·공군 간 합동성 발휘가 제한되고 있다는 문제점을 가지고 있다. 따라서 각 군의 정예화/경량화 및 3군의 균형발전이 시급한 문제로 대두되었다.

이에 국방부는 미래전에 대비해 합동성 강화를 위해 '국방개혁 2020'을 발표하였다. '국방개혁 2020'은 국제질서는 미국 주도하에 유지될

---

60) 국방부, 『2006 국방백서』(2006. 12), 30쪽. 참고로 한국의 국가 안보목표는 한반도의 평화와 안정, 남북한과 동북아의 공동번영, 국민생활의 안보 확보 등이며, 국가안보 전략기조는 평화와 번영정책 추진, 균형적 실용외교 추구, 협력적 자주국방 추진, 포괄적 안보지향이다.

61) 국방부, "국방개혁 2020; 50문 50답," http://www.mnd.go.kr/cms_file/jungcheck/mnd2020/mnd_5050/ PRIN(검색일, 2007. 11. 10).

것이고, 국제적으로 전면전의 가능성은 낮아졌지만 국지적 분쟁은 지속되고 초국가적 위협이 증대되고 있으며, 북한의 군사위협이 점진적으로 감소하고 있다는 전제하에 만들어졌다. 그리고 한미동맹과 관련해서는 '한미동맹이 미래지향적으로 발전함에 따라 한국군의 역할이 확대될 것'을 전제하고 있다.

국방개혁의 핵심 목표는 미래안보상황과 전쟁양상 변화에 능동적으로 대처할 수 있는 기술집약형 군 구조와 전력체계를 완성하여 '자위적 방위역량' 또는 방위충분성을 확보하고, '선진 국방운영체제를 구축'하는 것이라 할 수 있다. 즉 국방개혁은 현대전 양상에 부합된 군 구조 및 전력체계를 구축하는 것을 목표로 삼고 있다.[62] 국방개혁의 방향은 대북 군사대비태세를 유지하면서 미래전 수행에 적합한 군구조로 전환하는 것이며, 첨단무기 체계의 전력화와 연동하여 단계적으로 군의 정예화를 추진하는 것이다. 기본적으로 군 지휘구조는 3군의 합동성을 강화하는 방향으로 개혁되고, 병력구조는 병력의 단계적 감축 및 정예화를 추진하여 임무의 전환이 가능한 구조로 개편하는 것이다. 부대구조는 중간계층을 단축하고 부대수를 축소하여 완전성을 보장하는 방향으로 개혁이 추진되고, 전력구조도 전투효율이 높은 무기 및 장비를 확보하는 방향으로 개편이 추진된다.

추진단계를 보면, 2008년 개혁추진을 본격적으로 시작하여 2010년 제1단계 '개혁추진 본격화'를 완수하고, 2015년까지 제2단계인 '개혁의

---

62) 국방개혁의 4대 중점사업은 ① 국방의 문민기반 확대, 군의 전투수행 임무 전념; ② 현대전 양상에 부합된 군 구조/ 전력체계 구축; ③ 저비용·소효율의 국방관리 체제로 혁신; ④ 시대상황에 부응하는 변영문화 개선 등이다. 국방부, 『21세기 선진 정예 국방을 위한 국방개혁 2020(안)』, http://www.mnd.go.kr/dicboard/bbsDown(검색일, 2005. 9. 14).

심화'를 완성함으로써 군구조개편이 완료되며,[63] 제3단계가 2020년까지 진행되어 '개혁을 완성'시키는 것으로 되어 있다.

국방개혁의 핵심 내용은 병력구조, 전력구조, 지휘부대 구조개혁을 통해 '병력 위주의 양적 군구조를 정보지식 중심의 기술집약형 군 구조로 전환하는 것이다. 우선 병력구조는 첨단전력의 확보라는 전제하에 현재 68만여 명의 병력은 2020년까지 단계적으로 감축하여 50만 명의 정예군(육군 37.1만, 해군 6.4만, 공군 6.5만) 및 150만 예비군으로 탈바꿈시킨다. 전력구조에 대한 개혁은 정보/감시 및 지휘통제 능력을 강화하고 기동정밀 타격능력을 향상시킨다는 목표를 가지고 있다. 전력구조는 조기경보기, 무인항공정찰기, 정찰위성 등 조기경보 및 표적획득 능력을 강화하여 실시간 전장관리 및 지휘가 가능한 지휘통제능력을 확보하는 것이다. 한편 차기전차, 다련장 로켓, 다목적 헬기, 각종 신예 전투기 등 전투 효율이 높은 무기와 장비를 확보하여 기동성과 정밀타격 능력을 향상시키는 목표를 설정하고 있다. 지휘 및 부대구조 개혁은 합동참모부 중심의 작전수행체제를 구축하고, 즉 합참의 정보, 작전기획 및 수행, 합동전장관리능력을 강화하는 것이다.[64] 각 군 본부는 고유기능에 충실한 조직으로 발전시키며, 부대수의 축소 및 중간지휘계선을 단축시킨다. 결과적으로 2020년 군 구조는 합동군 체제하의 합동성이 강화된 지휘구조, 병력의 단계적 감축 및 정예화를 통한 병력구조 개편, 부대수 축소와 중간계층이 단축된 완전성이 보장된 부대구조로 개편, 전투효율이 높은 무기 및 장비를 갖춘 전력구조로 개편된다. 그 결과 3군 간의 합동성이

---

63) 제2단계 '개혁심화'의 목표는 선진 국방운영체제 정착, 합참 중심의 작전수행체계 구축, 대북 전쟁억제능력 확보, 새로운 병영문화 정착 등이다.

64) 국방부, "국방개혁 2020 이렇게 추진합니다," http://www.mnd.go.kr/cms_file/jungcheck/mnd2020/mnd_1110/ PRIN(검색일 2007. 11. 10).

증대되어 병력수가 줄어도 전력지수는 현재보다 1.7~1.8배 증강된다. 아울러 국방부는 끊임없는 수정·보완작업을 통해 '국방개혁 2020'을 완성해갈 것임을 강조하고 있다.[65)]

보다 구체적으로 살펴보자. 육군의 경우 기존의 제1, 제3 야전군사령부를 해체하고 지상작전사령부(지작사)가 창설되고, 제2군사령부는 후방작전사령부(후작사)로 개편한다. 지작사 창설은 합참 중심의 작전수행 체제를 확립하는 등 미래지향적인 한미 지휘관계 변화를 고려하고, 전시/평시 작전의 효율성을 극대화하기 위해 필수적임을 강조하고 있다. 그리고 수도방위사령부, 특전사령부 및 항공작전사령부는 유지하고 새롭게 유도탄사령부를 신설한다. 한편 군사령부 예하의 군단사령부도 해체하여 지휘단계를 단축시킨다. 이 과정에서 현재의 10개 군단 중 4개를 폐지하고 재편된 6개의 군단을 지작사 예하에 둔다. 전방군단의 수는 7개에서 4개로 축소되지만, 새로운 기동군단을 창설하여 기동군단의 수를 2개로 확대한다. 현재의 동원사단은 평시에 해체하고, 전시에 적정 규모의 사단을 창설한다. 과거 2군사령부 예하의 후방 군단 2개는 해체되고, 각 도에는 1개의 향토사단을 유지시킨다. 현재 향토사단이 맡고 있는 해안 경계임무는 관련기관으로 전환된다.

아울러 현재의 47개 사단은 20여 개 사단으로 축소·정비된다. 하지만 각 부대들은 정보·감시능력, 기동력, 화력 등의 보강으로 현재보다 2~3배의 작전지역을 감당한다. 즉 병력과 구형 무기 위주의 육군은 첨단화·정예화되어 미래전 수행에 적합한 태세를 갖추게 된다. 첨단화와 관련하

---

65) 예를 들면, 국방부는 2007년 7월 18일 국방개혁 2020 추진보장에 목표를 둔 "2008~2012 국방중기계획"을 발표했다. 이 계획은 전시작전통제권 전환이라는 변수를 감안해서 국방개혁을 보완한 것이다.

여, 미래육군은 중고도 무인항공정찰기를 도입하여 감시능력이 향상되고, K-9 자주포, 다련장 로켓, 차기전차, 차기 장갑차, 한국형 기동 및 공격헬기로 무장하게 됨으로써 정밀타격 능력도 증진된다.

해군은 수상, 수중, 항공 입체전력 운용이 가능한 구조로 개편된다. 현재 해군의 부대구조는 3개의 함대사령부, 잠수함전단 및 항공전단 체제인데, 2020년까지 3개 함대사령부, 잠수함사령부, 항공사령부 및 기동전단 체제로 보강된다. 해군은 전투능력 향상을 위해 기동성 강화를 목표로 차기호위함과 이지스 함 등 중대형 함정의 수를 증가시킨다. 현재 보유 중인 120여 척(7만여 톤)의 수상함은 70여 척으로 감축되지만, KDX-I/II/III 및 FFX 등을 보강하여 톤수는 12여만 톤으로 증가된다. 또한 잠수함 전력도 현재의 KSS-I을 KSS-I/II/III으로 보강하고, 항공전력도 현재 50여 대에서 120여 대로 향상시킨다. 결과적으로 2020년에는 한국 해군의 작전능력이 한반도 전 해역으로 확대된다.

한편 현재 해병대사령부는 상륙해병사단, 지역해병사단, 해병여단 및 기능부대의 구조를 가지고 있으나, 2020년에는 해병여단이 해체되고 상륙해병사단과 과거 해병여단의 임무를 이양받은 지역해병사단 및 기능부대 체제로 전환된다. 해병대는 여단급 상륙작전 능력을 향상시키기 위해 상륙용 장갑차 및 상륙헬기를 확보할 예정이며, 무인정찰기, 상륙용 다련장포 등의 도입을 통해 감시·타격증력이 향상된다.

공군은 유사시 공중우세를 확보하고 정밀타격 능력을 향상하는 구조로 개편된다. 현재 공군 작전사령부는 남부사령부(예하 3개 비행단), 6개 비행단, 방공포사령부, 관제단으로 구성되어 있는데, 2020년에는 작전사 휘하에 남부사령부(4개 비행단), 북부사령부(5개 비행단), 방공포사령부, 관제단 편제로 변한다. 또한 비행단과 비행대대의 중간제대인 비행전대를 해체하여 지휘계선을 단축시킨다. 현재 보유 중인 500여 대의 전투기

(F-4, F-5, F-16)는 2020년까지 420여 대 규모로 축소된다. 하지만 F-4 및 F-5 구형 전투기 300여 대는 폐기하고 장거리 교전이 가능한 F-15 및 최첨단 신형전투기(F-X)를 지속적으로 확보하여 전투력을 향상시킨다. 물론 현재의 F-16은 주력전투기로 사용된다. 또한 공중급유기, 조기경보통제기 등이 도입되며, 대공방어를 위해 SAM-X와 M-SAM 등도 도입할 예정이다. 그 결과 공군의 작전능력은 한반도 전체로 확대된다.

4. 결론 : 한국 군사력 증강 필요성

앞서 살펴본 바와 같이 국제안보환경에는 큰 변화가 일어나고 있으며, 북한의 위협은 줄어들지 않고 오히려 증가되고 있다. 게다가 한미동맹의 지휘체계에 변화가 발생하여 한국 방위의 한국화가 급속도로 진행되고 있다. 따라서 우리 군에도 국제 추세에 맞추어 구조개편이 이루어져야 하며, 북한의 위협과 잠재적 위협에 대처하기 위해 군사력 증강을 추진해야 한다.

우선, 앞서 살펴본 바와 같이 한반도 주변 강대국들의 군비 증강 및 군사변혁이 예사롭지 않다. 특히 이들은 군 구조개편을 통해 미래 NCW에 대비한 군의 합동성 및 기동성을 강화해나가는 군사변혁을 추진하고 있다. 우리 군도 국제적인 추세에 동참해야 하는 차원에서 군사변혁을 추진해야 한다. 둘째, 강대국들 간의 경쟁이 무력분쟁으로 비화할 가능성을 배제할 수 없다. 중국의 군사적 부상은 장기적으로 한국의 안보환경에 직접적인 영향을 미칠 수 있는 주요 변수다. 중국군은 영토 밖에서의 국지전을 상정하고 있다. 이는 물론 대만과의 분쟁을 염두에 둔 것으로 보아야 하지만, 북한 유사시 중국이 북한 문제에 개입할 수 있다는 의지로도 해석할 수 있다. 특히 대만 문제가 소강상태를 유지하거나 해결국면으로 접어들면, 중국의 군사력은 한반도를 비롯한 동북아 지역에서의 역할을 강화하는 방향으로 선회할 가능성을 배제할 수 없다. 따라서 한국군은 북한 유사시 중국의 개입도 염두에 두어야 한다. 러시아의 움직임도 눈여겨보아야 한다. 최근 동북아 지역에서 군사훈련이 잦아지고, 블라디보스토크에 사령부를 둔 극동함대가 지속적으로 강화되는 상황에서, 극동 군관구가 한반도 유사시 개입할 가능성을 배제할 수 없다. 그리고 미·일동맹 강화에 대응하는 중·러 군사협력 강화로 인해 동북아에 신냉전체제가 형성될 가능성도 배재할 수 없다. 결국 이에 대비하는 군사력 증강도 필수적이다.

셋째, 북한은 경제난에도 불구하고 꾸준히 재래식 무기를 증강하고, 핵무기를 포함한 비대칭전력을 강화하고 있다. 그리고 언제든지 한국을 기습공격할 수 있는 준비가 되어 있다. 따라서 아무리 남북 화해협력의 시대에 접어들었다고 하나, 북한의 도발을 억제하고, 유사시 이를 격퇴하기 위한 준비에 만전을 기해야 한다.

그러면 동북아 안보환경변화가 한반도에 미칠 수 있는 부정적 영향을 최소화하기 위해 한국 정부는 어떠한 노력을 해야 하는가? 이에 대한 답은 '협력적 자주국방'에서 찾아야 한다. 여기서 '협력적'이라 함은 미국과의 관계를 강화하고 주변국들과의 관계도 증진시키는 것을 의미하며, '자주국방'은 방위충분성을 의미한다.

동북아에서 강대국 간의 경쟁이 한반도에 미칠 수 있는 불확실성을 최소화하고 북한의 도발을 억제하기 위해서 한국은 동북아 지역의 갈등요인들로부터 상대적으로 자유로운 미국과의 동맹을 강화하는 것이 최선책이라 할 수 있다. 사실 한국도 한미동맹 강화 외에는 선택의 여지가 별로 없다고 판단된다. 한미동맹과 관련하여 한국 정부는 우선적으로 주한미군 재배치 사업이 차질 없이 진행되도록 함으로써 양국 간의 신뢰를 확대해야 한다. 이는 한반도 유사시 지원병력 확보에 도움을 줄 것이다. 한편 한국 정부는 주한미군 재배치 및 감축, 전시작전통제권 전환, 주한미군의 전략적 유연성 등으로 인해 발생하는 전력공백을 메우기 위한 협상을 진행시켜야 한다. 특히 2012년 전개될 한미군사지휘권 변화에 대한 대비를 해야 한다. 한국은 미국의 대한국 방위공약 의지를 확인하고 군사적 안정성을 확보하기 위해 군사협조본부가 기존의 연합사에 버금가는 수준의 위상과 역할을 수행할 수 있도록 하는 방안을 모색해야 한다. 전작권이 전환되고 새로운 체제가 설립된 이후에도 미국은 한국에 대해 필요한 지원전력을 제공할 것임을 명시함으로써 평시 및 유사시 미국에 대한국 방위공약을 확고히 하여 안보공백 기능성을 차단하고, 지원의 규모와 범위에 대한 추가적인 협의가 필요하다. 한반도에서의 전쟁양상 판단에 근거해 명확한 전쟁목표와 작전목표를 포함한 작전계획을 수립하고, 필요한 전력판단과 전력 운용계획을 수립해야 하며, 이를 근간으로 지속적인 연습과 검증을 통해 보완해나가는 작업을 추진해야 한다. 한편 한국은 주변국들과의 군사협력 강화를 위해 국방장관을 비롯한 군 고위간부들 간의 협력을 증진시켜야 하며, 동북아 다자안보협력체 구축도 추진해야 한다.

자주국방과 관련하여, 방위 충분성이란 '한 국가가 국가안전보장을 위해 보유해야 할 최소한의 필수전력'을 의미하며, 특정 국가가 한국을 상대로 도발을 했을 때 득보다 실이 클 것이라는 인식수준의 전력을 보유해야 한다는 것이다.66) 하지만 정확히 어느 정도의 군사력을 보유해야 방위충분성이 확보되는가에 대한 해답은 없다. 이는 연구가 더 많이

---

66) 조성태, 『방위충분성 전력과 적전국방비』(한국국방연구원, 2004. 7), 5쪽.

필요함을 보여주는 것이다. 따라서 현재 우리 군이 추진해야 하는 전력증강은 미래 NCW에 대한 대비에 주력해야 한다고 판단된다.

NCW는 정보화 시대에 미국에서 개발된 용어로 공유된 인지능력, 향상된 명령속도, 신속한 작전속도, 높은 적 파괴율, 증가된 생존성, 자기동기화 수준을 성취하기 위해 네트워크로 연결된 센서, 의사결정자, 슈터에 의해 정보우세를 달성하여 전투력을 향상시키는 개념이다.[67] 즉 전장(戰場)에 참여하는 모든 전력요소를 네트워크로 연결하면 전장 상황인식의 공유가 이루어질 수 있으며, 동시에 전력을 통합할 수 있어 작전수행의 효과가 획기적으로 증진된다는 것이다. 우리 군도 NCW는 급변하는 현대적 양상 및 미래전 환경에 대비한 군사력 발전 방향으로 인식되고 있다.[68]

이러한 인식을 바탕으로 우리 군도 NCW에 대비해 선견(先見)·선결(先決)·선타(先打) 개념에 입각해 새로운 전략체계를 구축해야 하고, 미국과 같은 수준으로 군 구조개편(모듈화 합동군)을 할 필요는 없으나 적어도 군의 패키지화까지는 달성해야 한다고 판단된다. 이는 북한의 기습공격이나 대량살상무기 사용에 대응하는 차원에서 적의 지휘부와 지휘통제체제를 조기에 무력화시키는 데 필수적이며, 한반도 유사시 미군과의 성공적인 합동작전을 위해서 필수적이다. 특히 향후 육군은 전장을 감시할 수 있는 감시정찰 능력을 향상시켜야 하고, 통합작전을 성공적으로 수행하기 위해 정밀타격능력을 증강시켜야 하며, 후방지역의 안정을 위

---

67) DoD, *GIG Architecture Master Plan*(DoD, 2002), p. 8; 이재경·이태공, "NCW 구현을 위한 EA기반의 국방정보화 통합모델 제시," 『국방정책연구』, 제74호(한국국방연구원, 2006 겨울), 11쪽.

68) 최인수·임종인, "NCW 기반구축을 위한 국방정보보호 발전 방안," 『국방정책연구』, 제75호(한국국방연구원, 2007 봄), 224쪽.

해 안정화작전 능력을 배양해야 한다.

이러한 인식을 바탕으로 정부는 '국방개혁 2020'을 철저히 재검토할 필요가 있다. 물론 '국방개혁 2020'이 잘못되었다는 것은 아니다. 하지만 이것이 만들어질 당시 전시작전통제권 전환 문제가 해결되지 않은 상태였다. 즉 '국방개혁 2020'은 전시작전통제권 전환을 전제로 하고 작성된 것이 아니다. 따라서 국방부는 이를 철저히 재검토하고, 수정 및 보완을 거쳐 방위충분성에 입각한 자주국방 달성에 지침서로 만들어야 한다.

제8장

한미동맹 강화

1. 서론

한미동맹에서 이상기류가 감지된 경우는 여러 차례 있었으나, 지난 5년 동안 경험한 한미갈등은 그 어느 때의 갈등보다 심각했다. 역사적으로 한미갈등은 국제안보환경의 변화가 있을 때마다 표출되었다. 국제안보환경이 변하고, 변화된 국제안보환경에 맞추어 미국의 안보정책이 수정되고, 수정된 미국의 안보정책이 한국, 특히 주한미군에 적용되는 과정에서 한미갈등이 발생했다. 그러나 최근 한미갈등은 과거에 비해 매우 복합적인 양상을 보여주고 있다. 즉 탈냉전으로 인한 미국의 유일 초강대국 지위 획득 및 남북화해 무드, 이와는 별개로 북한의 대량살상무기 추구, 미국의 신보수 성향의 정부 출범, 9·11 테러 이후 미국의 공세적 안보정책 추진, 대북 압박정책 추진 그리고 한국의 대북 포용정책과 진보 성향의 정부 출범 등이 복합적으로 작용하여 한미갈등이 확대되었고, 갈등해소 과정을 통해 한미동맹이 재조정되었다.

한미 양국은 갈등해소를 위해 새롭게 미래 한미동맹 정책구상회의(FOTA)와 한미안보정책구상회의(SPI)를 순차적으로 가동시켜 갈등현안에 대한 합의를 도출해나갔으며, 기존의 한미 연례안보협의회의(SCM)가 이러한 합의들을 검토하고 확정했다. 그 결과 2006년 10월 개최된 제38차 SCM에서 한미 간의 핵심 현안인 전시작전통제권 전환이 합의됨으로써 한미동맹 재조정이 일단락되고, 미래지향적·포괄적·호혜적 한미동맹을 위한 새로운 시대가 시작되었다. 양국 국방장관도 이 회의가 한반도 및 동북아 안정을 위한 주한미군의 지속적인 주둔이 필요하다는 인식을 확실하게 공유하는 계기가 되었고, 동맹 재조정 과정에서 나타난 한미갈등으로 인한 한국 국민의 안보불안을 불식시키는 계기가 되었다고 평가했다. 나아가 국방장관들은 SPI를 지속·강화하기로 합의함으로써 향후 발생할 한미 간의 이견이 이 회의를 통해 조율되어나갈 수 있도록 제도화하였다.

그러나 지난 5년 동안 미국과의 협상에서 한국이 얻은 것은 '자존심 회복' 정도이고, 안보에 대한 우려의 목소리가 오히려 높아졌다. 결국 한미 간의 안보현안협상 결과는 한국의 입장에서는 '상처뿐인 영광'이라는 표현이 어울린다고 할 수 있다. 그 이유는 지금까지의 합의들이 한미 간의 갈등현안을 모두 해결한 것은 아니며, 이미 합의된 사항에 대해서도 수정 또는 보완해야 할 부분이 존재하기 때문이다. 특히 한반도의 안보는 물론 동북아의 안보가 아직까지 확실하게 확보되지 않은 상황에서 한미 연합방위태세가 급격하게 변화하는 것은 바람직하지 않다는 견해가 우세하다.

기본적으로 북한의 핵 문제가 정리되고 있지 않은 상황이다. 이는 한반도 안보환경이 전혀 개선되지 않았음을 의미한다. 6자회담 9·19 공동성명(2005)에 이어 2007년 2월 13일 공동성명 이행합의문을 발표한 지 여러 달이 지난 6월부터 북한은 연변 핵시설 가동 중단 및 IAEA 사찰단 초청이라는 '초기조치' 이행을 시작했다. 방코델타아시아(BDA)의 북한

계좌 문제 해결이 지연되었기 때문이다. 그러나 북한의 외교행태로 보아 순탄한 진행을 기대하기는 어렵다. 매번 새로운 조치가 실행에 옮겨질 때마다 새로운 요구를 할 것이기 때문이다. 특히 북한이 보유하고 있을 것으로 추정되는 핵무기 폐기에 대한 논의가 시작될 때 북한의 태도를 예측하기는 매우 어렵다. 즉 북한이 기존의 핵무기는 폐기할 수 없다는 주장을 펼칠 가능성을 배제할 수 없다. 이럴 경우 미국을 비롯한 국제사회의 대북압박이 가중될 것이고, 북한이 이에 반발하면서 한반도는 물론 동북아의 긴장이 고조될 것이다.

한편 제7장에서 살펴보았듯이, 북한의 핵 문제가 해결된다 해도 주변 강대국들의 군사력 증강과 대립구도가 사라지지 않는 한 한반도 및 동북아의 안보불안은 지속될 것이다. 탈냉전 이후, 특히 9·11 테러사건 이후 변화된 국제안보환경에 대처하기 위해 미국을 비롯한 강대국들은 자국이 추구해야 할 국가목표를 새롭게 설정하고, 이를 달성하기 위한 전략을 수립하고 있다. 그러나 강대국들이 추진하는 국가전략 및 군사전략은 상호 대립적인 모습을 보이고 있어, 가뜩이나 잠재적 갈등 요인(영토 및 영해문제, 에너지 자원 획득문제, 역사인식문제)이 많은 동북아 지역의 안보상황을 악화시키고 있다. 게다가 중국 견제를 위해 미·일동맹이 강화되는 추세에 있으며, 이에 대응하기 위해 중·러 안보협력도 대규모의 합동 군사훈련을 실시할 정도로 강화되고 있다. 한마디로 21세기 동북아에는 미·일동맹과 중·러 안보협력이 대치하는 신냉전체제가 구축될 조짐이 나타나고 있다.

결국 이렇듯 불안정한 안보상황에서 한국이 안보를 확보하기 위해서는 한미동맹이 필수적이라 판단된다. 그 이유는 첫째, 적어도 북한의 위협이 소멸되기 전까지는 한국의 안보를 확보하기 위해서는 한미동맹 이외에 선택의 여지가 없다. 통일과정에서 한국은 미국의 도움이 절대적으로 필요하기 때문이다. 한반도의 통일 시나리오는 전쟁에 의한 것, 북한의 붕괴로 인한 것, 그리고 평화적인 절차, 즉 남북한 합의에 의한 것 등을 생각해볼 수 있다. 어쨌든 한반도에서 전쟁이 발발하면 한국은 미국의 경제적·군사적 도움을 받아야 하는 현실을 감안할 때 통일한국은 한미동맹을 상당기간 유지할 수밖에 없을 것이다. 북한이 붕괴되면 한반도에는 많은 혼란이 야기될 것이다. 흡수통일을 인정하지 않는 북한 일부 세력의 군사적 저항이 있을 것이고, 수많은 북한 난민이 남쪽으로 향할 것이다. 이러한 사회적 혼란을 수습하는 데, 즉 북한의 무장세력을 진압하고 난민을 구호하는 데 주한미군이 일정 부분 역할을 할 것이고, 북한 지역의 경제재건을 위해 미국의 경제지원이 절실한 상황에서 한미동맹 관계를 쉽게 단절시킬 수는 없을 것이다. 한반도 통일이 평화적인 즉 남북한의 합의 절차를 밟아 이루어지는 경우에도 북한지역을 안정화시키고 경제를 회복시키기 위해 미국의 도움이 필요한 상황이다. 따라서 한국에게 선택의 폭은 매우 좁다.

둘째, 미국이 강력하게 부인하고 있는 대북 선제공격을 막기 위해서도 한미동맹은 강화되어야 한다. 앞서 지적했듯이 미국은 독단적인 선제공격은 없을 것이라는 점을 강조하고 있다. 이는 한국과 협의를 통해서는 대북 선제공격을 할 수 있다는 의미로도 해석할 수 있다. 미국의 선제공격 독트린이 발표되기 전에는 한반도 전쟁 재발의 여부가 북한의 행동에 달려 있었다. 즉 북한이 도발을 할 경우 한반도에서 제2의 한국전쟁이 발발한다는 것이다. 그러나 미국의 선제공격 독트린이 발표된 이후에는 미국의 행동이 곧 한반도의 전쟁발발로 이어질 가능성이 있다는 것이다. 2003년 파월 국무장관은 조지 워싱턴 대학(George Washington University) 연설에서 확실한 위협이 감지되고, 이러한 위협이 미국을 향해 다가오고 있을 때, 이러한 위협이 도착하기를 기다릴 수는 없기 때문에 선제공격을 하는 것이 가장 좋은 방법임을 재차 강조하였다.1) 따라서 강력한 한미동맹 유지를 통해 미국의 대북선제공격 가능성을 차단해야 한다.

셋째, 학계 일부에서는 한미동맹의 강화가 한국의 대미 종속을 가중시킨다는 견해를 피력하고 있으나, 현실적으로 세계 유일의 초강대국인 미국과의 관계를 강화함으로써 얻는 것이 잃는 것보다 많다. 특히 경제 영역에서는 미국과의 거래가 한국의 경제발전에 큰 이익이 된다. 게다가 미국과의 관계 개선을 위해 프랑스와 독일은 이라크 전쟁에 반대했던 것에 대해 유감을 표시하였고, 중국은 미온적인 태도를 견제하고 있던 북한 문제 해결에 적극적으로 나서 북한 핵 문제를 해결하기 위한 미·중·북 3자회담을 성사시켰다. 이렇듯 모든 국가가 자국의 이익을 최대화하기 위해 미국과의 관계를 개선하려고 노력하고 시점에서 한국의 대미공조 강화는 당연하다.

따라서 신정부는 한미동맹을 진정으로 포괄적이고 미래지향적인 동맹으로 탈바꿈시키고 동시에 한국의 안보를 확보하기 위해 합의된 현안들을 보완해나가는 작업을 진행시켜야 하며, 합의에 이르지 못한 현안들을 해결해야 하는 과제를 안고 있다. 본 장에서는 현재 한미 간의 현안 과제가 무엇인지 찾아보고, 그 현안들(대북정책 조율, 주한미군 재배치 및 감축, 전시작전통제권 전환, 주한미군 전략적 유연성, 유엔사 개편, 방위비 분담 등)에 대한 한미 양국의 입장을 정리하며, 한국의 대응책을 찾아보고자 한다.

---

1) Colin L. Powell, "Remarks at The Elliott School of International Affairs," U. S. Department of State, September 5, 2003.

2. 한미관계 현황 및 전망

1) 현황

지난 50여 년 동안 한미관계는 지원·피지원 관계에서 동반자관계를 거쳐 포괄적·호혜적 관계로 발전되어왔다. 물론 '발전'에는 '갈등'이 수반되었고, 이러한 갈등을 해소하면서 한미관계는 점진적으로 발전해왔다. 1970년대 후반 카터 행정부와 박정희 행정부의 갈등 이후 1980년대 한미 동반자 관계의 새로운 시대가 열렸으며, 부시 행정부와 노무현 행정부 간의 극심한 갈등을 해결하면서 새로운 포괄적·호혜적 관계가 시작되었다고 할 수 있다.

앞서 수차례 지적했듯이, 오늘날 한미갈등의 시작은 2000년 남북 정상회담에서 시작되었다고 할 수 있다. 물론 클린턴 행정부와 김대중 행정부는 긴밀한 협조관계를 유지하고 있었다. 그 어느 정부보다 많은 정상회담이 개최된 사실이 양국 간 긴밀한 관계가 유지되고 있었음을 증명해준다. 또한 클린턴 행정부가 남북 정상회담 자체를 반대한 것도 아니다. 다만 남북 정상회담 추진과정에서 한미 간의 긴밀한 협조가 이루어지지 않았으며, 정상회담 결과에 미국이 크게 만족하지 못했기 때문에 양국관계가 다소 소원해졌다.

신보수주의로 무장하고 2001년 출범한 부시 행정부는 대북정책에서 한국과 큰 차이를 보였다. 미국의 안보정책은 반테러 및 대량살상무기 확산 방지에 초점을 맞추고 있으며, 이러한 정책을 수행하기 위해 전반적인 해외주둔군 재배치(GPR)와 확산방지안보구상(PSI)이 강력하게 추진되었고, 그 과정에서 동맹관계의 재조정 상황이 발생하였다. 이러한 정책의 중심에 핵무기를 포함한 대량살상무기를 추구하고 있는 북한, 주한미군 및 한미동맹이 자리하고 있었다. 게다가 2002년 형성된 한국에서의 반미정서에 편승하고, 대북화해 및 자주외교를 표방하면서 2003년 출범한 참여정부와 부시 행정부의 정책충돌 또는 갈등은 불가피했다고 할 수 있다. 즉 미국의 대북 강경정책에 곱지 않은 시선을 보내고 있고, 지난 50여 년 동안 이룩된 한국의 국력신장, 즉 국제적 위상증가가 한미동맹에 전혀 반영되지 못했다는 인식을 갖고 있는 참여정부와 부시 행정부의 갈등은 어찌 보면 필연적인 현상이었다고 할 수 있다.

결국 한미 양국은 감정싸움과 같은 모습을 보이며 사사건건 충돌하였다. 한미 간의 본격적인 갈등은 당시 반미정서를 감안하여 노무현 대통령은 '보다 평등한 한미관계'와 역할분담론을 주장하고, 미국은 즉각적으로 주한미군의 후방배치를 선언하면서 시작되었다. 한국 정부는 평등한 한미관계, 동북아 균형자론, 친중국 정책, 전시작전통제권 전환 등을 제기하였다. 반면 미국은 한국 정부에 대북 압박정책에 참여해줄 것을 요구하였고, 주한미군 재배치 및 감축 카드를 내놓았으며, 주한미군의 역할을 대북 억제에서 동북아 안정으로 변화시키려는 의도를 드러냄과 동시에 주한미군의 전략적 유연성을 인정해줄 것을 요구했다. 그리고 전시작전통제권 전환시기를 한국이 요구하는 2012년보다 앞당겨, 즉 2009년에 한국군에게로 전환시킬 것을 주장했다.

이렇듯 감정 섞인 공방이 오가기는 했으나, 50년 역사의 한미동맹은 '이혼'보다는 '화해'를 선택했다. 사실 전술한 갈등현안들은 9·11 테러, 미국의 안보정책 변화, 그리고 노무현 정부의 성향으로 인해 불거져 나온 것들이 아니고, 이미 오래전에 제기된 과제들이었다. 핵심 현안이었던 주한미군 재배치 및 감축과 전시작전통제권 전환은 1988년 당시 노태우 후보의 대선공약으로 제기되었던 문제였고, 1990년 발표된 미국의 '동아시아 안보전략'에서 이미 추진하기로 결정했던 사안들이었다. 하지만 1990년 초 발생한 북한 핵 문제로 인해 논의가 더 이상 진전되지는 못했다.

따라서 한미 양국은 유보되었던 논의를 재개하는 수순을 밟았다고 할 수 있다. 2002년 12월 제34차 SCM에서 한미 양국은 한미동맹을 동북아 및 아·태지역의 평화증진에 기여하고, 국제안보환경의 변화에 적응시켜가야 한다는 데 합의하면서 문제들을 풀어나가기 시작했다. 즉 동맹의 성격을 대북 억제에서 동북아 및 세계 평화를 위한 동맹으로 전환하기로 한 것이다. 그리고 동맹강화 및 동맹현대화 방안들을 논의하기 위해 정책차원의 협의를 위해 FOTA를 진행시키기로 합의하였다. 2003년 2월부터 2004년 9월까지 예비회담을 포함해 13차례의 FOTA를 통해 그동안 주한미군이 담당하던 공동경비구역(JSA) 경비 및 지원을 포함한 '10대 군사임무'를 한국군에 이양(3차 회의)하는 것과 용산 기지 이전을 포함한 주한미군 재배치(11차 회의) 및 감축(12차 회의)에 대해 합의하였다.

2004년 10월 제36차 SCM에서 FOTA의 성공에 만족을 표하고, 향후 한미동맹을 강화한다는 차원에서 한국군과 한미동맹의 역할 증대와 주한미군의 전략적 유연성을 협의하기 위해 새롭게 SPI를 추진할 것에 합의하였다. 2005년 2월부터 시작된 SPI에서는 주한미군의 전략적 유연성 문제, FOTA 합의사항 이행 문제, 한미동맹비전 공동연구 및 전시작전통제권 전환 등에 대한 논의가 이루어졌다. 이 중 한미동맹비전 공동연구 내용은 제10차 SPI(2006. 9)에서 합의되었고, 전략적 유연성과 전시작전통제권 전환은 각각 외무장관 및 국방장관 회의에서 합의되었다. 주한미군의 전략적 유연성에 대한 합의는 2006년 1월 SPI가 아닌 제1차 한미외무장관 전략회의(SCAP, 동맹 동반자관계를 위한 전략협의체)에서 서로의 입장을 이해하는 정도로 이루어졌다. 그리고 마침내 2006년 10월 제38차 SCM에서 전시작전통제권의 전환 시기를 2012년 3월 15일로 합의하였고, 2007년 국방장관 회담에서 이를 2012년 4월 17일로 확정하면서 4년간 이어온 한미갈등이 수습 국면에 접어들었다.

하지만 한미동맹 재조정의 당위성은 인정할 수 있으나, 한반도 주변 안보환경이 그리 좋지 않은 시기에 재조정이 추진됨으로써 한국 내에서 안보불안을 가중시켰으며, 많은 문제점이 지적되고 있다.

2) 전망

한미동맹은 어려운 재조정 기간을 거친 결과 포괄적 호혜적 동맹으로 변화하고 있는 시점에 있다. 여기에 최근 한미 간에 자유무역협정(FTA)이 체결됨으로써 한미 군사동맹에 이어 경제동맹의 단계에 접어들고 있어 한미동맹이 진정한 포괄적 동맹으로 자리를 잡아가기 시작했다. 따라서 지난 5년 동안 나타났던 불협화음이 재발할 가능성은 낮다고 판단된다. 특히 보수 성향을 가진 이명박 정부의 출범으로 인해 한미관계가 개선될 가능성이 매우 높아졌다.

그렇다고 향후 한미동맹이 무작정 순탄하게 유지되지는 않을 것이다. 그 이유는 아직까지 해결해야 할 현안이 많기 때문이다. 예를 들면, 한국의 신정부는 미국과의 대북정책 조율에 나서야 하고, 한미연합사령부가 해체된 이후 한미 안보협력을 담당할 '한미 군사협조본부(MCC)'를 구축해야 하고, 아울러 유엔 사령부 재편작업도 착수해야 한다. 그리고 이미 합의한 주한미군 재배치 및 감축과 전시작전통제권 전환에 대한 합의이행 및 보완작업도 착수해야 한다. 물론 한미 양국은 SPI의 유용성에 인식을 같이하고 있기에 이를 통해 위에서 말한 문제들을 해결해나갈 것이지만, 다소의 불협화음이 발생하는 것은 불가피하다고 판단된다.

문제는 북한의 핵 포기다. 북한 핵 문제가 2·13 합의에서 정한 순서대로 해결된다면 큰 문제는 발생하지 않을 것이다. 지켜보아야 할 일이지만, 북한은 핵 신고서를 의장국인 중국에 제출하였고, 영변 원자로의 냉각탑을 폭파시킴으로써 핵 포기 의지를 보여주고는 있으나, 북한의 완전한 핵 폐기를 위해서는 넘어야 할 산이 많다. 북한이 핵 포기를 거부하거나 북한 핵 문제의 진전이 없을 경우, 미국을 비롯한 국제사회의 대북압력이 가중될 때 한국이 어떠한 선택을 하느냐에 따라 한미동맹의 미래가 결정될 것이다. 만일 한국이 국제사회의 대북압력에 동참하지 않을 경우 한미 간에는 갈등의 수준을 넘어 동맹 자체가 붕괴될 가능성이 있다. 반면 한국이 국제사회의 대북압력에 적극적으로 동참할 경우 한미동맹은 아무 문제가 없이 오히려 강화되는 모습을 보일 것이다. 즉 한국은 북한의 대량살상무기 위협을 억제하기 위해 대미 의존도를 높임으로써 한미동맹의 결속력이 강화될 것이다. 대북위협에 한미가 공동으로 대처하는 차원에서, 과거와 같이 주한미군 재배치 및 감축과 전시작전통제권 전환이 전격적으로 보류되고, 한국 정부는 미국이 주도하는 PSI와 MD 사업에 동참하는 상황이 전개될 수도 있다.

하지만 신정부도 남북관계를 전혀 고려하지 않고 대북압박정책에 적극적으로 동참하기는 어려울 것이다. 즉 현재와 같이, 한국은 소극적으로 대북제재에 참여할 가능성이 높다. 그러나 한국은 국제사회의 일원으로써 합의를 무시한 북한을 무턱대고 지원하기는 어려울 것이기에 대북압박정책에 참여하는 수준은 현재보다는 높아질 것이다. 아울러 한미갈등도 현재보다는 약하게 나타날 것이다.

3. 한미 현안 과제

1) 대북정책 조율

현황

현재 한미 간의 대북정책 조율은 잘 이루어지지 않고 있다. 양국 간 대북인식의 차이가 크기 때문이다. 한국 정부('국민의 정부'와 '참여정부')는 민족공조 차원에서 북한을 협력 또는 지원의 대상으로 간주하는 반면, 미국은 특히 부시 행정부는 북한을 국제 안보질서를 어지럽히는 불량국가로 보아 제거의 대상으로 인식하고 있다.

기본적으로 참여정부는 한반도 안정과 관련, 미국의 대북 강경정책이 자칫 한반도 전쟁으로 비화되는 것을 경계하고 있었다. 또한 북한을 국제사회의 책임 있는 일원으로 끌어들이기 위해서는 압박정책보다 포용정책이 유용하다고 간주하고 있었다. 그래서 북한과의 경제협력, 금강산사업과 개성공단 사업을 확대해나갔다.

한편 부시 행정부는 핵무기 등 대량살상무기 개발을 시도하고, 재래식 전력을 강화하며, 인권을 억압하면서, 한반도 적화정책을 포기하지 않는 김정일 정권을 동북아 지역의 근본적인 불안요인으로 인식하고 있다. 미국에게는 대량살상무기 확산 방지 차원에서 북한의 핵 프로그램은 분명히 제거 대상이다. 한마디로 미국은 북한 핵 프로그램을 검증 가능하고 되돌릴 수 없는 방법으로 완전히 제거해야 한다는 정책(CVID)을 아직까지 유지하고 있다. 특히 북한의 핵무기를 포함한 관련 물질 그리고 기타 WMD가 테러집단에 흘러들어 가는 것을 철저히 봉쇄하기 위해 대량살상무기 확산방지안보구상(PSI)을 구축하고 국제협력을 유도하고 있다. 다른 한편으로는 북한 인권의 열악한 상황을 부각시키면 국제적인 압력을 모색하고 있다.

그럼에도 불구하고, 제38차 SCM에서 한미 국방장관은 북한 핵실험과 관련한 유엔 안전보장이사회 결의 1718호에 대한 환영과 지지를 표명했다. 두 장관은 북한의 대량살상무기(WMD) 및 장거리 미사일의 지속적인 개발과 확산의 위험성이 한미동맹에 대한 도전이라는 점에 동의했으며, 유엔 안전보장이사회 결의 1695호에 주목하면서 북한이 탄도미사일 프로그램과 관련한 모든 활동을 중단할 것을 요구하고 이 문제가 평화적으로 해결될 수 있는 방안을 모색해나가기로 합의했다. 또한 남북장관급회담에서 한국은 북한의 2·13 합의 불이행을 이유로 대북 쌀 지원을 거부함으로써 미국과 공조하는 모습을 보이고 있다.

그러나 한국 정부는 미국이 현금(달러)이 북한으로 유입되는 금강산 관광사업과 개성공단사업에 곱지 않은 시선을 보내면서도 이 사업들을 확대하려 한다. 이에 미국은 한국과의 자유무역협정(FTA) 체결 과정에서 개성에서 생산된 상품을 한국 상품과 통일하게 취급해줄 것을 요구한 한국 정부의 요구를 거절하였다. 한편 미국은 자국이 주도하고 세계 60여 개국이 참여하고 있는 PSI에 한국의 동참을 요구하고 있으나, 한국은 이를 거부하고 있다. 한국 정부는 한국의 PSI 참여가 북한을 자극할 수 있기 때문이라는 이유를 강조하고 있다. 게다가 국제사회 전체가 북한의 인권상황 개선을 요구하고 있으나, 북한의 인권문제에 대해 침묵으로 일관하고 있었다.

결국 한미 간에 북한정책에 대한 조율은 순조롭게 이루어지지 않고 있는 상황이라고 간주할 수 있기에, 한국의 신정부는 미국과의 대북정책 공조에 신경을 써야 한다. 나아가 세계 11위의 경제국가인 한국은 국제사회의 책임 있는 일원으로서 국제사회가 요구하는 기준에서 대북정책을 변화시킬 필요가 있다. 다행스럽게도 신정부는 적극적으로 북한의 인권문제에 개입하려는 의지를 표명하고 있으며, 미국과의 대북정책 공조를 강조하고 있다.

정책대안

우선적으로 신정부는 상호주의에 입각한 대북정책 원칙을 수립할 필요가 있다. 물론 남북관계를 고려해 철저한 상호주의, 즉 하나를 주면 하나를 받는 상호주의는 현실적으로 어렵고, 셋을 주면 하나를 받는 정도의 비대칭 상호주의를 대북정책에 적용해야 한다.

둘째, 한국도 북한의 핵 프로그램을 포기시키기 위해 핵 문제를 경제협력과 연계시킬 필요가 있으며, 북한과의 군비통제를 적극적으로 협의해야 한다. 특히 주한미군 감축 결정을 계기로 이와 함께 남북한 간 군비축소를 논의해야 한다. 남북 간에 실질적인 군비축소 합의가 없는 상태에서 자주국방은 국민이 경제적으로 많은 희생을 당할 수 있기 때문이다.

셋째, 한반도에서 북한의 도발을 억제하고 분쇄하려면 한미 공조의 틀 속에서 북한 문제를 풀어나가야 한다. 물론 미국이 요구를 모두 수용해야 한다는 것을 의미하지 않는다. 다만 양국 관련자들이 수시로 접촉하여 북한 문제에 대한 의견을 교환하는 장이 필요하다는 것이다. 이 자리에서 미국을 설득시킬 수도, 한국이 설득될 수도 있다. 동시에 북한 문제는 핵 문제뿐만 아니라 미사일 개발 문제, 위폐생산 문제, 인권 문제 및 마약밀매 문제 등이 서로 얽혀 있는 복합적 성격을 띠고 있으므로 북한 문제를 해결하기 위해서는 철저한 국제 공조체제를 유지해야 한다. 따라서 한미 간에 대북정책을 조율하는 회의를 신설할 필요가 있으며, 과거에 활발한 활동을 보인 대북정책조정그룹회의(TCOG)의 확대·부활이 필요한 시기라고 판단된다.

넷째, 북한의 위협에 대한 한미 양국의 합의가 있어야 한다. 북한의 위협이 줄어들었다고 인식하지만 실제로는 오히려 더 높아지고 있다는 슈워츠 전 주한미군 사령관의 의회 증언처럼 한미 간에는 북한의 위협을 평가하는 데 이견이 있다. 따라서 북한의 위협이 약화되는 시기를 북한에서 대량살상무기가 제거되는 시점으로 볼 것인가 또는 한국과의 전반적인 군비감축이 이루어진 시점으로 볼 것인가에 대한 합의가 있어야 한다. 라포트 주한미군 사령관이 언급했듯이 북한은 120만 병력의 70%를 비무장지대에 배치하고 있으며, 1만 문 이상의 야포를 보유하고 있고, 1만 2,000개의 지하시설과 한반도와 인근 나라들을 가격할 수 있는 800기 이상의 미사일을 보유하고 있다. 이는 북한의 위협이 줄어들었다고 인식하지만 실제로는 오히려 더 높아지고 있음을 의미한다. 따라서 주한미군 재배치를 계기로 남북군비통제, 즉 북한과의 군축 논의를 해야 한다. 이러한 군축 논의 없이 일방적으로 주한미군의 전력을 감소시킨다면 남북한 간의 군사적 균형이 깨어질 가능성이 높기 때문에 주한미군 재배치는 북한의 재래식 무기 감축과 연계되어야 한다. 재래식 군비통제 문제를 다루기 위해서는 우선 북한의 재래식 전력에 대한 한미 간의 정확한 평가가 이루어져야 한다. 예를 들면 휴전선 부근의 북한의 야포는 화학탄두를 장착할 수 있다는 점에서 재래식 위협의 차원을 뛰어넘는다고 할 수 있다.[2)]

또한 '민족공조'에 대한 재정의가 필요하다. 현재 한국 정부가 취하는 대북정책은 민족공조라기보다는 김정일 정부와의 공조이다. 즉 북한 주민을 위한 공조는 아니라는 것이다. 진정한 민족공조는 우리의 동포인 북한 주민을 위한 공조여야 한다. 따라서 앞서 지적한 인도적 지원을

---

2) 북한의 야포는 유사시 파괴력이 굉장하며, 특히 240mm 자주포(장사정포)는 사정거리가 70km 이상으로 수원을 가격할 수 있다.

강화함과 동시에 북한의 인권문제에도 한국 정부는 적극적으로 대처해야 한다. 이는 국제공조와도 직결된 문제이기도 하다.

다섯째, 북한의 핵 문제를 해결하는 과정에서 한·미·일 공조를 강화해야 한다. 물론 6자회담에서 한·미·일 3국은 확고한 공조를 과시했다. 문제는 이미 대북 추가적 조치에 대해 합의한 상태에서 미국과 일본 등 11개국이 진행하는 확산방지안보구상(PSI)에 참여하는 여부이다. 그러나 한국의 PSI 참여는 북한과의 직접적인 충돌을 야기할 가능성이 높기 때문에 참여할 수 없는 대신 간접적인 지원을 확대할 필요는 있다. 예를 들면, 해군이 기지로 개발하려는 제주 한 항구를 미군 및 우방국이 사용할 수 있는 근거를 마련해줌으로써 북한의 대량살상무기가 국외로 반출되는 것을 막기 위한 동맹국의 편의를 주어야 한다.

2) 주한미군 재배치 및 감축

현황

제5장에서 살펴보았듯이, 주한미군 재배치에 대한 논의는 1988년 한미 정상회담에서의 합의에 따라 추진되었다. 특히 용산 기지 이전에 대해서는 1990년 한미 양국 간에 합의각서와 양해각서를 체결했다. 그러나 예산문제로 인해 보류되었던 것이 참여정부 출범과 함께 다시 양국 현안으로 등장한 것이다. 그 결과 2004년 7월 제10차 FOTA 회의에서 용산 기지 이전에 대한 새로운 포괄협정(Umbrella Agreement)과 이행합의서(Implementation Agreement)가 작성되었다. 현재 협정 이행이 다소 지연되고 있으나, 용산 기지의 시설물이 평택으로 이전될 것이고, 지금의 용산 기지에는 한미 양국이 업무협조단과 연합사령관 사무소 등이 유지됨으로써 기지는 약 2만 5,000평 정도로 축소된다.

곧이어 2004년 8월 제11차 FOTA 회의에서 연합토지관리계획(LPP) 개정협정이 체결되면서 미 제2사단 후방배치가 확정되었다. 개정 LPP의 주요 내용은 기존 LPP를 보완하여 2006년까지 주요 서부축선 기지를 기존기지(의정부 / 동두천)로 통합하는 1단계 이전 후, 통합된 기지를 2008년까지 한강 이남(평택)으로 이전한다는 것으로, 2단계 기지이전을 위한 토지공여 및 시설공사는 2008년 이전까지 완료목표로 추진하게 되어 있다. 결과적으로 2004년 당시 주한미군은 약 7,320여만 평을 사용하고 있었는데, 기지이전이 완료되면 5,167만 평(66%)이 우리에게 반환되고 2,515만 평을 사용하게 된다.

이러한 협정들은 2004년 12월 국회 비준을 통해 실행에 옮겨졌으며, 국방부는 2007년 3월 주한미군 기지이전에 대한 종합계획을 발표했다. 조합계획에 따르면 기지이전은 다소 지연될 것이 예상된다. 현재 국방부는 용산 기지 이전은 2012년경에, 그리고 주한미군의 평택 이전은 2013년경에 완료될 것으로 예상한다. 한미 간의 비용분담에 있어서도 서로가 50% 정도를 부담한다. 우리 측은 총 예상비용 11조 원 중 5조 6,000억 원 정도를, 미국 측은 4조 6,000억 원 정도를 부담하게 된다. 주한미군의 기지이전이 완료되면 평택과 오산의 미군기지는 미 육·해·공군이 동시에 주둔하는 군사복합지역으로서 해외주둔미군의 허브기지가 된다.

끝으로 주한미군 감축에 대한 논의는 제12차 FOTA 회의(2004. 9)에서 합의되었다. 한미 양측은 주한미군을 3단계에 걸쳐 감축하여 2만 5,000명 수준을 유지하려 한다. 한편 주한미군 감축으로 인한 전력공백을 메우기 위해 미국은 주한미군 현대화사업에 110억 달러를 투자하여 전투력을 향상시켰고 C4ISR도 향상시켰다.[3)]

---

3) 하지만 2008년 4월 17일 워싱턴에서 개최된 한미 정상회담에서 주한미군의 수를

정책대안

미국이 새롭게 추진하는 동맹 체제와 군사작전 개념에서 대규모 지상군의 해외주둔 타당성과 중요성이 점차 감소하는 추세다. 또한 미국은 지지이전 사업의 원활한 이행, 훈련여건 개선, 방위비 분담 등이 주한미군의 안정적 주둔의 척도로 간주하고 있다. 2007년 1월 버웰 벨 주한미군 사령관은 기자회견에서 '기지이전에 차질이 생길 경우 싸울 것'이라고 언급하면서, 주한미군이 기지이전에 많은 기대를 걸고 있음을 시사했다. 따라서 주둔여건이 악화될 경우 추가적인 주한미군 감축으로 이어질 가능성을 배제할 수 없다. 적정 수준의 미 지상군 주둔은 미국의 대한국 방위공약과 한미동맹의 공고함을 과시하는 것이며, 한반도 유사시 지원 전력의 확보와 원활한 유입을 보장하여 대북 억제는 물론 효과적인 전쟁 수행에 필수적인 요인으로 작용한다. 따라서 한국 정부는 주한미군의 안정적 주둔을 보장할 필요가 있다. 특히 열악한 근무환경으로 미군들이 가장 기피하는 근무지역 중 하나가 한국이다. 따라서 한국 정부는 우선적으로 평택기지에 건설 예정인 '가족숙소'에 많은 신경을 써야 한다.[4)]

둘째, 주한미군의 철수 및 후방이전으로 그들이 보유하고 있는 첨단무기가 함께 철수 또는 후방으로 이전됨으로써 발생하는 대북 억제력의 약화에 대한 보강방안을 마련해야 한다. 물론 한국 정부는 '국방개혁 2020'을 통해 한국군의 전력증강계획을 수립해놓은 상태이지만, 공격용 아파치 헬기와 기동헬기를 보유한 항공여단과 각종 야포(대구경다련장

2만 8,000명으로 유지하기로 합의했다.

4) 2008년 6월 2일 게이츠(Robert M. Gates) 국방장관도 주한미군이 가족을 동반하고 정상적으로 한국에서 3년을 근무할 수 있는 시설이 마련되어야 함을 강조했다. "Gates to Explore Strides in Security Relationship With South Korea," *American Forces Press Service*, June 2, 2008.

로켓포와 155밀리 자주포)로 무장한 포병여단이 평택으로 이전함에 따라 예상되는 대북 억제력의 약화를 최소화해야 한다.

한마디로 주한미군의 철수/감축으로 인해 생기는 한미 연합군의 전력약화의 공백을 메우기 위해서는 천문학적인 비용이 든다. 국방부는 주한미군 대체비용이 140억~259억 달러에 달할 것으로 추산한다.[5] 그러나 미국이 보유한 첩보위성과 U2 정찰기, 통신 감청장비 등 미군 정보자산의 가치는 돈으로 환산할 수 없다. 게다가 우리 국방예산에서 전력투자비는 40%가 채 되지 않으며 산술적으로도 대체비용은 올해 투자예산 5조 4,000여 억 원(약 40억 달러)의 7배를 상회한다. 다른 전력 투자는 전혀 하지 않고 7년 이상 비용을 쏟아 부어야 현재의 주한미군 전력에 상응한 수준을 확보할 수 있다는 것이다. 실제로 그만한 비용을 투자한다고 해도 동일한 전력 수준을 보유하기는 불가능하며, 미국이 이러한 무기를 한국에 공급해줄 것인가도 의문이다. 물론 주한미군이 모두 철수하는 것을 전제로 하지는 않기 때문에 지금까지의 비용이 모두 필요한 것은 아니지만, 주한미군 감축은 한국 안보비용의 증대로 이어지고 이는 곧바로 국민경제에 영향을 줄 것이므로 주한미군의 전력을 그대로 유지하는 것이 타당하다.

셋째, 부산/대구지역의 미군기지 확대에도 큰 관심과 함께 많은 지원을 해야 한다. 이 기지는 한반도 유사시 미국 증원군을 신속하게 한국으로 이동시키는 데 사용될 것이기 때문이다. 한반도에서 전쟁이 재발하였

---

5) 주한 미군 장비 중에는 고가의 첨단무기가 많다. 현재 약 48기의 패트리어트 미사일은 2조 원에 이르고, 아파치 공격용 헬기(AH64, 70여 대)는 대당 300억 원을 호가하고 있으며, 주한 미 공군 주력기인 F-16(70여 대)은 대당 340억 원에 이른다. 또한 지상군이 보유한 M1A1 전차는(140여 대) 대당 60억 원이며, 227mm 다연장로켓발사차량은 대당 50억 원이다. 『조선일보』, 2003년 1월 3일.

을 때 개입할 증원전력은 미국 육·해·공군 및 해병대로 구성되며, 증원전력은 약 69만 명을 생각할 수 있고, 신속한 공지 입체기동전을 수행할 수 있는 지상전력, 최신예 전투기를 탑재하고 입체적인 해상작전을 구사할 수 있는 항모전투단, 공중 우세 확보와 적지종심 타격 및 대량살상무기에 대응하기 위한 공중전력과 오키나와 및 미 본토의 해병기동군(ME)이 포함된다. 이러한 전력은 신속억제방안(FDO), 전투력증강(FMP) 및 시차별 부대전개제원(TPFDD)에 의거 한반도에 위기상황이 발생했을 때 연합사령관이 요청하고 미국 합참의 지시에 의해 전개되면 한반도 전장에 투입된다. 아울러 앞서 살펴본 바와 같이, 미국의 태평양 UEy가 어디에 주둔하느냐에 관심을 기울여야 한다. 가능하면 한국, 즉 대구에 있는 미군기지의 확대와 연계시켜 이 부대를 유치하는 것도 고려해볼 만하다.

3) 전시작전통제권 전환(한국군 단독행사)

현황

제6장에서 살펴보았듯이 한국군에 대한 '작전지휘권'은 1950년 7월 14일 맥아더 유엔군사령관에게 이양되었다. 한국전쟁이 끝나고 1954년 한미 상호방위조약이 체결된 이후 한국군에 대한 작전지휘권보다는 축소된 개념인 '작전통제권'이 유엔군사령관에 귀속되었다.

하지만 1960년대에 들어와서 작전통제권의 일부(공수특전사, 헌병대, 수경사 산하 경비단 및 일부 예비사단)가 유엔군으로부터 한국군으로 전환되었다. 그리고 1978년 11월 7일 한미연합군사령부(연합사)가 창설된 이후 한미연합사령관(주한미군 사령관 겸임)이 한국군에 대한 작전통제권을 보유하게 되었다 하지만 연합사령관이 작전통제권을 행사할 때에는 한국군의 동등한 참여를 보장했다.

작전통제권 전환은 1987년 대통령 선거에서 당시 노태우 후보가 '작전권환수'를 공약으로 제시하면서 한미 간의 현안으로 등장하였고, 미국의 '동아시아 전략구상(East Asia Strategic Review, 1990. 4)'에 '작전통제권을 한국에 이양하는 전 단계의 신뢰구축이 추진되어야 함'이 강조되었으며, 제13차 한미군사위원회회의(1991)의 합의에 따라 1994년 평시작전통제권이 한국군으로 전환되었다. 이후에도 간헐적으로 한미동맹 발전 방안을 논의하는 과정에서 제기되었던 사안이다. 그리고 2004년 10월 제36차 SCM에서 향후 동맹 비전에 맞추어 한미 군사지휘관계를 조정한다는 합의가 있었다. 그리고 2005년 9월 제4차 한미안보정책구상회의(SPI)에서 전시작전통제권 전환에 대한 논의를 가속화하기로 합의하였고, 이 과정에서 참여정부는 2012년을 목표로 전시작전통제권 단독행사를 추진해왔으나 미국은 전시작전통제권 전환이 2009년에 이루어져도 문제가 없을 것이라는 주장을 했다.

마침내 2006년 10월 제38차 SCM에서 양국 장관은 2009년 10월 15일 이후 그러나 2012년 3월 15일보다 늦지 않은 시기에 신속하게 한국으로의 전시작전통제권 전환을 완료하기로 합의하였다. 한편 양측은 군사위원회(MC)를 통해 전환계획의 진전상황을 매년 SCM에 보고하기로 했으며 양국 장관은 합의된 로드맵에 따라 2007년 전반기 중 구체적인 공동이행 계획이 작성되도록 즉시 착수한다는 데에도 동의했다. 럼스펠드 장관은 이와 관련, 새로운 지휘구조로의 전환은 한반도 전쟁 억제 및 한미 연합방위 능력이 유지·강화되는 가운데 진행될 것임을 보장했고 한국이 충분한 독자적 방위 능력을 갖출 때까지 미국이 상당한 지원전력을 지속적으로 제공할 것임을 확인했다.

한편 2006년 8월 17일 발표된 전시작전통제권 전환 로드맵 초안에 의하면, 전시작전통제권 전환 이후 한미 군사지휘 관계는 <그림 8-1>

〈그림 8-1〉 한미 군사지휘관계의 변화

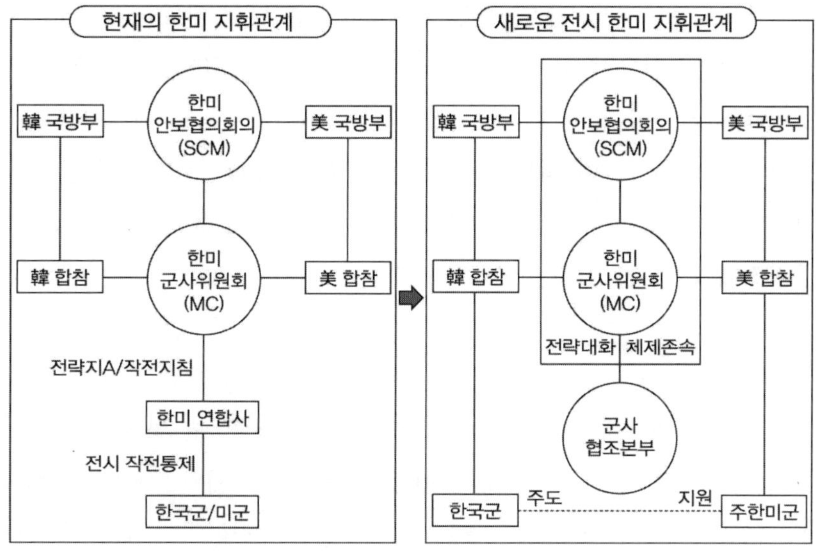

에 나타난 것과 같이 변화하게 된다. 기본적으로 한미안보협의회의(SCM)와 한미군사위원회(MC)는 존속된다.

그러나 한국 합참이 한반도 작전사령부 역할을 수행하고, 미국 합참의 지휘를 받는 주한미군 사령부는 한국 합참의 전시작전을 지원하는 체제로 재편된다. 기존의 한미연합사령부는 폐지되고 새로운 한미 군사협조본부(MCC)가 탄생한다. MCC는 예하에 10여 개의 상설 / 비상설 기구를 보유하게 되며, 대북 억제 및 대비태세를 유지하기 위한 필수분야(정보, 위기관리, 계획작성, 연습과 훈련 등)에서 한미 간의 긴밀한 협력이 이루어지는 한미 공동방위체제의 핵심기구가 된다. 또한 한미 양국은 정보 및 공군전력 운용에서도 강력한 협력체제를 구축하여 한미연합사 체제에 버금가는 강력한 공동방위체제를 구축하게 된다.

아울러 국방부는 2012년까지 전시작전통제권 전환을 위한 능력 및 여건을 확보하는 차원에서 정보수집 능력 향상을 위해 다목적 실용위성, 공중조기경보통제기, 전술정찰정보 수집체계를 갖출 계획을 가지고 있으며, F-15급 전투기, 이지스 구축함, 214급 잠수함, GPS 유도폭탄 등을 도입해 한국군의 정밀타격 능력을 향상시킨다는 계획도 가지고 있다. 또한 합참의 전쟁수행 능력을 향상시키기 위해 2011년까지 국가안보전략지침(전시지도지침), 국방기본정책서(전시정책서), 합동군사전략서, 합동작전계획 등을 정비한다.

정책대안

첫째, 전작권 전환 시기를 늦출 필요가 있다. 자주국방 능력을 향상시키기 위해 국방부는 '국방개혁 2020'을 발표했지만, 재원 마련에 어려움을 겪고 있다. 게다가 최근 치솟는 유가로 인하여 한국의 경제가 위기에 처해 있는 상황에서 국방비만 연평균 10%씩 증액시킬 수 없는 것이 현실이다. 재원마련에 문제가 생기면 전반적인 전력증강 사업이 예정대로 진행될 수 없음을 감안할 때, 서둘러서 전작권을 전환하는 것은 무리가 있다고 판단된다. 특히 북한의 군사적 움직임을 파악하기 위한 우리 군의 독자적인 정보수집 및 분석 능력을 향상시키기 위해 공중조기경보통제기, 무인정찰기 등을 도입하더라도 최소한 5년의 훈련기간을 거쳐야 수집된 정보를 확실하게 분석할 수 있다는 것이 일반적인 견해다. 따라서 2012년까지 이러한 첨단장비가 도입된다는 것을 전제해도 5년 동안의 훈련기간을 감안하면 2017년경에야 우리의 대북 감시능력이 확보될 것이다.

아울러 우리 군은 북한의 비대칭 전력을 견제할 능력이 부족하다. 물론 국방부는 수십 기의 패트리어트 미사일을 도입할 계획을 가지고는 있으나, 이들로 800기가 넘는 북한의 미사일을 방어하기에는 역부족이다. 게다가 북한의 보유하고 있을 것으로 추정되는 핵무기에 대한 대비책은 전무한 상태다. 전적으로 미국에 의존하고 있음은 부인할 수 없는 사실이다. 이 문제가 한미 간에 해결된 이후에 전적권을 전환하는 것이 타당하다고 판단된다.

전환 시기 문제와 관련하여 미·일동맹 움직임을 잠시 살펴보자. 미국의 동북아시아 전략이 미·일동맹 중심으로 자연스럽게 재편되는 과정에서 한국이 소외되고 있다. 또한 주일미군과 병렬형 지휘구조체제를 가진 일본 자위대는 한미연합사 수준은 아니더라도 현재 가동 중인 미·일 공동작전소의 기능과 편성을 대폭 강화하면서, 2008년경에는 한미연합사와 비슷한 미·일연합사를 설치하려고 노력하고 있다는 분석도 있다. 그러한 움직임이 한국에게는 무엇을 의미하는지 되새겨볼 필요가 있다. 따라서 전시작전통제권 전환 시기는 한반도 및 동북아의 안보상황이 개선된 이후가 되는 것이 바람직하다고 판단된다.

둘째, 한미 간에 군사협조본부(MCC)의 위상에 대한 구체적인 논의가 필요하다. 즉 현재의 한미연합사령부를 대체할 군사협조본부의 구성, 규모, 위상, 기능 등에 대한 철저한 검증과 검토가 필요하다. 미국은 새로운 지휘체계하에서 한국군과 주한미군과의 관계를 '피지원과 지원' 관계라는 점을 강조하고 있다. 이는 MCC 내에서 협조의 수준이 과거에 비해 낮아질 것을 암시하는 것이다. 따라서 한국은 미국의 대한국 방위공약 의지를 확인하고 군사적 안정성을 확보하기 위해 군사협조본부가 기존의 연합사에 버금가는 수준의 위상과 역할을 수행할 수 있도록 하는 방안을 모색해야 한다. 요컨대, 군사협조본부의 기능과 역할을 단순한 연락단 수준을 넘어 정보수집, 판단, 전파, 기획, 작전군수협력 등 포괄적 분야에서 양국 군을 실질적으로 연결하는 고리로서의 역할을 충분히 수행할 수 있도록 구성해야 한다.

셋째, 전작권이 전환되고 새로운 체제가 설립된 이후에도 미국은 한국에 대해 필요한 지원전력을 제공할 것임을 명시함으로써 평시 및 유사시 미국에 대한국 방위공약을 확고히 함으로써 안보공백 가능성을 차단하고, 지원의 규모와 범위에 대한 추가적인 협의가 필요하다.

넷째, 한반도에서의 전쟁양상 판단에 근거해 명확한 전쟁목표와 작전목표를 포함한 작전계획을 수립하고, 필요한 전력판단과 전력 운용계획을 수립해야 하며, 이를 근간으로 지속적인 연습과 검증을 통해 보완해나가는 작업을 추진해야 한다. 특히 한국 정부는 전쟁 목표를 '통일'로 설정해 미국의 전시증원에 대한 명분을 확보해야 한다. 만일 전쟁이 발발했을 때 한국군의 목표가 원상회복, 즉 휴전선 밖으로 북한군을 몰아내는 것이라면 미국이 증원군을 파병하지 않을 가능성이 높기 때문이다.

끝으로 이미 제도화된 SPI를 강화하여 포괄적 안보상황 평가를 철저히 한반도 안보상황과 연동시켜 논의할 필요가 있다.

4) 주한미군 전략적 유연성

현황

주한미군의 전략적 유연성은 미국의 군사변혁과 밀접한 관계가 있다. 미국은 수송능력이 과거에 비해 현격하게 발전되었기 때문에 자국의 군대를 해외에 많이 주둔시킬 필요가 감소되었다. 즉 전 세계 어디에서 분쟁이 발생하더라도 72시간 이내에 미군을 파병할 수 있는 능력을 확보했기 때문에 주둔국의 눈치를 보면서까지 해외에 미군을 주둔시킬 필요가 없게 되었다. 따라서 미국에 매우 우호적인 국가들에 미군기지를 설치하고, 필요 시 여기서 분쟁지역으로 미군을 파병하는 정책을 추진하고 있다. 그 결과 한국에 주둔하고 있는 미군의 전략적 유연성을 요구했던 것이다. 그러나 한국의 입장에서는 주한미군이 자칫 양안분쟁에 투입될 경우 한국은 중국과 원치 않는 갈등을 우려해 반대하는 입장을 견지했다.

주한미군의 전략적 유연성에 대한 한미 간의 논의는 2003년 제35차 SCM에서부터 시작되었으며, 2004년과 2005년 SCM에서도 그 중요성이 강조되었다. 결국 2005년 2월 제1차 SPI 회의에서 한미 양국은 주한미군의 전략적 유연성 협의를 신속하게 진행시키기로 합의하였다. 이후 국방부의 SPI 회의 보도자료에는 이 문제에 대한 언급이 없었다. 아마도 비공개로 진행된 제3차 및 제6차 SPI 회의에서 논의되었을 가능성이 있다.

그러나 주한미군의 전략적 유연성에 대한 합의는 국방장관 회담이 아닌 외무장관 회담에서 이루어졌다. 2006년 1월 제1차 한미 외무장관 전략대화에 미국은 한국의 의지와는 상관없이 지역분쟁에 개입할 수 없다는 우리의 입장을 존중해주었고, 한국은 미국의 세계전략 차원에서 주한미군의 전략적 유연성이 필요하다는 것을 이전해 주었다. 하지만 이는 매우 애매한 합의로서 향후 한미 간에 많은 논의가 필요하다.

정책대안

첫째, 주한미군의 전략적 유연성이 적용되는 지역에 대한 양국의 합의가 필요하다. 즉 양안갈등이 격화되었을 때 주한미군이 이 지역으로 투입될 것인가에 대한 합의가 필요하다. 물론 현재로서는 양안갈등이 군사적 충돌로 이어질 가능성은 희박하지만, 우리의 입장에서는 주한미군이 한국에서 직접 대만해협으로 출동하지 않고 괌 기지를 거쳐 분쟁지역으로 투입되는 것을 고려해야 한다.

둘째, 미국의 군사작전에 투입된 주한미군의 전력공백을 어떻게 메울 것인가에 대한 논의가 필수적이다. 가뜩이나 감축된 주한미군 중에서 일부가 한반도를 떠나 다른 지역에서 작전을 수행하게 되면, 한국을 떠난 주한미군 수만큼 전력공백이 발생하게 된다. 물론 이들은 다른 지역에서의 작전수행을 위해 장비와 함께 움직이는 것은 자명한 사실이다.

끝으로 대만해협 이외의 지역분쟁에 투입된 주한미군에 대한 한국군의 지원 수준에 대한 논의도 진행되어야 한다. 동맹국인 한국으로서는 이 문제에 신경이 쓰일 것이다. 직접적인 공동작전보다는 군수지원 수준에서 합의를 보는 것이 타당하다.

5) 유엔 사령부 개편

현황

1978년 한미연합사령부가 창설된 이후 유엔 사령부의 역할은 축소되어, 평시(정전 시)에는 비무장지대를 관리하고, 전시에는 한국을 지원하는 유엔군을 관리하는 기능만을 유지하고 있다.

미국은 전작권이 전환된 이후 유엔사의 이러한 역할을 지속할 수 있게 한국이 보장할 것을 요구하고 있다. 특히 2006년부터는 유엔사의 중요성 — 평시 정전협정 관리 및 유지, 전시 전력제공과 군수지원 기능 — 을 강조하고 있다. 동시에 연합사 해체 이후 유엔사령관의 권한과 책임 간에 불일치가 발생할 수 있음을 주장한다. 그렇다고 유엔사의 역할이 연합사 창설 이전으로 돌아가야 한다는 주장은 아니지만, 한반도에서 전쟁을 억제하기 위해서는 통일된 지휘체계가 있어야 함을 강조한다. 이러한 미국이 요구와 주장은 전시작전통제권의 근원이 유엔 사령부에 있다는 사실에서 출발한다. 이론적으로 한미연합사령부가 해체되어도, 주한미군 사령관은 겸임하고 있는 유엔사령관의 지휘를 활용하여 지속적으로 한국군에 대한 전시작전통제권을 행사할 수 있다.

아직까지 한국의 입장은 정리되지 않은 상태이지만, 한반도 유사시 유엔군사령부의 역할을 고려해 신중하게 대처해야 한다. 현재 36개 주일미군 기지 중 7개 기지는 유엔 사령부의 후방기지로 분류되어 유엔 사령부의 통제를 받고 있으며, 한반도 유사시 한국을 지원하게 되어 있다. 또한 미국의 전시증원군은 이러한 후방기지를 통해 한국으로 투입된다. 결국 미국의 입장에서는 전시작전통제권 전환 이후 발생할 수 있는 한반도에서의 전력공백을 메우기 위해 유엔사의 기능을 보안하여 대처하려 한다. 이런 관점에서 주일미군 재편이 한국에서의 전작권 전환과 무관치 않다고 판단된다.

정책대안

첫째, 한반도에 평화체제가 수립되기 전에는 유엔 사령부는 존재할 것이기에 전작권 전환 이후를 대비한 유엔사의 역할을 확실히 해둘 필요가 있다. 특히 한반도 유사시 미국의 전시증원군을 비롯한 유엔군의 한반도 투입을 관장하는 유엔 사령부의 업무수행에 지장을 주지 않는 방향으로 재편되어야 한다.

둘째, 유엔군 사령부와 한국 합참 간의 관계를 정립하는 일도 시급하다. 즉 유엔군 사령부의 정전협정체제 유지 및 관리 기능은 존속되지만, 한미연합사 해체 이후에는 이 기능에 관해 지원이 없어지므로 이를 한국군이 담당하여 유엔사와 한국 합참 간의 협력관계를 구축하는 방안도 검토되어야 한다.

6) 방위비 분담

현황

한국은 1988년 제20차 SCM에서 미국이 공식적으로 방위비 분담을 요청해옴에 따라 1991년부터 주한미군 주둔비용의 일부, 즉 한국인 고용자 인건비, 군사건설비, 연합방위력 증강사업, 군수지원 등 4개 분야에서 발생하는 비용을 부담해오고 있다.

한국의 방위비 분담 액수는 1991년 1억 5,000만 달러였으며, 1997년에는 3억 6,300만 달러에 이르렀다. 한국이 외환위기를 맞은 1998년 한국은 약속보다 8,500만 달러가 적은 3억 1,400만 달러를 주한미군에게 지원했으며, 이때부터 방위비 분담은 원화와 달러로 구분하여 지불하기 시작했다. 그러나 2005년 이후 예산집행의 안정성과 예측성을 확보하기 위해 전액 원화로 지불하고 있다. 2006년도 한국의 방위비 분담액은 6,804억 원이었으며, 방위비 분담 협상(2006)을 통해 2007년 분담액은 7,255억 원으로 합의하였고, 2008년 분담액은 당시 물가상승률을 감안하여 결정하기로 합의했다. 방위비 분담협상은 2005년부터 외교통상부와 국무성이 주관하고 있다.

한편 방위비 분담 외에 주한미군의 안정적 주둔을 보장한다는 차원에서 한국 정부는 주한미군에게 각종 간접지원을 하고 있다. 예를 들면, 미군기지 부지 및 훈련장 등을 무상으로 공여하고 있다. 2003년 임대료 기준으로 약 4억 달러를 간접지원하고 있다. 하지만 주한미군 재배치 계획이 완료되면 간접지원의 폭은 대폭적으로 줄어들 것이다. 그 밖에 한국 정부는 주한미군에 대한 세금감면 및 각종 공공이용료 할인 등의 지원을 제공하고 있다.

정책제안

첫째, 역할분담과 관련해 방위비 분담도 미국이 주장하는 50 : 50 원칙을 받아줄 필요가 있다. 현재 한국의 경제력을 감안할 때 주한미군 주둔비용의 50%는 부담할 능력이 있다고 판단된다. 아울러 과거 방위비 분담

논의에서 우리가 주장하던 '기지사용료'(한국이 무상으로 지원)에 대한 명분이 주한미군 재배치로 인해 약화될 것이기에 미국의 요구를 수용해줄 필요가 있다.

둘째, 미국에게 보다 평등한 관계를 요구하기 위해서는 책임 및 비용 분담을 증가시켜야 한다. 비용을 분담하는 것도 한국 국민의 자존심을 높이는 것이다. 한국의 안보를 지키기 위해 미국의 도움을 받고는 있으나 주둔비용을 지불함으로써 한미 군사관계는 보다 평등한 관계로 발전시킬 수 있다. 우리와 항상 비교가 되는 일본은 주일미군에 대한 비용분담을 확실히 함으로써 자위대와 주일미군 간에 보다 수평적인 군사관계를 유지하고 있다. 2000년 일본의 비용분담액은 50억 달러로 이는 인건비를 제외한 미군의 주둔비용의 78.5%에 달한다. 많이 부담하면 그만큼 관계는 평등해진다는 사실을 잊어서는 안 된다.

4. 요약 및 결론

지금까지 참여정부 시절 불거져 나온 한미 현안의 상황을 알아보고, 한미동맹을 유지·강화하기 위한 정책대안을 제시해보았다. 지난 5년 동안 한미갈등의 중심에는 주한미군 재배치 및 감축, 주한미군의 전략적 유연성 그리고 전시작전통제권 전환이라는 한국 안보와 직결된 현안이 있었다. 물론 만족스럽지는 않지만 한미 양국은 FOTA, SPI 및 SCM을 통해 이러한 현안에 대한 합의를 도출하였다. 그러나 살펴본 바와 같이 보완해야 할 부분이 많이 발견되었다. 그리고 이 문제 외에도 대북정책 조율, 유엔사 개편, 방위비 분담 등과 같이 미국과의 협의로 해결해야 할 문제가 있음도 밝혀졌다. 특히 대북정책 조율 문제는 한미 간의 신뢰구축과 직결된 문제인 데 비해 본격적인 논의가 이루어지지 않았고, 유엔사 개편 문제는 유엔사의 한반도 유사시 역할이 한국 안보에 매우 중요함에도 불구하고 한미 간에 논의가 시작되지도 않았다. 따라서 신정부는 한미갈등을 예방하고 한반도 및 동북아 안보를 확보하기 위해 미국 정부와 이러한 협의를 진지하게 진행시켜야 한다.

결론을 대신해서 한미 간의 전반적인 관계증진을 위해 한미 대화채널을 확대할 필요가 있음을 강조하고자 한다. 여러 대화채널을 통한 한미 간의 긴밀한 협력으로 양국의 신뢰가 돈독해지면, 적어도 양국 간의 감정적 대립은 사라질 것이고, 미국의 대한반도정책도 한국의 입장을 이해하는 방향을 수립되고 실행에 옮겨질 것이다.

따라서 우선적으로 정상회담을 정례화시켜야 한다. 현재 한미 간에 정례적으로 열리는 회의는 국방장관 간의 SCM과 외무장관 간의 '전략대화'가 전부다. 실질적으로 정책결정에 결정적인 역할을 하는 양국 정상회담을 정례화할 필요가 있다. 예를 들면, APEC 회의 때 꼭 정상회담을 한다든지, 또는 한일 간 정상회담과 같이 1년에 한 번씩은 꼭 정상회담을 한다는 합의가 필요하다.

둘째, 양국 견해 차이를 극복하기 위해서는 정부 차원의 협의를 다양한 레벨로 확대하고, 2006년부터 시작된 양국 외무장관 간의 전략대화(SCAP)를 활성화시켜야 하며, 궁극적으로는 한미 간에도 외무장관과 국방장관이 동시에 참여하는 2+2 협의체(가칭 한미 안보협의위원회, Korea-U. S. Security Consultative Committee)를 발족시켜 한미 간 현안에 대한 토의와 정책결정이 이루어져야 한다. 물론 한일 및 한중 간의 안보협력 증진을 위해 양자 안보대화를 추진하는 것도 바람직하다.

셋째, 대북 정책을 조율하기 위한 협의체도 가동시킬 필요가 있다. 물론 SPI에서 논의될 수도 있으나, SPI는 국방부 관리들이 참여하는 회의

이기 때문에 대북정책에 대한 세부적 사항에 대한 논의는 불가능하다. 그래서 외교부 및 통일부 관리가 참여하는 대북정책조정회의를 신설할 필요가 있다.

넷째, 대 미국 의회 외교를 강화시켜야 한다. 한국의 대미외교에서 대의회 외교는 상대적으로 약했다고 판단된다. 미국 의회의 대정부 영향력을 감안해 민주당과 공화당을 막론하고 대의회 외교를 강화시킬 필요가 있다.

끝으로 한미관계에 대한 대국민 홍보를 강화할 필요가 있다. 경제협력을 통한 북한과의 대화와 협력도 중요하지만 북한의 군사력 증강과 도발 등을 국민에게 모두 알림으로써 확고한 대북관을 확립시켜야 한다. 김대중 정부는 북한의 움직임을 의식적으로 외면함으로써 국민의 안보불감증을 유발시켰다. 예를 들면 북한의 핵무기와 미사일은 우리의 문제가 아닌 듯한 인상을 주고 있는데, 이는 잘못된 생각이다. 한국은 북한의 단거리 및 중거리 미사일(약 800기)에 완전 노출된 상태이고, 북한의 재래식 무기에 의한 위협도 엄청나다는 것을 국민에게 공개해야 한다. 북한의 지상군은 100만 명에 이를 것으로 추측되며, 북한군의 전력 중 병력 70만, 야포 8,000문, 탱크 2,000여 대는 휴전선을 중심으로 160km 이내에 주둔하고 있다. 이 중에서도 북한의 포병은 500여 문의 장거리포를 보유하여 한국 수도권에 큰 타격을 가할 수 있는 능력이 있다. 특히 위협이 되고 있는 포는 300여 문의 유효사거리 40km의 170mm 곡사포와 200여 문의 사거리 65km의 240mm 장사정포(다련장 로켓발사대)로 무장하고 있다. 그리고 이러한 병력과 무기는 한국을 노리고 있음을 확실히 알려야 한다.

주한미군의 필요성도 동북아시아의 안정과 번영을 위해 매우 중요한 역할을 수행하고 있음을 강조해야 한다. 즉, 주한미군은 중·일 간의 군비경쟁을 제어함으로써 동북아의 긴장을 완화시키는 역할을 하고 있다. 중·일 간의 군비경쟁은 제7장에서 논의하였다.

그리고 국력의 차이를 무시한 평등은 힘들다는 현실을 직시해야 한다. 특히 미국의 안보이익을 위해 주한미군이 존재하는 것을 부각하는 것도 문제가 있다. 북한과의 신뢰구축이 이루어지지 않는 상황에서 주한미군은 한국의 안보를 유지해주기 위해 존재하고 있다. 북한의 적대행위에 대한 국민적인 이해를 구하는 것과 같이 주한미군의 주둔에 대한 국민적인 이해를 증진시키기 위해 노력해야 한다.

제9장

동북아 다자안보협력 추진

1. 다자안보협력 개념

다자주의는 탈냉전시대의 국제협력을 논의하는 데 가장 빈번하게 사용되는 개념이다. 다자주의의 핵심은 특정한 원칙에 따라 셋 이상의 국가간의 관계를 조율한다는 것이다.1) 1980년대부터 많은 학자들이 다자주의에 관심을 갖기 시작한 이래 다자주의에 대한 개념이 정립되어, 다자주의는 '일반화된 행위의 원칙(generalized principle of conduct),' 즉 어떤 특별한 상황에서 존재할 수 있는 집단들의 특정한 이해나 전략적 상황에 관계없이, 한 유형의 행동에 대해 적절한 행위를 명시할 수 있는 원칙에 기초하여 셋 이상의 국가의 관계를 조정하는 제도적인 형태라고 정의된다. 여기서 일반화된 행위원칙은 특정 상황에 존재하는 전략적 필요에 의해서나 관련자의 특수 이익을 위해서가 아닌 행동유형의 한 군(群, a class of actions)에 있어서 어울리는 행위를 지정해주는 원칙을 말한다.2)

---

1) Robert Keohane, "Multilateralism: An Agenda for Research," *International Journal*, Vol. 45(Autumn 1990), p. 731.

여기서 참가국들 사이에서 생겨나는 관계의 종류가 중요한 것이지 당사국의 수가 중요한 것은 아니다.[3]

다자주의의 일반화된 행위원칙은 논리적으로 문제가 되는 행위 영역에 관련된 회원국들의 '집합성의 불가분성'을 수반하고 구성원들 사이의 '포괄적 호혜성(diffuse reciprocity)'을 강조한다.[4] 불가분성이란 국가 간의 관계에서 평화는 불가분의 것으로 모든 관련국들이 인식하고 있음을 의미한다. 보다 구체적인 예로서 '한반도의 평화는 남북한을 비롯한 동북아 모든 국가들에게 불가분한 것'이라고 간주할 수 있다. 또한 포괄적 호혜성은 쌍무주의에서 등장하는 일방의 양보에 대한 상대방의 보상이 동시에 이루어지는 '구체적 상호성'과는 달리 참가자 모두에게 장기적으로 이익이 되는 것을 의미한다. 즉 한 국가의 특정한 양보가 시간과 공간에 있어 차이를 두고, 혹은 다른 분야에서 보답이 될 수 있기 때문에 호혜성이 유지된다는 것이다.

또한 다자주의는 국제사회에서 분쟁이 발생하고 나서야 분쟁을 해결하려고 노력하는 것이 아니고, 분쟁발생 이전에 갈등의 원인을 해소할 수 있는 방안을 강구하기 위한 방법 중 하나라 할 수 있다.[5] 여기서

---

2) John G. Ruggie, "Multilateralism: The Anatomy of an Institution," *International Organization*, Vol. 46, no. 3(1992) 참조.

3) 예를 들어 칼러(Kahler)는 경험적으로 2차대전 이후 주요 레짐(regime)은 '소수정예'에 의해서 형성되고 유지되었다고 주장한다. 따라서 그는 이를 '소수정예주의(minilateralism)'이라고도 부른다. Miles Kahler, "Multilateralism with Small and Large Number," *International Organization*, Vol. 46, No. 3(Summer 1992) 참조.

4) James A. Caporaso, "International Relations Theory and Multilateralism: The Search for Foundations," John Ruggie(ed.), Multilateral Matters(New York: Columbia University Press, 1993), p. 53.

5) 이대우, "동북아의 다자간 안보협력," 정진위 외, 『새로운 동북아질서와 한반도』

'다자협력'은 관련국들이 정책 조정(policy coordination) 통해 보다 좋은 결과를 얻도록 협력해야 하는 것을 의미한다. 따라서 협력은 "정책의 조정을 통한 공동이익의 실현"이라 정의할 수 있다.[6] 그러나 다자협력을 논함에서 '조정(coordination)'은 공동의 이익을 실현하기 위한 적극적인 노력을 의미하는 '협동'(collaboration)보다는 의미가 약한 공동의 손해를 피하기 위한다는 소극적인 의미를 가진다.[7]

따라서 다자안보협력은 셋 이상의 국가가 전략적 차원의 정책 조율을 통해 상호신뢰를 구축하고, 전통적 안보위협이 분쟁으로 비화하는 것을 예방하는 동시에 비전통적 안보위협에 공동으로 대처하는 것이라 정의할 수 있다. 다자안보협력은 양자 군사동맹이나 다자간 집단방위 / 집단안전보장체제보다는 낮은 수준의 안보협력이다(<표 9-1>, <표 9-2> 참조).[8]

또한 다자안보협력체제는 특정한 안보위협에 대처한다기보다는 지역 내의 불안정요인을 제어하고 평화를 정착시키기 위해 참여국들의 공동 관심사를 논의하고, 대화의 축적을 통해 신뢰를 구축하며, 나아가 군비축

(법문사, 1998), 282~284쪽.

6) Robert O. Keohane, *After Hegemony: Cooperation and Discord in the World Political Economy*(Princeton: Princeton University Press, 1984), pp. 51~54; "International Institutions: Two Approaches," *International Studies Quarterly*, Vol. 32, No. 4 (December 1988), p. 380.

7) Arthur A. Stein, "Coordination and Collaboration: Regimes in an Anarchic World," in Stephen Krasner(ed.), *International Regime*(Cornell University Press, 1986) 참조.

8) 집단방위체제(예 : NATO)는 비회원국가가 회원국에 대해 침략행위를 할 경우 이를 다른 모든 회원국에 대한 침략으로 간주하고 공동대응을 약속 / 제도화함으로써 침략행위를 사전에 예방 / 억제하는 체제이다. 한편 집단안전보장체제(예 : UN)는 어떤 국가가 회원국에 대해 침략행위를 할 경우 이를 다른 모든 회원국에 대한 침략으로 간주하고 공동대응을 약속 / 제도화함으로써 침략행위를 사전에 예방 / 억제하는 체제이다.

〈표 9-1〉 안보협력 수준 비교

구분		안보협력 참여범위		
		양자	소지역	범지역
안보협력 수준	군사동맹	한미 / 미·일 / 북·중	Warsaw Pact	NATO
	안보협력	중-러 동반자관계	SCO	OSCE
	안보대화	인도·중국	CSCAP/NEACD	ARF

〈표 9-2〉 안보협력 형태

구분	다자안보협력	군사동맹	집단안보체제
회원국	대립국 포함	양자·다자동맹	모든 국가
위협성격	잠재적 위협	외부로부터의 침략	불특정 국가 침략
제재수단	협의·예방에 중점 제재수단 미비	무력	경제·무력
주요사례	OSCE, ARF, SCO	한미, 한일(양자) NATO(다자)	UN

소를 실현시키는 데 그 목적이 있다. 이러한 다자안보협력체제는 다시 두 가지로 나누어 생각할 수 있는데, 그 하나는 냉전시대 유럽에서 고안되고 시도되었던 공동안보(Common Security)체제와 그 이후 아시아를 중심으로 발전되고 있는 협력안보(Cooperative Security)체제라고 할 수 있다. 두 체제 모두가 위협을 체제 내부에 받아들이고 있다는 점에서 유사하나, 차이점은 공동안보체제가 내부화된 위협이 현재의 특정한 위협이라고 상정하고 있음에 반해 협력안보체제는 불특정·불확실한 잠재적 위협을 상정하고 있다는 것이다. 여기서 유럽의 공동안보에서 내부화된 위협은 핵전쟁으로 인한 공멸의식을 의미한다.

따라서 동북아시아의 다자안보협력체는 협력안보체제로 위협을 일으킬 가능성이 있는 잠재적 적성국이나, 대립요인을 안고 있는 국가들을 모두 포함시켜 역내의 불특정한 위협과 위험이 구체적인 무력충돌로 현실화되는 것을 예방하고, 영토문제와 자원문제 등에 관련된 역내의 분쟁을 평화적으로 해결하는 것을 도모하고, 이미 발생된 무력충돌에 대해서도 그 규모를 되도록 극소화시킬 수 있는 틀을 준비해놓자는 것이다. 하지만 최근 북한의 핵 개발로 인해 미·북 간의 갈등이 고조되고, 중·일 간의 군비경쟁이 가속화되는 상황에서 유럽안보협력기구(OSCE)의 결성을 촉진하였던 '대규모의 전쟁 발발 가능성'이라는 '특정위협'이 동북아시아에도 나타나고 있다.

2. 동북아 다자안보협력 필요성

탈냉전 이후 동북아 국가들은 자국이 추구해야 할 국가목표를 새롭게 설정하고, 이를 달성하기 위한 전략을 수립하고 있다. 그러나 이들이 추진하는 국가전략 및 군사전략은 상호 대립적인 모습을 보여, 가뜩이나 잠재적 갈등 요인(영토 및 영해 문제, 에너지 자원 획득 문제, 역사인식 문제)이 많은 동북아 지역의 안보상황을 더욱 악화시키고 있다.

미국은 9·11 테러 이후 테러와의 전쟁을 선언하고 대량살상무기 확산 방지를 목적으로 확산방지안보구상(PSI)을 강력하게 추진하고 있다. 아울러 미국은 편제 개편을 통해 육군을 기동군화하고 있으며, 해외주둔군 재배치(GPR)를 추진하여 전 세계 어디에나 신속하게 미군을 투사할 수 있는 해외기지 체제를 갖추고자 노력하고 있다. 미국의 공세적 안보정책에는 급격히 부상하는 중국을 효과적으로 견제하고 미국의 패권을 유지·강화하려는 의도가 포함되어 있다.

일본은 미일동맹 강화를 추진하면서 매우 공세적인 외교행태를 보이고 있다. 동시에 중국과 북한의 위협에 대비한다는 명분하에 군사력 증강에 박차를 가하고 있다. 이에 비해 러시아는 본격적으로 군비 증강에는 나서고 있지 않지만, 풍부한 에너지 자원을 기반으로 자국의 영향력을 확대해나감으로써 과거의 영광을 되찾으려는 행보를 하고 있다. 아울러 푸틴 정부 2기에 들어서면서 군 구조개편 및 첨단장비 도입 등을 통해 군사력 증강에 힘을 쏟고 있다.

한편 탈냉전 이후 신국제질서 구축에 새로운 축으로 등장하고 있는 중국은 경제대국과 군사대국으로 급부상 중에 있다. 특히 군사적 측면에서 중국은 첨단전력을 강화하는 군사개혁을 추진하며, 해군력과 미사일 전력이 크게 향상되어 주변국들의 우려대상이 되고 있다. 동시에 중국의 미사일전력도 미국을 비롯한 주변국들을 위협할 수준으로 강화되었다.

따라서 급부상하는 중국과 대량살상무기를 추구하는 북한을 위협으로 간주하는 미국과 일본이, 이들을 효과적으로 견제하기 위해 동맹을 강화하는 것은 국제정치 현실에서 당연한 결과라 할 수 있다. 특히 전수방위, 비핵 3원칙 및 공격용 무기 비보유 원칙을 표명하는 일본으로서는 중국의 핵전력과 미사일전력에 대응하기 위해서 미국과의 동맹은 필수적이라 할 수 있다.

한편 미국의 패권강화 전략과 미·일동맹 강화에 대응하기 위해 중국과 러시아도 국제적 군사연대를 강화하고 있다. 2005년 7월 중·러 정상은 양국이 전략적 동반자 관계임을 재확인했으며, 8월에는 블라디보스토크와 산둥 반도에서 대규모 합동군사훈련을 실시함으로써 양국의 육·해·공 합동작전태세를 점검하고, 유사시 군사동원 및 군사전략 전개를 실험했다. 특히 산둥 반도 인근에서 행해진 상륙작전 및 미사일 발사훈련은 양안 갈등 상황을 대비한 훈련으로 간주된다.

이렇듯 동북아에 새로운 냉전구도가 형성되는 상황에서 북한 핵 문제도 시원스런 해결의 기미를 보이지 않고 있다. 2005년 9월 19일 제4차 6자회담 2단계 회의에서 북한의 핵 포기와 경수로 제공 및 미국의 대북 불가침 보장을 골자로 한 공동성명이 도출되어 북한 핵 문제의 해결이 가시화되는 듯했으나, 북한의 '선(先)경수로지원' 요구로 다시 교착상태에 빠지게 되었다. 게다가 공동성명 이행에 대한 국제사회의 압력이 가중되자 북한은 미사일 실험발사와 핵실험을 강행함으로써 한반도 및 동북아의 긴장을 고조시켰다. 이후 천신만고 끝에 2007년 2월 13일, 9·19 공동성명 이행조치에 합의했지만(2·13 합의), 역시 북한은 방코델타아시아 북한 계좌이체 문제를 이유로 합의를 이행하지 않은 상황이다. 우여곡절을 겪으며 이 문제를 해결하고 6자회담이 탄력을 받는가 싶었는데, 2007년 말 북한의 '핵 신고' 수위를 놓고 미국과 북한이 대립하면서 6자회담은 표류하고 있다. 만일 북한이 미국이 만족할 만한 '핵 신고'를 하지 않을 경우, 미국을 비롯한 국제사회의 대북 경제제재가 강화될 것이고, 북한은 이에 강력하게 반발할 가능성이 높기 때문에 동북아 안보환경이 개선될 가능성은 낮아질 것이다.

여기에 냉전종식 이후 기존의 양자동맹 체제로는 대처하기 힘든 초국가적·비전통적 안보위협(국제테러, 국제범죄, 환경오염, 자연재해, 난민문제 등)은 발생 시 적절한 대응을 하지 못할 경우 자칫 큰 전쟁으로 비화될 가능성이 매우 높다. 즉 비전통적 위협에 대한 부적절한 대처가 역내 국가 간 불신과 갈등을 확대·재생산시키고, 이것이 군사적 충돌로 비화 가능성을 배제할 수 없다는 것이다.

따라서 동북아 안보구도의 안정성과 예측성을 강화하고 기존 안보질서를 보완하기 위해 동북아 다자안보협력체 구축이 필요하다. 즉 강대국들의 이해관계와 북한 문제가 복잡하게 얽혀 있는 동북아 및 한반도의 평화와 안정을 확보하기 위해 다자안보체제를 구축하는 것은 동북아의 평화 증진과 한국의 국가전략이 지향해야 할 목표로서 매우 중요하다고 판단된다. 특히 역사적으로 한국은 동북아에서 강대국 간 권력정치(power politics) 구도가 노골화되었을 때(임진왜란, 병자호란, 청일전쟁, 러일전쟁 등) 큰 피해를 입은 경험이 있다. 또한 동북아의 해묵은 영토·영해 문제, 과거사 문제, 에너지문제 등으로 지역분쟁이 발생할 경우, 국력이 가장 약한 한국이 가장 큰 피해를 볼 가능성이 높다. 이러한 상황이 현실화되는 것을 막기 위해 한국 정부는 동북아 다자안보협력체를 창설하고 제도화하여 동북아 공동번영의 기틀을 마련하기 위해 적극적인 노력을 전개하였다. 그러한 노력의 결실로 6자회담 9·19 공동성명(2005)에 '동북아시아에서 안보협력을 증진시키는 수단과 방법을 모색한다'는 문구를 삽입하여[9] 다자안보협력 구축에 대한 관련국들의 공감대를 형성시켰고, 2·13 합의에 동북아 평화·안보체제(Northeast Asia Peace and Security Mechanism) 실무회의 구성을 실현시켰다.[10]

이렇듯 동북아 다자안보협력체 구축이 어느 정도 가시화된 상황에서, 사례를 분석하여 동북아 다자안보협력체의 모습과 실현 가능성을 살펴보자.

3. 다자안보협력 현황

이 절에서는 동북아 다자안보협력체제의 가장 중요한 모델이 될 수

9) Joint Statement of the Fourth Round of the Sia-Party Talks Beijing, September 19, 2005.

10) Initial Actions for the Implementation of the Joint Statement, 13 February 2007.

있는 유럽안보협력기구(Organization for Security and Cooperation in Europe)와 아시아에서 가장 활발한 활동을 보이고 있는 정부 차원(Track-I)의 다자안보협력체인 아세안 지역안보 포럼(ASEAN Regional Forum) 및 상하이협력기구(Shanghai Cooperation Organization)를 살펴보고, 비정부 간(Track-II) 다자안보대화인 동북아협력대화(Northeast Asia Cooperation Dialogue)와 아·태 안보협력이사회(Council for Security Cooperation in Asia-Pacific)의 활동실태를 살펴보고자 한다.

1) 유럽안보협력기구(OSCE: Organization for Security and Co-operation in Europe)

소련은 1966년 루마니아에서 열린 바르샤바조약기구(WTO) 정상회의에서 "유럽의 평화 및 안보 강화를 위한 선언"(A Declaration on Strengthening Peace and Security in Europe)을 통해 서방측에 전 유럽 안보협력회의 결성을 공식 제안하였다.[11] 이 선언에서 소련은 NATO와 WTO의 해체, 전 유럽 경제공동체 창설, 동유럽의 현상유지 인정 등을 위해 다자간 협의체로서 전 유럽 안보회의를 개최할 것을 제의했다.[12] 이러한 소련의 제의에 별 관심이 없던 서방진영은 중부유럽에서의 상호균형 감군협상(Mutual and Balanced Force Reduction, MBFR)에 대한 소련의 양보와 NATO 회원국인 미국과 캐나다의 동등한 참가 및 인권문제를 의제에 포함시킨다는 조건으로 회의에 참가하기로 결정했다.[13]

---

11) OSCE, *Handbook: OSCE 25(1975-2000)*, http://www.osce.org.

12) 그러나 소련의 실제 의도는 동유럽에서의 소련의 기득권과 분단된 독일을 인정받기 위한 것이었다. 이서항, "유럽의 안보기구," 윤영관·황병무 외, 『국제기구와 한국외교』(민음사, 1996), 194~195쪽.

이후 다자안보협력기구 설립에 대한 준비회의가 1972년 11월 22일부터 1973년 6월 8일까지 핀란드 헬싱키에서 열려, 협력기구 설립에 대한 최종권고안(Final Recommendation of Helsinki Consultations)이 작성되었다. 소위 블루북(The Blue Book)이라고 불리는 이 권고안의 내용은 회의 의제, 참여국, 날짜, 장소, 회의 진행절차 및 기금에 관한 것들이다. 기구 설립을 위한 본격적인 회의는 세 단계로 나누어 진행되었다. 그 첫 단계로서 1973년 7월 3일부터 9일까지 헬싱키에서 NATO 16 회원국, WTO 7 회원국, 비동맹 및 중립국 12개국 등 총 35개국의 외무장관이 참석한 가운데 유럽안보협력회의(CSCE)가 최초로 개최되었다. 이 회의에서 권고안을 채택하고, 유럽의 안보협력에 관한 각국의 입장과 회의의 미래에 대한 입장을 밝힘으로써 소위 헬싱키 프로세스(the Helsinki Process)가 시작되었다.

두 번째 단계는 1973년 9월 18일부터 1975년 7월 21일까지 35개 참가국의 전문가가 모여 최초의 다자간 동서협상이 시작되었고 유럽안보협력회의 규약(CSCE Final Act)을 탄생시켰다. 그리고 마지막 단계는 1975년 7월 30일부터 8월 1일까지 35개 참여국 정상들이 헬싱키에 모여 이 규약에 서명함으로써 유럽안보문제에 대한 최종합의서(Final Act)가 헬싱키에서 채택되었다. 또한 회원국들은 이 회의가 주관하는 다자적 과정에 동참을 해야 하고, 주기적으로 규약의 준수와 회의가 규정한 임무를 수행해야 하며, 회원국 간의 상호 관계, 안보 증진, 협력과정을 심화시킬 것을 약속하였다. 그 결과 유럽안보협력회의는 유럽에서의 안보문제와 관한 대화 및 협상을 하는 다자간 협의체로 정식 발족되었다.

---

13) Stanford Arms Control Group, *International Arms Control: Issues and Agreements* (Stanford: Stanford University Press, 1984), 참조.

CSCE는 참가국들의 영구적인 대화채널이 되었고, 행동강령 및 장기적 협력 프로그램 등을 제공함으로써 1970년대와 1980년대 유럽의 안정과 평화적 변화를 증진시키는 계기를 마련하였다. 특히 이 회의를 통해 안보 현안을 토의하는 과정에서 동서 이데올로기적 갈등이 극복되는 계기를 마련하였고, 최소한 우발적인 분쟁이 대규모 전쟁으로 비화하는 것을 저지할 수 있었다는 데 큰 의의가 있다.

1990년대 소련과 동유럽 국가들의 붕괴로 시작한 탈냉전시대를 맞이하여 유럽은 새로운 민주주의, 평화, 화합의 시대를 맞게 되었고, 유럽안보협력회의도 이러한 환경의 변화에 적응해야만 했으며, 이는 유럽안보협력회의의 조직정비를 통한 제도화로 이어졌다. 1990년 11월 21일 3일간의 파리 정상회담 끝에 '새로운 유럽을 위한 파리 헌장(the Paris Charter for a New Europe)'이 채택됨으로써 CSCE는 새로운 시대적 요구에 부응할 수 있게 되었다.[14] 1994년 12월 부다페스트 정상회담에서 21세기의 새로운 갈등과 도전에 대처하기 위한 새롭고도 포괄적인 안보모델의 개발을 위한 논의가 시작되어야 함이 강조되면서, 유럽안보협력회의(CSCE)의 명칭을 유럽안보협력기구(OSCE)로 바꿀 것을 결의하고, 1995년 1월 1일부터 공식적으로 이 명칭을 사용하기 시작했다.

현재 유럽안보협력기구는 56개 회원국[15]을 보유하고 있으며, 다음과

14) 1975년 최종합의서를 대체하는 이 헌장에서 회원국들은 정치적 협의(consultations)를 2년마다 개최하고, 외무장관들이 참석하는 공식적인 이사회(a formal Council)를 매년 개최하기로 합의하였다. 그리고 외무부의 고위관리들의 회의인 고위관리위원회(a Committee of Senior Officials)를 수시로 열기로 하였다. 이러한 회의들을 지원하기 위해 영구적인 행정기구로 사무국(Secretariat), 갈등방지센터(Conflict Prevention Centre), 자유선거사무소(an Office for Free Elections) 등이 설치되었다. 그리고 이 헌장에 기초해 1991년 4월 유럽안보협력회의 의회(CSCE Parliamentary Assembly)가 설립되었다.

같은 세 가지 목적을 달성하기 위해 노력하고 있다. 첫째, 회원국들은 유럽에서 공동가치 공고화 및 법치에 기반을 둔 민주적 시민사회 구축을 위해 노력하고 있다. 둘째, 지역분쟁 방지를 위해 노력하고, 분쟁발생 시 분쟁지역의 안정회복과 평화정착을 위해 노력하고 있다. 셋째, 유럽안보협력기구의 발전을 통해 안보문제를 극복하고 새로운 정치·경제·사회 분파가 형성되는 것을 제지하기 위해 노력한다.

이러한 목적을 달성하기 위해 유럽안보협력기구에서는 광범위한 의제가 논의되고 있다. 주요 의제로는 군비통제(arms control), 예방외교(preventive diplomacy), 신뢰안보구축조치(confidence and security-building measures), 인권문제(human rights), 선거감시(election monitoring), 그리고 경제 및 환경안보(economic and environmental security) 등을 들 수 있다. 이는 안보를 과거와 같이 정치·군사적 측면에서 보는 것이 아니고 인권신장, 경제협력과 같은 것도 평화와 안정을 위해서 매우 중요함을 강조하는 것이다. 또한 유럽안보협력기구는 조기경보(early warning)로부터 분쟁방지(conflict prevention), 갈등관리(crisis management) 및 갈등 이후의 재건(post-conflict rehabilitation) 등 모든 단계에 대해 관여하고 있다.

특히 유럽안보협력기구는 지난 30년 동안 신뢰구축에서 많은 성과를 거두었다. 예컨대 초기 단계의 신뢰구축조치(Confidence-Building Measures,

---

15) 알바니아, 안도라, 아르메니아, 오스트리아, 아제르바이잔, 벨로루시, 벨기에, 보스니아 헤르체고비나, 불가리아, 캐나다, 크로아티아, 사이프러스, 체코, 덴마크, 에스토니아, 핀란드, 프랑스, 그루지야, 독일, 그리스, 교황청(Holy See), 헝가리, 아이슬란드, 아일랜드, 이탈리아, 카자흐스탄, 키르기스스탄, 라트비아, 리히텐슈타인, 리투아니아, 룩셈부르크, 몰타, 몰도바, 모나코, 네덜란드, 노르웨이, 폴란드, 포르투갈, 루마니아, 러시아, 산마리노, 슬로바키아 공화국, 슬로베니아, 스페인, 스웨덴, 스위스, 타지키스탄, 마케도니아, 터키, 투르크메니스탄, 우크라이나, 영국, 미국, 우즈베키스탄, 몬테네그로.

CBMs)로 각 회원국은 2만 5,000명 이상의 병력이 동원되는 군사훈련은 훈련 3주 전에 회원국들에게 통고하고 그들의 참관을 허용하게 됨으로써 현재 신뢰안보구축조치(CSBM)로 발전·강화되었다. 이 조치는 평시의 군사적 투명도를 높이는 차원에서 국방예산은 물론 각종 군사정보 교환, 회원국 간의 군사통신망 구축, 합의된 조치의 이행상황 검토를 위한 정기회의 개최 등을 포함하고 있다. 그 결과 1990년 11월 19일 회원국 간의 재래식 무기 감축협정(Conventional Forces in Europe, CFE)[16]이 체결되었고, 그 후속 조치로 1992년 7월 9일 CFE-1A 협정체결[17]에 합의하고 1996년 병력감축이 완료되었다. 이러한 조치로 유럽에서 대규모 기습공격능력이 제거되었다. 결과적으로 다자주의를 바탕으로 유럽에서 군사적 신뢰가 구축되었고, 재래식 무기 감축협정의 타결로 전쟁위협을 상당히 감소시켰다고 할 수 있다.[18]

---

16) 일반적으로 CFE라 불리는 이 협정은 NATO 16개국과 WTO 6개국이 참가하여 3단계에 걸쳐 재래식 무기를 전차 2만 대, 장갑차 3만 대, 야포 2만 문, 전투기 6,800대, 공격헬기 2,000대로 감축한다는 것이 주된 내용이다. 감축 방법은 제1단계(조약 발효 후 16개월간)에서 총 감축량의 25% 이상을 감축하고, 제2단계(조약 발효 후 28개월간)에서 총 감축량의 60% 이상을 감축하며, 제3단계(조약발효 후 40개월)에서 감축을 완료하는 것이다. 『국방백서 1993~1994』, 356쪽.

17) 이 협정도 통상 유럽 재래식 무기 감축협정이라고 부른다. 이 협정에서는 해군을 제외한 각 회원국의 병력 수에 대한 상한선을 정하였다. 예를 들어 미국은 유럽에서 25만 이상의 병력을 유지할 수 없고, 영국은 26만 명, 프랑스는 32.5만 명, 러시아는 145만 명, 우크라이나는 45만 명 이상의 병력을 유지할 수 없다고 규정하고 있다. 총 52개국의 서명국 중 투르크메니스탄, 키르기스스탄, 타지크스탄, 우즈베키스탄 등 4개국은 지역적인 면에서 제외되었고, 아르메니아, 아제르바이잔, 그루지야, 몰도바 등 4개국은 내전상태로 인해 추후 병력상한선을 제출키로 합의하였다. 『국방백서 1999』, 188쪽.

18) 동북아시대위원회, 『동북아 다자안보협력 제도화 추진방향』(동북아시대위원회,

그러면 유럽안보협력기구의 성공사례가 탈냉전기 동북아시아 역내 국가들에게 주는 교훈은 무엇인가. 첫째, 포괄적 안보문제에 관한 협의를 통해 참가국 상호 간의 이해증진·신뢰구축·투명성 제고 등을 바탕으로 지역의 불안정, 불확실성 요인을 감소시키거나 제거할 수 있다. 둘째, 공통관심사를 논의하면서 역내 국가 간의 대화 습관을 축적하고 공통규범의 공유를 추구하여 국가 간 행동양식의 예측 가능성을 높일 수 있다. 셋째, 초보적 신뢰구축 조치의 시행을 통해 구조적 군비통제의 실현을 위한 기반을 조성할 수 있다. 넷째, 분쟁을 평화적으로 해결할 수 있다. 다섯째, 강대국의 노력이 안보협력체의 구성 및 유지에 결정적인 역할을 한다. 여섯째, 비동맹국가와 중립국에도 동등한 자격을 부과해 다자안보협력기구에 참여케 하여 보다 많은 국가를 한 틀 속에 묶을 수 있었으며, 미국과 캐나다 등 역외 국가들에게도 문호를 개방하여 신뢰구축의 범위를 넓혔다. 끝으로 안보문제에 관한 국가 간의 협의가 다양해져 인권·정보·문화문제까지도 의제에 포함시킴으로써 이러한 문제들이 지역의 안정과 평화와 직접적으로 연계되어 있음을 보여주었다.

2) 아세안 지역안보 포럼(ARF: ASEAN Regional Forum)

ARF는 탈냉전시대의 새로운 국제질서가 형성되는 과정에서 아시아의 안정적 안보질서를 구축하기 위해 아세안(ASEAN) 주도로 출범하였다.[19)]정치적으로 냉전종식 이후 미국과 베트남, 한국과 중국, 한국과 러시아의

2005. 4), 33~36쪽.

19) ARF 전반에 대한 연구는 2002년 7월 외교통상부에서 발간한 『아세안 지역안보포럼 개황』(2002. 7); 이서항, 『ARF의 발전방향: 동아시아 다자안보협력체 실태분석과 관련하여』, 정책연구시리즈 2004-7(외교안보연구원, 2005) 참조.

관계가 과거 적대관계에서 서서히 우호적인 관계로 변하고 있었고, 경제적으로 번영이라는 공동의 선을 창출하기 위한 다자간 협력 분위기가 고조되고 있었다. ASEAN 국가를 비롯한 아시아 국가들 사이에는 이러한 협력적 분위기를 지속하기 위해서는 정치·군사적 안정이 무엇보다도 필요하다는 인식이 확산되었다.

1991년 7월 마닐라에서 나카야마 일본 외상이 아세안 확대외무장관회의(ASEAN-PMC)[20]를 아·태지역의 정치·안보대화의 장으로 활용할 것을 제의함으로써 아시아의 다자적인 지역안보협력방안에 대한 본격적인 논의가 시작되었다. 그리고 1992년 아세안정상회의의 합의와 1993년 ASEAN-PMC 합의를 거쳐 1994년 7월 25일 방콕회의에서 아·태지역 최초의 다자안보협력체인 ARF가 출범하였다.

ARF의 기본 목적은 공동의 이익이나 관심이 있는 정치·안보 이슈에 대한 건설적인 대화와 협의를 증진시키기 위해 아·태지역에서 신뢰구축(confidence- building)과 예방외교(preventive diplomacy)를 위한 노력에 기여하는 것이다.

2005년 5월 현재, ARF에는 남북한과 미국을 비롯한 아·태지역 국가들과 유럽연합(EU) 의장국 등 총 25개국[21]이 참여하고 있으며, 신뢰구축

---

20) 당시 아세안 확대 외무장관 회의(ASEAN Post Ministerial Conference)는 아세안 6개국을 포함한 13개국으로 구성되어 있었다. 나머지 7개국은 미국, 일본, EU, 호주, 캐나다, 뉴질랜드, 한국 등이며, 1992년 처음으로 전반적인 안보 문제와 역내 안보 문제(캄보디아 분쟁, 인도차이나 난민 문제, 남지나해 영토 문제, 미얀마 사태 등)에 대한 논의를 진행시켰다.

21) 회원국은 아세안 10개국(인도네시아, 말레이시아, 싱가포르, 필리핀, 태국, 브루나이, 베트남, 라오스, 미얀마, 캄보디아), 아세안 대화상대 10개국(한국, 미국, 일본, 중국, 러시아, 인도, 뉴질랜드, 호주, 캐나다, EU 의장국), 그 밖에 파푸아뉴기니, 몽골, 북한, 파키스탄 등이 있으며, 2005년 7월 동티모르가 25번째 회원국

증진(Promotion of Confidence Building Measures), 예방외교의 발전(Development of Preventive Diplomacy), 분쟁해결 모색(Elaboration of Approaches to Conflict) 등 3단계 추진방식에 따라 지역의 평화와 안정을 추구하는 협의체 역할을 하고 있다. 현재 ARF 활동의 제1단계인 신뢰구축 단계는 성공적으로 마무리되었다고 간주된다. 신뢰구축 차원에서 대부분의 회원국들은 국방백서를 발간하고, 소지역 차원의 안보대화가 장려되었으며, 군 고위인사 및 교육기관교류가 확대되었고, UN 재래식 무기 등록제도가 적용되었으며, 해양안보 및 UN 평화유지활동에 대한 협력 등 다양한 분야에서 성과를 거두었다고 평가된다. 이후 2001년 제8차 회의에서 예방외교에 대한 논의를 시작하기로 합의하면서 제2단계인 예방외교를 발전시키기 위한 노력을 하고 있다. 예방외교는 지역의 평화와 안정에 잠재적인 위협을 야기할 수 있는 국가들 사이의 분쟁과 갈등을 사전에 방지하여 무력분쟁(armed confrontation)으로 격화되지 않게 하는 것이다.

ARF의 의사규칙은 ASEAN의 규범과 관행을 기초로 하며, 의사결정은 표결로 하지 않고 컨센서스 방식을 적용하고 있다. 또한 ASEAN 의장국이 ARF의 의장국을 겸임하고 있으며, 외무장관 회의도 의장국의 수도에서 개최된다. 최근 ARF는 의장의 역할을 강화함으로써 보다 적극적이고 활발한 활동을 모색하고 있다. 의장의 역할에는 신뢰구축 증진, 회원국 간의 협력 강화, 규범구축 촉진, 정보공유를 위한 매개역할 등이 있으며, 모든 회원국의 합의에 기초하여 회원국들 간의 협의를 위한 중축역할을 수행한다. 또한 직접적으로 관련된 당사국의 사전 동의 및 모든 회원국의 컨센서스하에 적절한 수준의 임시회의(adhoc meeting) 소집을 할 수도 있으며, ARF의 활동내용을 모든 회원국에게 보고하는 의무가 있다.

으로 가입하였다.

ARF 회원국 외무장관 회의(Ministerial Meeting)는 ARF의 최고 의사결정기구로 연 1회, 매년 7월에 의장국의 수도에서 개최되며, 아·태지역의 안보정세 및 ARF 발전방향 등을 중점적으로 논의하고 있다. 그리고 외무장관 회의에 앞서 회원국의 고위관리들이 모여 장관회의의 준비 및 의장성명 초안을 작성하기 위한 고위관리회의(Senior Officials' Meeting, SOM)가 있다. 이 회의 또한 매년 5월 의장국 수도에서 개최되며, 각 회원국의 의견을 수렴하여 외무장관회의에 건의 또는 보고를 한다. 그리고 외무장관 회의가 끝난 이후 다음 회의가 개최되는 기간 동안에 다양한 회기간회의(Inter-sessional Support Group Meeting, ISG)가 열린다. 이 회의에서는 ARF 발전방향 등에 대한 실질적인 토의가 진행되며, 이를 SOM에 건의하는 것을 주목적으로 한다. 또한 신뢰구축조치에 관한 회의가 연 2회 개최되며, 수시로 재난구호, 평화유지활동, 세미나, 및 워크숍 등이 개최된다.

특히 ARF에서의 안보 관련 논의가 점차적으로 증가하여 동아시아에서 군사적 투명성이 증가되고 있다. 1995년 제2차 ARF 회의에서 참가국들은 자발적으로 자국의 안보정책을 ARF에 제출하는 것을 결정한 이래 2000년부터 ARF 연례안보평가서(Annual Security Outlook)를 발간하고 있다. 그리고 1996년 ARF 고위관리회의(SOM)에서는 국방 관련 인사들의 ARF 참여를 허용한 이래 안보 관련 논의가 매우 활성화되었다. 첫 번째 국방관리회의(Defense Officials Meeting)은 2002년 7월 30일 브루나이에서 오찬회의(luncheon meeting) 형식으로 개최되었다.

2002년 8월에는 'ARF 틀 내에서의 국방군사 관련 이사의 협력을 위한 워크숍(Workshop on Defense/Military Officials' Cooperation within ARF)'이 개최된 바 있으며, 일본과 중국은 2004년 제11차 ARF 회의에서 각기 국방장관 회의 개최와 고위 국방관리들이 참여하는 '안보정책회의(ARF

Security Policy Conference, ASPC)' 개최를 제도화할 것을 제안하였다. 이는 ARF 내에서 군사문제에 관한 신뢰구축조치의 협력과 안보정책 관련 관리의 참여를 보다 강화하며 회의 신설에 의한 대화창구 개설을 통해 국방관리 간의 교류 활성화 및 상호 신뢰 증진 등을 목적으로 하고 있다. 그리고 ASPC는 연례 ARF SOM에 이어 개최될 것임을 확인하였다.[22] 그 결과 제1차 ASPC 회의가 2004년 12월에 인도네시아를 의장국으로 중국(베이징)에서 개최되었고, 이 회의는 ARF 의장국에서 개최되는 것으로 정례화됨으로써 제2차 회의는 차기 의장국인 라오스에서 개최될 예정이다. 2005년 2월까지 신뢰구축조치에 대한 회기 간 그룹회의(ISG on Confidence Building Measures) 가 19차례 개최되었고, 안보 관련 회의가 20차례 개최되었다.[23]

한반도 관련 논의는 1996년 제3차 ARF 회의에서 처음 시작되었다. 이 회의에서 한반도 평화체제구축의 필요성과 1953년 정전협정의 유효성이 강조되었다. 또한 ARF는 남북대화의 재개를 촉구하였고, 한반도에너지개발기구(KEDO)의 중요성을 강조하면서 회원국들의 보다 많은 재정적·정치적 지원을 촉구하였다. 특히 북한이 2000년 7월 제7차 ARF 회의에서 23번째 회원국으로 가입함에 따라 남북 간 그리고 북·미 간의 외무장관 회의도 열리게 되었으며,[24] 특히 2005년 제9차 ARF 회의에서

---

22) ASEAN Secretariat, "Matrix of ASEAN Regional Forum Decisions and Status 1994~2004"(October 2004), pp. 11~13.

23) 이 중에서 한국에서 신뢰구축 회의가 한 차례, 그리고 안보 관련 회의가 세 차례 개최되었으나, 2002년 8월 이후 개최되지는 않았다. ASEAN Region Forum, "List of Track I Activities Year 1994~2005," http://www.aseansec.org/16291.htm.

24) 북한이 ARF에 가입한 이유는 ARF에서의 북한 비난 발언 저지, 미국의 대북압박 완화, 외교관계 강화를 통한 경제지원 확대 등이다. 한용섭 외, 『동아시아 안보공동체』(나남, 2005), 31쪽.

는 북·미 및 북·일 외무장관회담이 이루어졌다.[25)]

기본적으로 ARF는 역내 국가들 간의 정치·안보 문제에 대한 자유로운 의견교환의 장을 제공함으로써 상호 신뢰구축, 투명성 증대, 협력분야 강구 등을 통해 냉전종식 이후 아·태지역이 직면한 도전을 항구적인 평화와 안정상태로 바꾸기 위한 새로운 기회를 제공해주고 있다. 또한 ARF는 특정 문제에 대한 근본적인 해결책을 강구하기보다는 민감한 안보문제에 대한 상호 솔직한 의견교환을 통해 분쟁의 사전방지 등 예방외교의 틀을 마련하는 데 기여하고 있다.

반면 다른 국제기구와 마찬가지로 ARF 결정에 대한 실천에 문제가 있으며, 이로 인해 '대화의 장'으로 전락되고 있다는 비판도 있다. 또한 지역의 핵심문제라 할 수 있는 안보문제와 같은 민감한 사안들에 대한 논의가 회피되는 경향을 보이고 있으며, ASEAN 국가들에 의한 ARF 운영에 대한 비판도 있다.

그러나 출범된 지 겨우 14년에 불과한 ARF는 현재 각국의 상호합의에 의해 순조롭게 그 역할을 다하고 있으며, 향후 아·태지역의 안보현안에 대한 다자간 협의의 장이라는 측면에서 그 중요성이 점차 부각되고 있다.

3) 상하이협력기구(SCO: Shanghai Cooperation Organization)

SCO는 1996년 4월 중국, 러시아, 카자흐스탄, 키르기스스탄 및 타지크스탄 등 소위 상하이 5(Shanghai 5)국이 국경지역에서의 군사훈련 규모 및 회수 제한과 병력감축 등을 포함한 신뢰구축협정을 체결한 정상회담에서 시작되었다. 이후 2000년 제5차 상하이 5국 정상회의에서 이 모임

25) 박종철 외, 『동북아협력 인프라 실태』(통일연구원, 2005), 329쪽.

을 보다 전면적인 협력관계로 확대하기로 합의하고, 2001년 우즈베키스탄을 추가로 가입시키면서 SCO가 창설되었다.[26] 그 결과 SCO는 중국과 러시아가 주도적으로 중앙아시아 4개국과 더불어, 그 규모 면에서 아·태 지역의 3/5인 3,000만 km^2, 인구는 약 15억에 달하여 전 세계 인구의 1/4을 포함하는 대규모 협력기구가 되었다.

SCO 정상회의에서는 주로 반테러 문제에 대한 논의가 진행되었으며, SCO를 제도적으로 강화하는 조치를 지속적으로 취하였다. 즉, 제1차 정상회의에서는 SCO 성립선언문이 채택되었고, 2002년 러시아의 페테르부르크에서 열린 SCO 제2차 회의에서 '상하이협력기구헌장'에 조인하여 새로운 국제조직의 법률적 기초를 확립시켰으며 SCO 반테러기구 협정도 체결하였다. 2003년 3월 모스크바에서 열린 제3차 회의에서 2개의 상설본부(사무국과 반테러기구)를 신설하기로 합의하였다.[27]

한편 SCO는 기존의 안건이었던 국경문제나 지역 안정의 전통적 안보 문제를 넘어서 경제 및 비전통 안보분야에까지 그 협력관계를 광범위하게 확대해나갔다. 경제협력은 2003년 북경에서 열린 SCO 총리급 회의에서 '상하이협력기구 다자간 경제무역 협력 요강'에 합의하면서 구체화되어, 역내 경제무역 협력의 구체적인 목표, 중점 협력 영역 및 시행방식 등을 규정하였다. 2020년까지 상품, 서비스, 자금 및 기술 부문에서의 자유경제무역지대 창설을 목표로 하고 있다.

특히 2006년 상하이에서 개최된 제6차 SCO 정상회의는 기존 6개 회

---

26) 상하이협력기구의 형성과 활동은 박병인, "상하이협력기구 성립의 기원," 『중국학연구』, 33집(2005), 521~524쪽 참조.

27) 그 결과 2004년 1월부터 중국 북경에 사무국을 신설하여 중국의 장더광(張德廣)을 5년 임기의 사무장으로 임명하였다. 그리고 반테러기구는 키르기스스탄의 수도 비슈케크에 그 본부를 설치하였다.

원국 정상, 파키스탄, 이란, 몽골 대통령 및 인도 석유 천연가스부 장관 등 옵서버 4개국 대표, 아프가니스탄 대통령, 독립국가연합(CIS) 집행위원회 의장, ASEAN 사무총장 등이 참여하여 그 규모가 점차 확대되고 있음을 보여주었다. 그 주제의 범위도 그 지역 내의 문제만이 아니라, 유엔개혁, WMD 확산 방지, 국제법 질서 수호, 국제정보 안전 등의 세계적인 문제를 다루고 있다. 결과적으로 SCO의 협력 범위는 이제 그간의 주요 의제였던 테러리즘, 분열주의, 극단주의 등 문제를 넘어서 국제정치, 경제, 교육 및 문화 분야로 확대되었다.

제도적으로 SCO는 지난 8년간 이미 국가원수, 총리, 검찰총장, 안보회의, 외교부 장관, 국방부 장관, 경제무역부 장관, 문화부 장관, 교통부 장관 및 긴급 재난 부문 최고 책임자 회의 등을 제도화하고 있다. 국가정상회의를 최고 의사 결정기관으로 하면서 매년 1회씩 정기적으로 각국이 돌아가면서 개최하고 있다. 2004년부터는 개방주의를 표방하면서 주변 국가들에게 관찰국의 지위를 부여하면서 주변국들의 참여 확대를 시도하고 있다. 이에 따라 2004년에 몽골, 2005년부터 파키스탄, 이란, 인도 등이 관찰자 지위를 획득하고 참관하였다. 그리고 앞서 지적했듯이 상설기구로는 사무국과 지역반테러기구가 있다.[28]

그러나 SCO도 문제가 없는 것은 아니다. 기본적으로 중·러 간의 주도권과 영향력 행사문제를 둘러싼 갈등의 소지를 안고 있으며, 우즈베키스탄·키르기스스탄·타지크스탄 간에는 해결되지 않은 영토 및 수자원의 분쟁문제도 존재하여 역내 국가 간 갈등도 SCO의 발전을 저해하고 있다. 미국의 일방주의 외교와 중앙아시아 지역에 대한 영향력 확대라는 현상

---

28) 김흥규, “상해협력기구,” 박종철 외, 『한국의 동북아시대 구상』(오름, 2006. 12), 276~288쪽.

변경의 상황에 직면하여 중국과 러시아가 자국의 이익을 지키기 위해 공동으로 미국을 견제하기 위한 지역기구라는 견해이다. 특히 최근 합동 군사훈련을 실행하거나 계획하는 등 군사부문에서 긴밀한 관계가 더욱 강화되는 것에 주목하고 있다. '북방삼각론'의 주장은 이러한 전제를 기반으로 한다. 비록 명시적으로는 동맹을 추진하지 않는다고 하지만 실제적으로는 동맹관계를 형성해나가고 있다고 보는 견해이다.

하지만 SCO는 그 자체의 문제점이 많더라도 새로운 가능성을 안고 진화해가는 실험적 지역협력조직으로 주목할 필요가 있다. SCO는 양자간 관계를 바탕으로 다자간 협의체로 진화되었고, 전통적인 안보문제가 주요 주제였다가, 비전통적인 안보문제를 포함하여 점차 보다 포괄적이고 전면적인 주제를 다루는 협의체로 발전했다. 즉 SCO는 그 짧은 연륜에도 불구하고 서로 다른 국력과 규모를 지닌 국가들이 공동협의체를 구성하여 안보적 갈등과 이해의 차이를 극복하고 공동의 이해를 추구하는 가운데, 안보적 이슈를 넘어 점차 정치·경제·기술협력 및 공동의 전략적 이해를 논의하는 장으로 발전하고 있는 성공적인 사례라 할 수 있다. 이러한 SCO의 발전 양상은 동북아 지역에서 미래 다자안보협력 모델이 될 수 있다.

또한 SCO의 활동에서 중국과 러시아의 지도력이 두드러짐을 알 수 있다. 이들은 지역의 안정을 위해 상대방의 입장을 고려하고 보다 호혜적인 입장에서 대화와 타협을 통해 분쟁을 해결하려 한다는 이미지를 심어주려 노력하고 있다. 또한 이들은 상호 견제의 상황을 인정하는 기반 위에서 협력할 수 있는 분야를 확대해나가고, 동시에 합의제를 통해 다른 약소국들이 참여할 공간을 제공하고 있다. 이는 동북아 다자안보협력체 구축 과정에서 강대국들의 역할에 큰 시사점을 제공한다.

4) 비정부 간 다자안보협력체

(1) 아·태 안보협력이사회(CSCAP: Council for Security Cooperation in Asia-Pacific)

CSCAP은 민간 차원의 안보대화·협력기구로서 1994년 6월 동아시아 21개국[29] 민간 연구소들이 주축이 되어 설립되었으며, 학자 및 전·현직 국방관계자들이 개인자격으로 참여하여, 지역안보문제에 대한 연구와 정책건의를 통해 정부 차원의 안보협의를 촉진시키고, ARF에 대한 자문기구 역할을 수행하고 있다.

회의 조직 최상부에는 총회(General Meeting)가 있고, 그 아래 운영위원회(Steering Committee)가 조직을 이끌고 있다. 총회는 부정기적으로 개최되며, 운영위원회는 매년 6월과 12월 두 차례 회의가 열리고, 실질적인 활동은 5개의 실무 작업반 회의(Working Groups)에 의해 진행되었다. 하지만 2004년 CSCAP에서는 국제정세 변화에 맞는 주제를 연구하기 위해 2~3년 단위로 5~6개의 특정 의제를 설정하고, 특별연구팀을 운영하기로 합의하였고, 실무작업반 대신 6개 연구팀(Study Group)을 구성하여 WMD 확산방지, 동북아 다자협력, 해양안보협력, 평화 유지 및 구축, 마약밀매, 반테러 문제 등을 연구하고 있다.

그러나 회의결과가 각국의 정책에 반영되고 않고, 민감한 주제가 논의되지 못하며, 회의가 부정기적으로 개최되고, ASEAN이 주도하는 등의 한계점을 지니고 있다.

---

29) 한국, 북한, 미국, 일본, 중국, 러시아, 호주, 캐나다, 뉴질랜드, 인도네시아, 말레이시아, 필리핀, 태국, 싱가포르, 베트남, 몽골, EU, 인도, 캄보디아, 파푸아뉴기니, 브루나이 등이 회원국이다.

(2) 동북아협력대화(NEACD: Northeast Asia Cooperation Dialogue)

NEACD는 1993년 10월 미국 캘리포니아 대학(UCSD)의 국제분쟁 및 협력연구소(IGCC)가 미 국무부 지원으로 설립한 유일한 동북아 6개국 다자안보협력 대화체이다. 참가국의 학자, 정부 고위 실무자 및 현역 군인들은 회의에 개인자격으로 참가하는 회의로, 참가국들을 순회하며 2006년 말까지 17차례 회의를 통해 국가 간의 상호이해, 신뢰구축, 협력 증진 방안 등을 논의하고 있다.

NEACD는 1997년 지역의 안정과 평화를 수호하기 위한 8개 원칙을 채택했고, 2000년부터 군사적 신뢰구축을 위한 국방정보공유회의 구성하여 운영하고 있다. 북한은 1993년 개막회의에는 참석했으나 북핵위기 이후 불참하다가, 2002년 제13차 모스크바 회의부터 외무성 군축평화연구소 관계자들이 참석하고 있다.

그러나 CSCAP과 마찬가지로 회의 결과가 정책에 반영되지 못하고 대화를 위한 장으로 전락하고 있으며, 러시아와 북한의 국방 관련 인사 불참 및 한반도 문제에 대한 논의가 집중적으로 이루어지는 등의 문제점이 지적되고 있다.

4. 한국 정부의 노력

한국의 안보정책은 한미동맹에 기초하고 있으며, 적극적인 대외협력을 통해 한반도에서의 전쟁을 억제하고 평화와 안전보장을 위한 환경을 조성하기 위해 노력하고 있다. 따라서 한반도의 안보에 직접적으로 영향을 미치는 주변국들과의 군사교류 증진에 박차를 가하고 있으며, 동북아 지역에서의 분쟁잠재력이 가장 높은 지역에 위치한 국가로서 한반도의 전쟁억제와 평화통일의 환경조성을 위해 다자간 안보협력체 구성을 위해 적극적인 활동을 전개하고 있다. 특히 이러한 다자간 안보협력체를 통해 군비경쟁 관계에 있는 중국과 일본을 다자간 구조의 틀 안에서 묶어두려는 의도도 견지하고 있으며,[30] 한반도의 안정과 평화가 북·미관계에 좌지우지되는 것을 방지하려는 목적도 있다.

그러나 과거 한국도 다자간 안보협력체 구성에 소극적인 입장이었으며, 그 이유는 한미동맹과 한반도문제 당사자 해결 원칙에서 찾을 수 있다. 그러나 '북방정책'의 일환으로 남북 화해와 협력을 증진시킨다는 차원에서 1988년 노태우 대통령이 유엔에서 '동북아 평화협의회(Consulative Conference for Peace in Northeast Asia)' 창설을 주장하면서 외무장관을 위원장으로 하는 추진위원회를 구성했으나, 주변국들과의 사전협의가 없었고, 그 목적이 한반도의 평화에 초점을 맞추었기 때문에 국제적인 호응, 특히 미국과 북한의 호응을 얻지 못해 실패했다.[31]

1990년대에 들어오면서 한국 정부는 다자간 지역 안보협력회의의 구성에 보다 적극적인 자세를 취하였다. 1993년 서울에서 개최된 제25차 태평양경제협의회(PEEC)에서 행한 김영삼 대통령의 '신외교'에 대한 연설에서 기존 한미 양자 간의 안보협력체제를 심화·발전시킴과 동시에 아시아·태평양지역 내에 다자간 안보대화를 추진할 것임을 선언했다.

---

30) 민족통일연구원, 『중국과 일본의 군사력 증강이 한반도안보에 미칠 영향』(1994. 10), 113~118쪽.

31) 또 다른 실패요인으로, 한국 정부의 자신감 결여를 들 수 있다. 한국 정부가 제의는 했으나 스스로 성공하리라는 생각은 하지 않았다. 그 이유는 한미 양자 간의 협력체제에 부정적 영향을 고려했기 때문이다. 이철기, 『동북아군축론: 신동북아질서의 모색』(호암출판사, 1994), 434쪽; 이인호, "다자간 안보협력: 중국과 북한의 입장과 역할," 이기택 외, 『전환기의 국제정치이론과 한반도』(일신사, 1996), 552쪽.

이어 한국은 1994년 방콕의 아세안 지역안보포럼에서, 이 포럼에서 장려하는 소지역(sub-region) 차원의 안보대화 추진을 위해 신(新)동북아 안보구상, 즉 동북아안보대화(North-East Asia Security Dialogue, NEASED) 설립을 제안하였다. NEASED는 기존의 역내 양자협의체제 및 ARF를 대체하는 것이 아니라 이를 보완하는 방향으로 추진될 것임을 강조하면서, 협의의제로 지역정세, 경제협력, 재난구호, 환경, 기상분야 협력 등을 제시. 그리고 외무부 장관도 동북아 지역에서의 소규모의 유럽안보회의(mini-CSCE) 방식의 안보협력체 창설을 제안하였다.

이 구상에서는 주권존중, 영토보존, 내정불간섭, 분쟁의 평화적 해결 등을 전제하고 있으며, 참가국들은 신뢰조성을 위해 국방백서를 교환하고, 무기 이전 상황을 유엔에 보고하며, 국방 당사자 간의 정기적인 회합을 제의하였다. 이는 한반도 및 동북아 지역 안보와 관련하여 미국, 일본, 중국, 러시아, 북한을 포함한 6개국 간의 실질적인 안보문제를 협의하기 위한 포럼을 구성하자는 것이었다. 또한 이 포럼은 동북아 지역 안보환경을 개선하여 평화를 정착시키기 위한 모임으로서 상이한 역사와 문화, 각기 다른 정치체제와 경제발전 수준을 갖고 있는 국가들 간의 안보에 대한 인식 차이를 극복하기 위해 우선 신뢰구축조치의 점진적 실천을 강조했으나 성공을 거두지 못했다. 그러나 김영삼 대통령은 1996년 북한문제를 해결하기 위한 북한과 중국이 참여하는 4자회담을 클린턴 대통령과 공동으로 제안하여 1999년까지 여섯 차례 회담을 가졌다.

한편 화해·협력을 기조로 한 대북정책을 채택한 김대중 대통령은 1999년 5월 러시아를 국빈 방문하여 옐친 대통령과 '다원적' 세계 강화를 지향한다는 데 견해를 같이하고, 공동성명을 통해 러시아가 바라는 유엔 역할의 중요성에 공감하고 러시아와 일본을 포함하는 동북아 6자간 다자안보협력 대화 창설을 환영한다고 선언하면서 동북아 다자안보체제 구축에 대한 열의를 다시 한 번 과시했다. 당시의 상황은 1998년 북한의 대포동미사일 실험발사로 동북아시아에 긴장이 고조되었고, 이를 계기로 일본이 매우 적극적으로 다자안보협력(6자협의)을 주장하고 있던 시기였다. 이러한 6자회담에 대한 논의는 현재도 활발히 진행되고 있으며, 한국은 아시아의 모든 다자안보협력기구 및 대화에 적극적으로 참여함으로써 국가이익을 극대화하는 중장기적 외교목표와 전략적 대응 방안을 수립하고 있다.

참여 정부는 출범 초부터 동북아 다자안보협력의 중요성을 강조하고 추진의지를 강력히 표명했으며, 2004년 발표한 『평화번영과 국가안보』에 "다자안보대화의 정례화를 통해 신뢰를 확대하고 안보협력의 수준을 제고하기 위해 노력할 것임"을 명기하였다.[32] 이후 동북아시대위원회를 통해 동북아 다자안보협력 제도화를 위한 테스크포스도 구성하여 한국의 입장을 정리하고 관련국들에 대한 공감대 형성을 위해 노력하였다. 그리고 한국이 그리고 있는 동북아 다자안보협력기구의 조직도는 ARF와 SCO의 조직을 합한 형태의 것이다(<그림 9-1> 참조).

결론적으로, 한국의 입장에서 볼 때 동북아 다자안보협력체제는 한반도의 군사적 대치 완화와 군비축소 등을 통해 지역분쟁을 억지하고, 지역 국가들의 과잉군사화를 통제하며 한반도의 통일과정에서 발생할 수 있는 갈등이나 분쟁을 평화적으로 통제해주는 기제일 뿐 아니라 통일한국의 안보를 집단적으로 보장할 수 있는 방안으로 간주한다. 따라서 한반도의 냉전구도를 해체하고 우리 외교의 자주성을 회복하면서 한반도를 비롯한 동북아 지역의 평화와 안정을 제도적이고 지속적으로 보장하기 위한 장기적인 관점에서, 한국은 남북한과 주변 4강을 포함한 동북아

---

32) NSC 사무처, 『평화번영과 국가안보』(2004. 3. 1), 13쪽.

〈그림 9-1〉 동북아 다자안보협력기구 조직도(안)

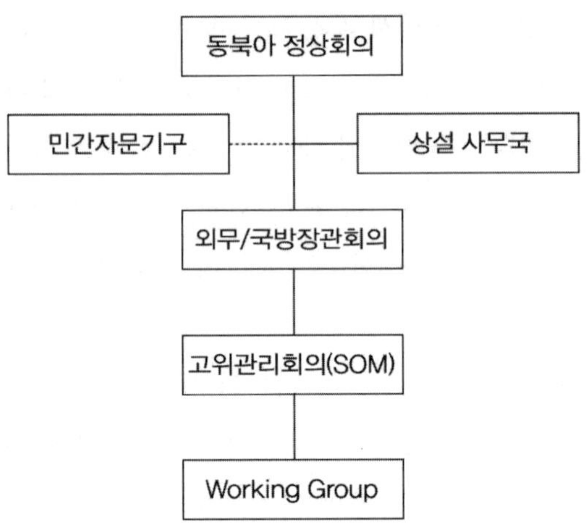

다자안보협력체제를 구축하는 것이 바람직하다는 입장을 견지한다. 특히 다자간 안보협력이 한반도 문제를 직접 해결해주기는 어렵지만, 동북아에서의 권력정치(power politics)가 한반도의 평화와 통일에 악영향을 미칠 뿐 아니라 남북한의 정치·외교적 자율성을 제약하므로, 억지를 넘어선 새로운 공동·협력 안보 개념에 기초한 다자안보협력이 규범지향적인 질서를 창출함으로써 동북아시아 국가 중 상대적으로 국력이 취약한 한국에게 효율적인 국가전략 수행에 도움을 줄 수 있는 역할을 할 것으로 기대하고 있다.

5. 전망 및 한국의 대응

가까운 장래에 동북아 다자안보협력기구가 설립되기는 어려울 것이나, 기구 설립 가능성은 그 어느 때보다도 높다고 할 수 있다. 물론 동북아 다자안보기구 설립을 저해하는 요인이 없는 것은 아니다. 첫째, 앞서 지적했듯이 동북아 역내 국가들 간 영토 및 주권문제와 같은 미해결문제가 존재한다. 역내 국가들이 자국의 영토 및 주권문제가 국제화되는 것을 원하지 않고 있어 그 가능성을 차단하기 위해 동북아 다자안보협력체 구성에 소극적인 입장을 견지하고 있다. 둘째, 각국의 정치·경제체제가 상이하고 국가들 간 문화적 이질감이 존재하며, 역내 국가 간의 역사적 반목과 민족 간 적대감정이 잔존하고 있다. 셋째, 강대국 간 대규모 전쟁 발발에 대한 위협이 없는 가운데 핵전쟁과 같은 공멸의 위기의식이 형성되지 않음에 따라, 공동체 창설의 필요성에 대한 인식 및 추진 노력이 미흡하다. 즉 기존의 양자동맹 체제(미·일, 한·미, 북·중 동맹 체제) 및 군비경쟁 지속 상황에 안주하는 경향을 보인다. 넷째, 동북아 다자안보협력체제 구축을 주도할 중재자가 없는 가운데 관련국 간 보이지 않는 알력 및 주도권 다툼 진행도 있는 상황도 저해요인 중 하나이다. 즉 미국, 중국, 러시아는 어느 한 국가가 일방적으로 조직을 이끌어나가는 것을 원치 않는다. 끝으로 일부 국가들은 무리한 전제조건을 요구하고 있다. 예를 들면 중국은 핵 선제공격 배제를, 북한은 미국 및 일본과의 국교정상화를, 미국은 자국의 기득권을 인정해주기를 원하고 있다.[33]

그러나 이러한 저해요인 중 영토·주권문제를 제외하고는 사실상 큰 문제가 되지 않는다고 판단된다. 특히 동맹 체제나 문화적 이질감 문제는 OSCE 형성과정에서 걸림돌이 되지 않았고, 역내 국가들이 과도한 군비경쟁과 북한의 핵 개발을 심각한 문제로 인식하고 있으며, 중재자 부재 문제는 한국이 중재자 역할을 할 수도 있고, 무리한 전제조건은 대화를

33) 이대우, 『다자간 안보체제 구축을 통한 동북아시아 평화협력 방안에 관한 연구』 (국회 통일외교통상위원회, 2002), 69~74쪽.

통해 해결이 가능하다.

그리고 동북아 다자안보협력기구 설립을 촉진하는 요인도 상당히 있음을 간과해서는 안 된다. 각국의 경제발전이 지속되고 역내 국가 간 교역규모가 증대됨에 따라 역내 평화의 중요성이 증대되고 있다. 총교역량 중 역내 교역량이 차지하는 비중은 한·중·일이 40%, 미국이 20%, 러시아가 10% 이상을 차지하며, 이러한 비중은 증가 추세에 있다. 둘째, 비전통적 안보분야에서 다자협력 경험이 축적되었다. 동북아 6개국은 ARF를 통해 다자안보협력에 대한 경험을 축적하고 있으며, 6자회담에서도 합의 도출을 위한 다자협상에 대한 경험이 축적되었다. 또한 1999년 ASEAN+3 참석을 계기로 한·중·일 3국 간 정상회담이 정례화되었고, 2003년 이후 북한 핵 문제 해결을 위한 6자회담 개최되고 있다. 셋째, 금융, 에너지, 환경 등의 분야에서 동북아 국가 간 다자협의체 창설 및 운영 경험이 축적되었다. 예를 들면 금융 분야에서는 ASEAN+3 한·중·일 재무장관회의가 정례화되었고, 2004년 5월 회의에서는 양국 간 통화융통협정(Chiang Mai Initiative)을 다국 간 협력 틀로 발전시킬 것에 합의하였다. 에너지 분야에서도 한국, 중국, 일본, 러시아, 북한, 몽골 등의 국장급 관리들이 참여하는 동북아 에너지 협력회의가 2003년 4월 개최되었으며, 환경 분야에서의 다자협력도 증진되고 있다. 한·중·일 3국 환경 담당 장관회의(TEMM) 정례화(1999), 한·중·일·몽·러가 참가하는 동북아 환경협력회의(NACEC) 개최(2004. 12), 한·중·일 황사 대비 공동대책 및 환경교육 네트워크 구축을 협의하였다(2005. 3).

끝으로 관련국들 간에 동북아 다자안보협력기구의 필요성에 대한 공감대가 형성되고 있다. 즉 국제안보환경이 변함에 따라 다자안보협력에 대한 관련국들의 입장에 변화가 나타나고 있다(<표 9-3> 참조). 특히 2005년 9월 19일 발표된 제4차 6자회담 공동성명에서 관련국들은 동북

〈표 9-3〉 동북아 다자안보협력에 대한 각국의 입장

구분	과거 입장	입장 변화(냉전종식 이후)	향후 입장(2·13 합의 이후)
한국	• 소극적 • 남북 / 독도 문제의 국제화를 원치 않음 • 동맹체제 유지	• 적극적 • 한반도 평화와 안정 • 외교안보 자율성 확대 • 중·일 군비경쟁 저지	• 주도적 / 적극적 추진 • 한반도, 동북아 평화 • 한미동맹 보완
북한	• 부정적 • 양자관계 선호 • 북한 문제 국제화 • 참여국과의 미수교	• 선별적 • 체제보존, 고립 방지 • 경제지원 모색	• 조건부 참여 • 수교, 경제지원 요구 • 압박수단으로 인식 • 긍정적 신호도 보냄
미국	• 소극적 • 양자주의 선호 • 영향력 약화 • 동질성 부족	• 선별적, 필요성 인정 • 대테러전 및 WMD 확산방지를 위한 국제협력 • 책임 / 비용분담 차원	• 소극적 참여 • 미국 위상 인정 요구 • 역내 소외 방지 • 중국 견제 • 새로운 위협에 대처
중국	• 부정적 • 양자주의 선호 • 내정불간섭(대만) • 영토문제(조어도)	• 적극적(2000년 이후) • 세계질서 다극화 • 국제적 위상 강화 • 동북아에서 역할 강화 • 중국 위협론에 대처	• 적극적 참여 예상 • 국제적 위상 강화 • 미국 주도 거부 • 경제협력 강화
일본	• 부정적 • 미·일동맹 선호 • 영토문제(독도, 조어도, 북방 4개 섬) • 역사적 반목	• 점차 적극적 • 보통국가화 • 중국경제 • 북한의 위협에 대처 (대포동미사일 실험발사 이후)	• 적극적 참여 • 북한 위협 대처 • 중국 견제 • 영향력 증대 • 미·일동맹 보완
러시아	• 적극적 • 영향력 강화 • 지역 경제발전	• 소극적 • 특정국 주도 반대 • 관련국 비협조 • 이념적 차이	• 적극적 참여(의장국) • 미국 독주 저지 • 전략적 취약선 보완 • 새로운 위협에 대처 • 경제협력 강화

아시아에서의 안보협력 증진을 위한 방안과 수단을 모색하기로 합의하였다. 이는 6자회담에서 동북아 다자안보협력 추진에 대한 공감대가 형성되었음을 의미한다. 이후 한·미 간 동북아 다자안보협력 체제 구축의지는 재확인되었다. 2005년 11월 17일 한미 정상은 동북아 안보문제에 공동 대처하기 위하여 지역 다자안보대화 및 협력 메커니즘을 발전시키기 위해 공동 노력하기로 합의했으며, 2006년 1월 19일 한·미 외교장관 전략대화에서 한미 양국은 동북아지역 평화와 안정을 위해 강력한 한미동맹을 유지하는 가운데 이 지역 다자안보협력체제의 구축을 모색해나가기로 합의하였다. 그리고 끝으로, 2007년 2월 13일 개최된 6자회담에서 '동북아 평화·안보체제' 실무그룹을 가동시킬 것에 합의하였다.

특히 첫 번째 실무그룹 회의에서 각국 대표들의 기조연설에는 동북아 다자안보협력기구 설립에 대한 긍정적인 반응이 나타나고 있다.[34] 이를 정리해보면, 동북아 6개국은 동북아 지역에는 아직도 냉전적 구조가 존재하며, 다자주의에 대한 전통이 미약하고, 군비경쟁이 지속적으로 전개된다고 인식하고 있다. 따라서 이러한 문제들을 제거하기 위해 역내 다자안보협력체 설립의 필요성에 공감하고 있으며, 설립 방법에 대해서도 유사한 입장을 보여준다. 한국은 안보개념에 대한 공통분모 도출을 강조하면서 6개국 간의 해양수색구조훈련을 제안하였고, 향후 개최될 6자 외무장관 회담에서 상징적인 선언문을 발표할 것을 요구했다. 미국의 경우 대표 발언이 공개되지는 않았지만, 힐 차관보가 미국 대표로 실무회의에 나온 것 자체가 이 회의의 중요성을 대변해준다고 판단된다. 일본은

---

34) 2007년 3월 28일 외교안보연구원이 주관한 '동북아 6개국 평화·안보 협력 추진전략 워크숍'에서 한충희 외교통상부 북핵기획단 부단장의 제1차 실무회의 보고에 근거한 것이다.

북한 핵 문제가 해결된다는 전제하에 동북아 국가들 간에 양자 및 다자대화가 병행되어야 한다고 주장했다. 중국은 상호 신뢰구축은 쉬운 의제부터 점진적인 방식으로 합의에 도달해야 함을 강조하였다. 러시아는 각국 연구소의 연구 및 학술회의 결과와 기존의 다양한 양자협정과 조약들을 분석한 후 이에 근거해 실질적인 제안을 해야 함을 강조하였다.

요컨대 북한을 제외한 5개국 대표들은 평화안보 실무회의에 많은 관심을 표명하면서 잘해나가자는 취지의 기조발언을 하였다. 실무회의 의제도 '쉬운 것'부터 상정하자는 데 의견의 일치가 있었다. 다만 북한 대표는 기조연설의 대부분을 미국의 대북 적대시 정책과 일본의 역사왜곡을 비판하는 데 사용하였다. 그러나 미국 및 일본과의 관계정상화를 강력하게 희망하고 있음을 언급하면서 우방국이 되기를 원한다는 발언을 했다.

이는 관련국들의 동북아 다자안보협력에 대한 과거 입장에 비해 큰 진전을 보인 것으로, 이 시점에서 한국 정부는 이 실무회의가 동북아 다자안보협력기구 설립을 위한 '준비회의'로 활용될 수 있게 노력해야 한다. 특히 한국은 실무회의 합의문에 이 회의를 동북아 다자안보협력기구로 발전시킨다는 문구를 삽입시켜 기정사실화해야 한다. 아울러 현재 의장국인 러시아의 반발이 예상되나, 적어도 동북아 다자안보협력 기구가 발족하는 단계에서 상설 사무국을 한국에 유치해야 한다. 현재 러시아는 실무회의 순회를 강조하고 있고, 강대국 간에는 주도권 쟁탈이 예상되어 한국이 주도하는 것이 불가능한 일은 아니라고 판단된다.

한편 회의의 모멘텀을 유지하기 위해 의제개발에 신경을 써야 한다. 동북아 다자안보협력기구가 출범하기 전까지, 즉 북한 핵 문제가 해결되기 전까지는 의제를 최소화해야 한다. 즉 일반적으로 다자안보협력 기구에서는 안보는 물론 경제와 사회문제까지를 의제로 삼고 있으나, 이 실무회의에서는 경제 및 사회문제, 그리고 양자문제는 다른 실무회의에서 논의하는 것을 전제로 의제를 선택해야 함을 강조할 필요가 있다. 즉 다섯 개의 실무그룹이 가동되기 때문에 과거 동북아 다자안보협력기구 설립에 걸림돌이 되었던 의제들에 대한 논의가 불필요하다. 예를 들면 북한은 동등한 관계에서의 회의 참여를 이유로 미국, 일본과의 수교를 전제조건으로 제시했지만, 이 문제는 미·북, 일·북 관계정상화 실무그룹에서 논의되어야 할 사안임을 강조해야 한다.

따라서 회의 의제를 포괄적 안보개념을 적용하여 의제를 3단계로 나누어서 생각할 수 있다. 우선 회의의 모멘텀을 유지한다는 차원에서 어느 국가도 반대하지 않을 의제, 즉 역내 환경오염, 자연재해, AIDS·SARS·AI 등 질병 확산방지 등을 의제로 제시할 수 있다. 하지만 이러한 협력은 실질적인 안보협력이라 할 수 없다. 즉 역내에서 재해가 역내에서 발생했을 때 논의해도 무방하다고 판단된다.

다음 단계 의제로 국제범죄(테러, 마약밀매, 해적) 예방, 해로의 자유, 해양환경 및 해양자원 보전, 조업문제, 해적 방지, 해상수색구조 등을 고려할 수 있다. 현 시점에서 가장 무난한 의제라고 판단된다. 특히 러시아는 동북아 해상협력에 큰 관심을 보여왔기 때문에 동북아 해상협력이 주요 의제로 떠오를 가능성이 높다는 장점이 있다.[35] 또한 반테러협력도 좋은 의제이다. 물론 미국이 북한을 테러지원국 리스트에서 삭제한 이후

---

35) 러시아 주도로 2001년 3월 블라디보스토크에서 한·미·일·러 4개국 국경경비 담당 고위관리가 참여한 '국경경비 강화회의'가 개최되었으며, 같은 해 7월 모스크바에서 한국, 미국, 일본, 러시아(중국은 옵서버)의 해양경비 관련 최고책임자 회의가 개최되어 마약수송방지, 불법이민 예방, 해상테러방지, 선박의 안전운항 확보, 해양환경보호 등의 분야에서 다각적 협력을 도모한다는 '해양경비협력협정'이 체결되었다.

가능한 일이지만, 이 문제는 미국, 중국, 러시아가 협력하는 분야로 다자협력을 시작하는 시점에서 가장 좋은 의제라고 판단된다.

끝으로 SCO에서와 같이 시작부터 군사적 신뢰구축 방안을 논의하는 것도 가능하다고 판단된다. 참여국들 모두는 각국의 군사력 증강을 견제하려는 의도를 가지고 있기 때문이다. 따라서 OSCE의 경험을 바탕으로 군사훈련 사전 통보, 회원국 초청·참관, 미래 군사활동계획 상호교환, 병력 및 주요 무기 배치 현황 상호 통보, 신뢰구축 조치 이행을 점검하기 위한 연례 이행평가회의 개최, 재래식 무기 감축 등을 의제로 부각시킬 필요가 있다.

강성학·김태현·유재갑·이춘근·한용섭. 1996. 『주한미군과 한·미 안보협력』. 세종연구소.

국가안전보장회의 사무처. 2004. 『평화번영과 국가안보』.

국방부. 2002. 『한미동맹과 주한미군』.

_____. 1993~1994, 1995~1996, 1999, 2006. 12. 『국방백서』.

_____. 2006. 『국방개혁 2020』.

_____. 2006. 『보도자료 : '07-'11 국방중기계획』. 국방부 홍보관리실.

_____. 2006. 『국방개혁 2020과 국방비』.

_____. 2006. "「전시작전통제권 환수」 사실은 이렇습니다."

_____. 2005. 11. "국방개혁 2020 이렇게 추진합니다." http://www.mnd.go.kr/cms_file/jungcheck/mnd2020/mnd_1110/PRIN.

_____. 2005. 12. "국방개혁 2020; 50문 50답." http://www.mnd.go.kr/cms_file/jungc heck/mnd20 20/mnd_5050/PRIN.

_____. 『21세기 선진 정예 국방을 위한 국방개혁 2020(안)』, http://www.mnd.go.kr/dicboard/bbsDown(검색일, 2005. 9. 14).

길병옥. 2007. "전시작통권 환수에 따른 국가위기체제 확립방안." 『군사논단』, 제50호 특집.

김국신. 2000. "남북 정상회담이 대외관계에 미치는 효과." 『평화논총』, 제4권 2호.

김근식. 2001. "정상회담 이후 남북관계 : 평가와 전망." 『평화논총』, 제5권 1호.

김기정. 1999. "21세기 동북아 안보환경의 전략적 조망." 국방부. 『한반도 군비통제』, 군비통제자료 제26집.

김성한. 2002. "9·11 테러사태 이후 미국의 안보정책 변화와 한반도." 국방부. 『한반도 군비통제』, 군비통제자료 32.

_____. 2004. "Bush와 Kerry의 외교안보정책 비교." 『주요 국제문제 분석』. 외교안보연구원.

김성한·김흥규. 2007. "미국의 동아시아 안보전략에 대한 중국의 평가와 군사전략 변화." 『전략연구』, 제XIV권 제1호. 한국전략문제연구소.

김영원. 2001. "주한미군 지위협정." 『외교』, 제57호.

김영호. 2007. "전시작전통제권 전환 : 쟁점과 과제." 국제평화전략연구원. 『전시작전통제권 전환의 쟁점과 과제』. 국평연자료집 제13호.

_____. 2007. "전작권 전환의 의미와 한국 안보정책 방향." 『신아세아』, 제14권 4호.

김우상. 2003. "국제질서의 이해와 변화 전망." 박광희 편. 『21세기의 세계질서 : 변혁시대의 적응논리』. 도서출판 오름.

김희상. 2006. 9. "지금 대한민국은 국가존망 위기." 『월간조선』.

김철범 편. 1989. 『한국전쟁 : 강대국 정치와 남북한 갈등』. 평민사.

김학준. 1983. 『강대국과 한반도』. 을유문화사.

데이비드 곰퍼트·스티븐 라라비 엮음. 2002. 『미국과 유럽의 21세기 국제질서』. 이수형 옮김. 한울아카데미.

동북아시대위원회. 2005. 『중·러관계 진전이 동북아지역에 미치는 영향』. 동북아시대위원회(2005. 12),

레온 시갈. 2001. "부시 행정부의 대북정책." 『평화논총』, 제5권 1호(봄 / 여름),

문영환. 2007. "한미 연합 방위체제로부터 한국 주도 방위체제로의 변환." 『군사논단』, 제50호 특집(여름).

문정인. 1998. "외교정책 이론 : 외교정책의 구성과 평가." 김달중 편저. 『외교정책의 이론과 이해』. 도서출판 오름.

민족통일연구원. 1994. 『중국과 일본의 군사력 증강이 한반도안보에 미칠 영향』.

박건영. 2001. "부시 정부의 동아시아 안보전략과 제약 요인들." 『국가전략』(겨울호).

박두호. 2001. "주한미군의 기능과 그 역할에 대한 안보적 고찰." 『국방저널』, 통권 325호.

박병인. 2005. "상하이협력기구(SCO) 성립의 기원 — '상하이 5국'에서 '상하이협력기구로." 『중국학연구』, 33집. 숙명여대중국연구소.

박영규. 2000. 10. "미국의 대한반도정책 : 한반도 문제 해결을 중심으로" 『국제문제』.
박영호. 2000. 『미국의 국내정치와 대북정책 : 지속성과 변화』. 통일연구원.
박원곤. 2007. "미 8군 재편 양상과 전망." 『동북아안보정세분석』. 국방연구원.
박종철 외. 2005. 『동북아협력 인프라 실태』. 통일연구원.
_____. 2006. 『한국의 동북아시대 구상』. 오름.
박창권·권태영. 2007. "우리 군의 비대칭 전략 : 대안과 선택방향." 『군사전략』, 제XIV권 제1호.
박철희. 2004. "전수방위에서 적극방위로 : 미일동맹 및 위협인식의 변화와 일본 방위정책의 정치." 『국제정치논총』, 제44집 1호.
백학순. 2001. "미국의 대북정책과 우리의 대응방향." 세종연구소 편. 『남북 정상회담과 한반도 평화』. 세종연구소.
동북아시대위원회. 2005. 『동북아 다자안보협력 제도화 추진방향』. 동북아시대위원회.
세종연구소. 2001. 6. 『부시 행정부 외교·안보팀 성향분석』. 정책보고서 통권 제34호.
송은희. 2007. "중일협력과 갈등이 동북아 안보환경에 주는 함의." 『국제문제연구』, 제7권 1호. 국제안보전략연구소.
송화섭. 2006. "미일동맹의 변혁과 보통동맹화." 『국방정책연구』, 제71호. 한국국방연구원.
오관치 외. 1990. 『한·미 군사협력의 발전과 전망』. 세경사. 57쪽
외교통상부. 2001. 『외교백서』.
_____. 2002. 『아세안 지역안보포럼 개황』.
육군본부. 2003. 『육군비젼 2025』.
윤종호. 2007. "한미 연합방위체제의 변화와 한국안보 : 과제와 대비방향." 『국방연구』, 제50권 제1호. 국방대학교 안보문제연구소.
이대우. 1998. "동북아의 다자간 안보협력." 정진위 외. 『새로운 동북아질서와 한반도』. 법문사.
_____. 2002. 『다자간 안보체제 구축을 통한 동북아시아 평화협력 방안에 관한 연구』. 국회 통일외교통상위원회.

_____. 2003. 『부시 행정부 출범과 주한미군 : 역할과 규모 변경을 중심으로』. 『세종연구소정책연구』, 2003-5.
_____. 2004. "신 세계질서 : 미국의 패권." 이상현 편. 『신 세계질서와 동북아 안보』. 세종연구소.
_____. 2005. "2020년 안보환경 전망 : 세력전이이론에서 본 패권경쟁." 이상현 편. 『한국의 국가전략 2020: 외교·안보』. 세종연구소.
_____. 2007. "국제 안보환경 변화." 이대우 편. 『미래 NCW에 대비한 지상전력 혁신방향』. 세종연구소.
_____. 2007. "차기정부의 한반도 주변국 정책과제." 송대성 편. 『차기정부의 국정 현안과제』. 세종연구소
이상현. 2006. "한반도 평화체제와 한미동맹." 『한국과 국제정치』, 제22권 1호.
_____. 2007. "전시작전통제권 전환과 한미동맹의 제 문제 — 외교적, 법적 문제를 중심으로." 『군사논단』, 제50호 특집.
이서항. 2000. "남북 정상회담 이후의 국제환경 변화와 새 패러다임." 『국가전략』, 제6권 3호.
_____. 2005. 『ARF의 발전방향 : 동아시아 다자안보 협력체 실태분석과 관련하여』. 정책연구시리즈 2004-7. 외교안보연구원.
이승철. "한·미 정상회담의 득실 : 평가와 전망." 『외교』, 제57호.
이완범. "국가주권과 전시작전통제권 환원." 2007년 4월 국제평화전략연구원 주체 세미나 발표문.
이용주. 2007. "군사동맹 변혁과 일본 방위정책의 재구조화 : 자위대의 역할을 중심으로." 『군사논단』, 통권 49호. 한국군사학회.
이인호. 1996. "다자간 안보협력 : 중국과 북한의 입장과 역할." 이기택 외. 『전환기의 국제정치 이론과 한반도』. 일신사.
이인호. 2000. "북·미관계의 주요 현안과 전망." 『극동문제』. 극동문제연구소
_____. 2007. "미국의 대중 위협인식과 한반도" 『국제문제연구』, 제7권 1호. 국제안보전략연구소.
_____. 2007. "한반도 평화체제 구축과 한미동맹 재조정의 상관성에 관한 연구." 2007년 12월 7일 국방대학교 안보연구소 주최 학술회의 발표 논문.
이재경·이태공. 2006. "NCW 구현을 위한 EA기반의 국방정보화 통합모델 제시."

『국방정책연구』, 제74호(2006 겨울). 한국국방연구원.
이종석. 1999. "대북포용정책 16개월. 평가와 과제." 1999년 7월 16일 세종 민관합동 정책세미나에서 발표한 논문.
이종석 외. 2001. 『남북 정상회담 이후 주변 4강의 대북정책 변화와 우리의 대응방향』. 세종연구소.
이창형. 2007. "미 국방부의 '2007 중국 군사력 보고서'와 중국의 반응." 『동북아 안보정세분석』. 한국국방연구원.
이철기. 1994. 『동북아군축론 : 신동북아질서의 모색』. 호암출판사. 434쪽.
이태환. 1999. "미중관계의 변화와 동북아 안보." 『북한과 동북아』. 세종연구소.
정경영. 2007. "전시작전통제권 전환과 안보관. 동맹관 재정립 방안." 2007년 4월 국제평화전략연구원 주체 세미나 발표문.
정세진. 2001. "주한미군 감축 및 위상변경에 관한 주요논의 분석 : 남북 정상회담을 전후하여." 『국제정치논총』, 제41집 2호.
정한구. 2007. "러시아 대외정책의 진로 수정?" 『세종정책연구』, 제3권 1호. 세종연구소.
조성렬. 2006. "전시작통권 논란. 합리적 대안은 없는가?" 2006년 9월 극동문제연구소 주최 토론회 발표문.
조성태. 2004. 『방위충분성 전력과 적전국방비』. 한국국방연구원.
즈비그뉴 브레진스키. 2003. 『거대한 체스판』. 감명섭 옮김. 서울 : 삼인.
차두현. 2006. "전시작전통제권 환수가 남북한 관계와 한반도 안보구도에 미치는 영향." 2006년 9월 극동문제연구소 주최 토론회 발표문.
청와대. 2006. 『전시 작전통제권 환수 문제의 이해 II』. 통일외교안보정책실.
최강. 2006. "전시작전통제권 조기 이양 관련 검토" 2006년 9월 극동문제연구소 주최 토론회 발표문.
최성애. 1999. "러시아 동북아정책의 변화와 대외관계 현황." 『정책연구』, 통권 제131호.
최인수·임종인. 2007. "NCW 기반구축을 위한 국방정보보호 발전 방안." 『국방정책연구』, 제75호. 한국국방연구원.
한국국방안보포럼 엮음. 2006. 『전시작전통제권 오해와 진실』. 플래닛미디어.
한국국방연구원. 2004. 『전략환경과 국방비』.

한국전략문제연구소. 2002. 『2002 동북아 전략균형』.

______. 2003. 『2003 동북아 전략균형』.

______. 2006. 『2006 동북아 전략균형』.

한용섭 외. 2005. 『동아시아 안보공동체』. 나남.

함택영. 2003. “전환기 한미 군사동맹과 자주국방.” 『동북아 연구』. 경남대극동문제연구소.

홍규덕. 2000. “한미동맹의 미래와 주변국의 입장.” 『국방연구』, 제43권 2호.

홍현익. 1999. “북·러관계 : 정상화의 과정, 원인, 전망.” 백학순·진창수 엮음. 『북한 문제의 국제적 쟁점』. 세종연구소.

_____. 2006. “전시작전통제권 환수의 필요성 및 보완대책.” 2006년 9월 극동문제연구소 주최 토론회 발표문.

Alagappa, Muthiah. 2003. “The Study of International Order, An Analytical Framework.” in Muthiah Alagappap(ed.), *Asian Security Order, Instrumental and Normative Features*. Stanford University Press.

Armitage, Richard L. 1999. “A Comprehensive Approach to North Korea.” *Strategic Forum*, No. 159. National Defense University.

Aspin, Les. “National Security in The Post-Cold War.” in Report on the Bottom-Up Review. http://www.fas.org/man/docs/bur/part01.htm.

Barry, Tom. 2002. 9. 26. “Hegemony to Imperialism.” *Foreign Policy in Focus*.

_____. 2003. “How Things Have Changed” in John Feffer(ed.), *Power Trip: U. S. Unilateralism and Global Strategy After September 11*. New York: Seven Stories Press.

Bergheim, Stefan. 2005. 5. 23. “Global Growth Centers 2020.” Deutsche Bank Research.

Bolton, John. 2003. 12. 2. “U. S. To Host 5th Meetinf on Proliferation Security Initiative.” The United States Mission to the European Union. http://www.useu.be.

Brutents, Karen. 1999. 1~2. “In Pursuit of Pax Americana.” *Russian Politics and Law*. 37-1.

Bull, Hedley. 1995. *The Anarchical Society: A Study of Order in World Politics*. Colombia University Press.

Bush, George W. 2002. 1. 29. "The President's State of the Union Address." http://www. whitehouse. gov/news/releases/2002/01/20020129-11.html.

Campbell, Kurt M. 2000. 11. 16～17. "The Future of the Korean Peninsular in the wake of the North-South Sunnit: Next Steps and Strategic Challenges." paper presented at the 2000 KINU-CSIS Exchange on the Theme of the Dynamics of Change on the Korean Peninsular in the New Century.

Caporaso, James A. 1992. "International Relations Theory and Multilateralism: The Search for Foundations." *International Organigation*, Vol. 46.

Chan, Steve. 1999. "Chinese Perspectives on World Order." in Paul and Hall(eds.), *International Order and the Future of World Politics.* New York: Cambridge University Press.

Cossa, Ralph A. 2001. 3. 16. "U. S. -Korea : Summit Aftermath." *PacNet Newsletter*.

Department of State. 1971. U. S. *Foreign Policy, 1969-1970: A Report of Secretary of State.*

DoD. 2002. *GIG Architecture Master Plan*.

Evera, Stephan Von. 1999. *Causes of War: Power and the Root of Conflicts*. Ithaca: Cornell University Press.

Feith, Douglas J. 2003. 12. 3. "Transforming the U. S. Global Defense Posture." Speech at the Center for Strategic and International Studies.

_____. 2004. 4. 22. "Defense, Democracy and the War on Terrorism." Remarks by Feith in Harvard University.

_____. 2004. 4. 14. "U. S. Strategy for War on Terrorism." Speech at the University of Chicago.

Friedberg, Aaron. 1993～1994. "Ripe for Rinarly: Prospects for Peace in Multipolar Asia." *International Security* 18: 3.

Friedman, Benjamin. 2003. 9. "The Proliferation Security Initiative: The Legal Challenge." *The Policy Brief.* The Bipartisan Security Group.

Gilpin, Robert 1981. *War and Economic Change in World Politics.* Cambridge:

Cambridge University Press.

Glennon, Michael F. 2003. 5/6. "Why the Security Council Failed." *Foreign Affairs*.

Goldstein, Avery. 2005. *Rising to the Challenge: China's Grand Strategy and International Security*. Stanford University Press.

Grossman, Marc. 2004. 4. 22. "The Iraq Transition: Obstacles and Opportunities." Testimony before the Senate Foreign Relations Committee.

Haass, Richard N. 1999. 9/10. "What to Do With American Primacy." *Foreign Affairs*.

Heiss, Klaus P. et. al. 1973. *Long-Term Projections of Political and Military Power*. Princeton: Mathematica Inc.

Hoffman, Mark. 1992. *Dilemmas of World Politics: International Issues in a Changing World*. Oxford: Clarendon.

Huntington, Samuel P. 1991. "America's Changing Strategic Interests." *Survival*, Vol. xxxiii, No. 1.

_____. 1999. 1/2. "The Lonely Superpower." *Foreign Affairs*, Vol. 78, No. 2.

Hurrell, Andrew. 2003. "Order and Justice in International Relations: What is at Stakes?" Rosemary Foot, John Gaddis, and Andrew Hurrell(eds.), *Order and Justice in International Relations*. Oxford University Press.

Ikenberry, G. John. 1999. "Liberal Hegemony and the Future of American Postwar Order." in T. V. Paul and John A. Hall(eds.), *International Order and the Future of World Politics*. New York; Cambridge University Press.

Imes, Dimitri K. 2003. 11/12. "America's Dilemma." *Foreign Affairs*.

Kahler, Miles. 1992. "Multilateralism with Small and Large Number." *International Organization*, Vol. 46, No. 3.

Kaldor, Mary. 2003. "American Power: from 'Compellance' to Cosmopolitanism." *International Affairs* 79, I.

Kelly, James A. 2000. "North-South Relations after the Summit." paper presented at the 2000 KINU-CSIS Exchange on the Theme of the Dynamics of Change on the Korean Peninsular in the New Century. Seoul, November 16~17.

Kennedy, Peter. 1991. *A Guide to Economatrics*. Cambridge, Mass: The MIT Press.

Keohane, Robert O. 1984. *After Hegemony: Cooperation and Discord in the World*

Political Economy. Princeton: Princeton University Press. pp. 51~54.

_____. 1988. 12. "International Institutions: Two Approaches." *International Studies Quarterly*, Vol. 32, No. 4.

_____. 1990. "Multilateralism: An Agenda for Research." *International Journal*, Vol. 45.

Khalilzad, Zalmay et. al. 2001. *The United States and Asia: Toward a New U. S. Strategy and Force Posture*. Santa Monica, CA: RAND.

Klare, Michael T. 2001. *Resource Wars: The New Landscape of Global Conflict*. New York: Metropolitan Books.

______. 2003. 3. "Global petro-politics: the foreign policy implication of the Bush administration's energy plan." *Current History*.

_____. 2003. "The Policies." in John Feffer(ed.). *Power Trip: U. S. Unilateralism and Global Strategy After September 11*. New York, Seven Stories Press.

Loeb, Vernon and Thomas E. Ricks. 2001. 7. 12. "Bush Speeds Missile Defense Plans." *Washington Post*.

Mastanduno, Michael. 1999. "A Realist View: Three Images of the Coming International Order." in T.V. Paul and John A. Hall(eds.). *International Order and the Future of World Politics*. New York: Cambridge University Press.

Modelski, George. 1979. "The Long Cycle of Global Poltics and the Nation-state." *Comparative Studies in Society and History*, Vol. 20, No. 2.

Morgan, Patrick. 1997. "Security Issues: Old Threats, New Threats, No Threats." in G. T. Yu(ed.). *Asia's New World Order*. Urbana-Champaign: University of Illinois Press.

National Intelligence Council. 2004. 12. "Rising Power: The Changing Geopolitical Landscape." in *Mapping the Global Future*.

Nixon, Richard. 1970. *U. S. Foreign Policy for the 1970s: A New Strategy for Peace. A Report to Congress*.

Nye, Joseph S. Jr. 2002. *The Paradox of American Power*. Oxford: Oxford University Press.

_____. 2003. "U. S. Power and Strategy After Iraq." *Foreign Affairs*, Vol. 82, No. 4.

O'Hanlon, Michael. 2003. "Clinton's Strong Defense Legacy." *Foreign Affairs*, Vol. 82, No. 6.

Organski, A. F. K. 1958. *World Politics.* New York: Alfred A. Knopf.

Papadakis, Maria and Harvey Starr. 1987. "Opportunity, Willingness, and Small States: The Relationship Between Environment and Foreign Policy." in Charles F. Hermann, Charles W. Kegley, Tr. and James N. Rosenau(eds.). *New Directions in the Study of Foreign Policy.* Boston: Allen & Unwin, inc.

Paul, T. V. and John A. Hall(eds.). 1999. *International Order and the Future of World Politics.* New York: Cambridge University Press.

Pindyck, Robert S. and Daniel L. Rubinfeld. 1981. *Economic Model and Economic Forecast* New York: McGraw-Hill Book Company. part 3.

Pollack, Jonathan. 1994. 11. "Sources of Instability and Conflict in Northeast Asia." *Arms Control Today*.

Powell, Colin L. 2003. 9. "Remarks at The Elliott School of International Affairs." U. S. Department of State.

Rashid, Ahmed. 2003. "The Archipelago of Evil, Central Asia." in Feffer(ed.). *Power Trip*. Seven Stories Press.

Ray, James Lee. 1995. *Democracy and International Conflict.* Columbia: University of South Carolina Press.

Ruggie, John Gerald. 1992. "Multilateralism: The Anatomy of an Institution." *International Organization*, Vol. 46, no. 3.

Ruggie, John(ed.). 1993. *Multilateral Matters.* New York: Columbia University Press.

Russett, Bruce M. 1993. *Grasping the Democratic Peace: Principles for a Post-Cold War World.* Princeton: Princeton University Press.

S. Department of Defense. 1992. *A Strategic Framework for the Asia Pacific Rim. Report to Congress 1992*. Washington D. C.: U. S. Department of Defense.

Schelling, Thomas C. 1966. *Arms and Influence*. New Haven, CT: Yale University Press.

Simmons, Adele. 2002. 10.13. "Iraq: who's leading the protest?" *Chicago Sun Times*.

Singer, J. David and Paul F. Diehl. 1990. *Measuring the Correlates of War*. Ann Arbor:

The University of Michigan Press.

Smith, Dan. 2003. 10. 16. "A Challenge Too Narrow: The Proliferation Security Initiative." *Foreign Policy In Focus*.

Stein, Arthur A. 1986. "Coordination and Collaboration: Regimes in an Anarchic World." in Stephen Krasner(ed.). *International Regime*. Cornell University Press.

Struck, Dough. 2000. 6. 15. "Two Korea Sign Conciliatory Accord." *The Washington Post*.

Stueck, William. 1995. "The United States, the Soviet Union and the Division of Korea: A Comparative Approach." *The Journal of American-East Asian Relations*, Vol. 4, No. 4.

Sullivan, Brian R. 1996. "The Reshaping of the US Armed Forces: Present and Future Implications for Northeast Asia." *The Korean Journal of Defense Analysis*, Vol. VII No. 1.

Tammen, Ronald L. et al. 2000. *Power Transition: Strategies for the 21st Century.* New York: Chatham House Publishers.

The ASEAN Region Forum. 2006. "List of Track I Activities Year 1994-2005." http://www.aseansec.org/16291.htm.

The ASEAN Secretariat. 2004. "Matrix of ASEAN Regional Forum Decisions and Status 1994-2004."

The Brookings Institute. 2002. 10. 4. "Brookings Scholars Evaluate and Analyze President's National Security Strategy Paper." A Transcript of Brookings Forum.

The Department of Defense. 1990. *A Strategic Framework for the Asia Pacific Rim: Looking Toward the 21st Century*. Washington D. C.: U. S. G. P. O.

_____. 1995. 2. *United States Security Strategy for the East Asia-Pacific Region*.

_____. 2001. 12. 30. *Nuclear Posture Review Report*.

_____. 2001. 9. 30. *Quadrennial Defense Review Report*.

_____. 2002. *Annual Report to the President and the Congress*.

_____. 2006. 2. 6. *Quadrennial Defense Review Report*.

The International Institute for Strategic Studies(IISS). 2007. *The Military Balance 2007.* Routledge.

The National Institute for Defense Studies. 2002. *East Asian Strategic Review 2002* (Japan).

The Office of The Press Secretary. 2001. 5. 1. "Remarks by the President to Students and Faculty at National Defense University."

_____. 2001. 1. *Proliferation: Threat and Response.*

The OSCE. *Handbook: OSCE 25(1975-2000).* http://www.osce.org.

The Platform Committee. 2004. 8. 28. *2004 Republican Party Platform: A Safer World and a More Hopeful America.*

The Stanford Arms Control Group. 1984. *International Arms Control: Issues and Agreements.* Stanford: Stanford University Press.

The U. S. Department of State and U. S. Agency for International Development. 2003. *Strategic Plan Fiscal Years 2004-2009.*

The White House. 1994. *A National Security Strategy of Engagement and Enlargement*

_____. 1997. 5. *A National Security Strategy for A New Century.*

_____. 2002. 12. *National Strategy to Combat Weapons of Mass Destruction.*

_____. 2003. 9. 4. "Principles for the Proliferation Security Initiative."

_____. 2003. 2. *National Strategy for Combating Terrorism.*

_____. 2004. 11. 4. "President Holds Press Conference."

_____. 2004. 9. 16. *President's Remarks to Veterans of Foreign Wars Convention.*

_____. 2002. 9. *The National Security Strategy of the United States of America.*

Thompson, William R. 1998. *On Global War.* Colombia: University of South Carolina Press.

U. S. Joint Chief of Staff. 2001. 9. *Doctrine for Joint Operations, Joint Publication 3-0.*

Wilson, Dominic and Roopa Purushothothaman. 2003. 10. 1. "Dreaming with BRICc: The Path to 2050." *Global Economic Paper* No. 99. Goldman Sachs.

숫자

2+2 협의체 316
3단계 철군안 180, 184~185, 273
4개년 국방보고서(QDR Quadrennial Defense Review) 92, 190
4대군사노선 267
9·11 테러 16, 18, 81, 88, 91~92, 107, 189, 244, 323

알파벳

APEC 144
APEC 정상회의 161
ARF ☞ 아세안 지역안보 포럼 332~333, 337
ASEAN ☞ 아세안(ASEAN) 333~334, 337
ASEAN+3 348
C4I 189, 200
CSCAP ☞ 아·태 안보협력이사회 341
CVID 156
EU ☞ 유럽연합(EU) 117
G8 115, 116
IAEA ☞ 국제원자력기구(IAEA) 156, 288
JSA(Joint Security Area) 197
NATO ☞ 북대서양조약기구 99, 327
NEACD ☞ 동북아협력대화 342
NEASED ☞ 동북아안보대화 344
OPEC ☞ 석유수출국기구(OPEC) 114
OSCE ☞ 유럽안보협력기구 347, 353
PSI ☞ 확산방지안보구상 116, 118, 156
SCO ☞ 상하이협력기구 337~340, 353
START ☞ 전략무기감축협정 25
TCOG ☞ 대북정책조정그룹회의 144, 169~170
UEx ☞ 통합작전사령부 229
UEy ☞ 작전지원사령부 229
WTO ☞ 바르샤바조약기구 327

ㄱ

강경한 국제주의 151
강성대국 45
게이츠, 로버트(Robert M. Gates) 303
공동안보(Common Security) 322
괌 독트린 ☞ 닉슨 독트린 178
국력지수(Power Index) 51

국방개혁 2020 7, 223~224, 234, 241~242, 277, 286
국제원자력기구(IAEA) 153
군사변환(military transformation) 244
군사혁신(Revolution in Military Affairs) 189
군사협조본부(MCC) 215
길핀, 로버트(Robert Gilpin) 21
김계관 141
김대중 4, 129~131, 134, 136, 145, 158~159, 161, 163, 292, 317, 344
김영삼 343~344
김정일 132~133, 136, 141~142

ㄴ

나이 보고서 187
나이, 조셉(Joseph S. Nye) 47, 187
남북 정상회담 6
넌-워너(Nunn-Warner) 수정안 183
네트워크 중심전(NCW: Network Centric Warfare) 241
노무현 4, 5, 173, 193~195, 199, 203, 207, 212, 218, 292~293
노태우 198, 210, 293, 306, 343
닉슨 독트린 178

ㄷ

다자주의(multilateralism) 81, 319
대북결의안 ☞ 유엔 안보리 결의안 1718호 155~156, 225
대북정책조정그룹회의(TCOG) 130, 134, 160, 169, 299
대전협정 177
대포동미사일 40
동북아안보대화(NEASED: North-East Asia Security Dialogue) 344
동북아협력대화(NEACD: Northeast Asia Cooperation Dialogue) 327, 342

ㄹ

라덴, 오사마 빈 88, 102
랜드 연구소(RAND) 147
럼스펠드 독트린 101
레이건, 로널드(Ronald Reagan) 180~181

ㅁ

모델스키, 조지(George Modelski) 21
모듈화 합동군(modular joint force) 246
미·일 신방위협력지침 39
미·일 안보공동선언 39
미래 한미동맹 정책구상회의(FOTA) 173, 194~197, 213, 287
미사일 방어체제(MD: Missile Defense) 16, 34, 41, 89, 96
미사일기술통제체제(MTCR: Missile Technology Control Regime) 25, 42

ㅂ

바르샤바조약기구(WTO) 327

방어준비태세(DEFCON) 211, 218
방위충분성 242
백남순 141
벡톨, 브루스(Bruce Bechtol) 225
부시 독트린 81, 101, 105
부시, 조지 워커(George Walker Bush) 88
부시, 조지 허버트(George Herbert Bush) 83
북대서양조약기구(NATO) 33, 218
불, 헤들리(Hedley Bull) 18
불량국가 독트린(rogue state doctrine) 89, 101
불안정 호(arc of instability) 245
브라운, 해롤드(Harold Brown) 180

ㅅ

삼원전략(a New Triad) 95
상하이협력기구(SCO: Shanghai Cooperation Organization) 110, 265, 337
생물무기금지조약(BWC: Biological Weapon Convention) 24
석유수출국기구(OPEC) 114
선군정치(先軍政治) 45, 268
선제공격 독트린 17, 81, 99~101, 191
선제적 선제(preemptive preemption) 117
세계무역기구(WTO) 26
세력전이이론(Power Transition Theory) 6, 22, 49, 51, 53, 55~56
순환동맹(rotating coalition) 110
쉬한, 미셸(Michael Sheehan) 141
쌍무주의(bilateralism) 81

ㅇ

아·태 안보협력이사회(CSCAP: Council for Security Cooperation in Asia-Pacific) 327, 341
아론, 레이몽드(Raymond Aron) 19
아미티지, 리처드(Richard L. Armitage) 152, 159, 181
아세안 지역안보 포럼(ARF: ASEAN Regional Forum) 141, 327, 332
아세안 확대외무장관회의(ASEAN-PMC) 333
아세안(ASEAN) 332
아인혼, 로버트(Robert Einhorn) 140
악의 축(Axis of evil) 97, 116, 155, 161, 163, 165, 172
에치슨, 딘(Dean Acheson) 177
연합토지관리계획(LPP) 200, 302
오르간스키(Abramo Fimo Kenneth Organski) 22, 53~54
올브라이트, 매들린(Madeleine Albright) 135, 141, 143
외교행태 80
용산 기지 이전 194, 196~199
울포비츠, 폴(Paul Wolfowitz) 90, 150
웨스트팔리아 강화조약(the peace of Westphalia) 25
위트, 조엘(Joel Wit) 138

유럽안보협력기구(OSCE: Organization for Security and Cooperation in Europe) 323, 327, 329
유럽연합(EU) 33, 59
유엔 사령부 312
유엔 안보리 결의안 1718호 155, 225
윤광웅 212
을지 포커스렌즈 연습(UFL, Ulchi Focus Lens) 215
이라크 조사그룹(Iraq Survey Group) 102
이명박 223, 234, 295
이서항 137
인계철선(trip-wire) 3, 171, 178, 197
인터내셔널 퓨처(IFs: International Futures) 57
일방주의(unilateralism) 81

ㅈ

자유무역협정(FTA) 295, 298
작전지휘권(Operational Command Authority) 208~209, 305
작전통제(Operational Control) 209
장주기론(long cycle theory) 21
장쩌민(江澤民) 42
재래식 무기 감축협정(CFE: Conventional Forces in Europe) 331
전두환 181
전략대화 274
전략무기감축협정(START: Strategic Arms Reduction Treaty) 25
전략적 유연성 5, 310
전면핵실험금지조약(CTBT: Comprehensive Nuclear Test Ban Treaty) 24
전시증원연습(RSOI, Reception, Staging, Onward Movement and Integration) 215
전시지원군협정(WHNS) 211
전진작전지구(FOS) 245
조명록 142
주둔군지위협정(SOFA) 172, 177, 210
주요작전기지(MOB) 245
중국 위협론 28, 51, 110, 251, 254, 263
지역주의(regionalism) 81
지휘통제자동화체계 ☞ C4I 225, 246
집단방위체제 321
집단안전보장체제 321

ㅊ

챈, 스티브(Steve Chan) 29
체니 보고서 111
체니, 딕(Dick Cheney) 84, 147, 151, 185

ㅋ

카릴자드, 잘메이(Zalmay Khalilzad) 147
카터, 지미(Jimmy Carter) 179~180
케네디, 피터(Peter Kennedy) 58
콕스 보고서 43
클린턴, 빌(William J. Clinton) 33, 38, 85~88, 130, 134, 140, 144, 292

ㅌ
탄도요격미사일조약(ABM) 34
테러리즘 107
통합작전사령부 ☞ UEx 252

ㅍ
패권국(hegemon) 21
패트리어트 미사일 88, 167, 222
페리, 윌리엄(William Perry) 153
포괄적 안보개념(Comprehensive Security) 30
포괄적 호혜성(diffuse reciprocity) 320
플라이셔, 애리(Ari Fleischer) 193

ㅎ
한국 방위의 한국화 7
한미 상호방위조약 173, 177, 178, 228
한미 연례안보협의회의(SCM) 180~181, 183, 193, 198, 200, 207, 213, 288
한미군사위원회(MC, Military Committee) 210~211, 306
한미군사위원회회의(MCM) 234
한미안보정책구상회의(SPI) 207, 213, 235, 287, 306
한미연합군사령부(Combined Force Command) 210, 305
해외주둔군 재배치(GPR: Global Posture Review) 119, 245
햇볕정책 129, 161, 164
헌팅턴, 사무엘(Samuel Huntington) 31, 83, 183
헬싱키 프로세스(the Helsinki Process) 328
협력안보(Cooperative Security) 322
협력안보지역(CSL) 245
협력적 자주국방 7, 277
화력투사중추기지(PPH) 245
화학무기금지협약(CWC: Chemical Weapon Convention) 24
확산방지안보구상(PSI: Proliferation Security Initiative) 70, 105, 115, 292, 323
확장된 억지(extended deterrence) 235
환경모델 79

지은이_**이 대 우**

연세대학교 정치외교학과(정치학 학사)
The American University (정치학 석사)
The Claremont Graduate School (국제정치학 박사)
세종연구소 안보실장 역임
세종연구소 연구지원실장

한울아카데미 1051
국제안보환경 변화와
한미동맹 재조정

지은이 | 이대우
펴낸이 | 김종수
펴낸곳 | 도서출판 한울
편집 | 김경아

초판 1쇄 발행 | 2008년 8월 11일
초판 2쇄 발행 | 2009년 9월 30일

주소 | 413-832 파주시 교하읍 문발리 507-2(본사)
121-801 서울시 마포구 공덕동 105-90 서울빌딩 3층(서울 사무소)
전화 | 영업 02-326-0095, 편집 02-336-6183
팩스 | 02-333-7543
홈페이지 | www.hanulbooks.co.kr
등록 | 1980년 3월 13일, 제406-2003-051호

Printed in Korea.
ISBN 978-89-460-5051-8 93340(양장)
978-89-460-4166-0 93340(학생판)

* 가격은 겉표지에 표시되어 있습니다.
* 이 책은 강의를 위한 학생판 교재를 따로 준비했습니다.
강의 교재로 사용하실 때에는 본사로 연락해주십시오.